21 世纪高等学校规划教材

张建波 ◎ 主编

LAB版

数学实验

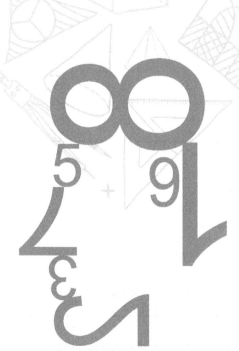

人民邮电出版社

北京

图书在版编目（CIP）数据

大学数学实验：MATLAB版 / 张建波主编. -- 北京：
人民邮电出版社，2020.8
21世纪高等学校规划教材
ISBN 978-7-115-53841-3

Ⅰ. ①大… Ⅱ. ①张… Ⅲ. ①Matlab软件－应用－高
等数学－实验－高等学校－教材 Ⅳ. ①013-33

中国版本图书馆CIP数据核字(2020)第189478号

内 容 提 要

本书结合"高等数学""线性代数""概率论与数理统计"3门课程，以 MATLAB 为平台，系统地介绍了 MATLAB 基础、MATLAB 在高等数学中的应用、MATLAB 在线性代数中的应用、MATLAB 在概率论与数理统计中的应用，共 22 章，书中有大量实例可供参考.

本书可作为高等院校数学类课程的配套教材或参考书，也可作为"数学建模"课程的工具书.

◆ 主　编　张建波
　　责任编辑　刘海溧
　　责任印制　王　郁　陈　犇

◆ 人民邮电出版社出版发行　　北京市丰台区成寿寺路 11 号
　　邮编　100164　电子邮件　315@ptpress.com.cn
　　网址　https://www.ptpress.com.cn
　　北京科印技术咨询服务有限公司数码印刷分部印刷

◆ 开本：787×1092　1/16
　　印张：17.25　　　　　　　　　2020 年 8 月第 1 版
　　字数：410 千字　　　　　　　2025 年 1 月北京第 8 次印刷

定价：56.00 元

读者服务热线：(010)81055256　印装质量热线：(010)81055316
反盗版热线：(010)81055315
广告经营许可证：京东市监广登字 20170147 号

随着科学技术的发展，数学的应用越来越广泛. 对于一个实际问题，当人们运用数学方法解决它的时候，首先要进行数学建模，然后再对模型进行求解，从而解决该问题，而大多数模型的求解都要涉及计算问题. 随着问题规模的增大，计算量也在不断变大. 但是，由于传统的教育模式强调理论的推导和公式的记忆，学生在学习过程中只是一味地接受知识，忽略了它的应用和问题的求解，因此在面对实际问题时感到力不从心.

基于此，作者结合多年的教学实践和指导学生创新的经验，对如何将复杂的理论学习与具体的应用实践相结合以提高学生的学习兴趣，以及如何用计算机软件解决自然科学与社会科学中复杂的计算问题进行了重点研究. 本书也正是因此而编写的.

随着计算机技术的飞速发展，各种数学软件也应运而生，其功能也越来越强. 这些强有力的计算工具为数学教学的改革提供了良好的契机. MATLAB 能将矩阵运算、数值运算、符号运算、图形处理等功能有机结合起来，其很多操作与数学里的表示非常接近，因而更加接近人类的思维方式. 不仅如此，MATLAB 的编程风格与数学算法也非常接近. 人们在将一个数学上的计算方法转换为 MATLAB 代码时，不必考虑太多非计算上的细节，因此，有人称 MATLAB 编程语言为"演算纸"式的科学算法语言.

在国外很多理工科院校里，MATLAB 已经成为一门必修课程，是攻读学位必须要掌握的基本工具. 在我国，许多科研院所和大型企业的工程计算部门，MATLAB 也是最为普遍的计算工具之一. 在很多高校，特别是一些"双一流"高校，MATLAB 课程已经不再局限于个别专业的选修或必修课，而开始逐步成为全校学生的公共选修课或公共基础课.

编者在多年从事大学数学实验教学及辅导中国大学生数学建模竞赛和美国大学生数学建模竞赛的基础上，编写了这本教材. 一方面，该教材以大学数学中的计算问题为例，介绍了用 MATLAB 软件对其进行求解的一般方法和步骤，另一方面，该教材还把数学课上教师无法形象表示的理论知识用 MATLAB 作图的方式予以展现，比如二次型标准化的几何意义、相关系数的几何意义等.

全书共分 4 个部分，分别介绍了 MATLAB 基础及其在高等数学、线性代数和概率论与数理统计中的应用. 其中，第 1 部分主要介绍 MATLAB 的数值矩阵与符号矩阵的生成、修改及常见运算、MATLAB 编程和绘图等；第 2 部分主要介绍用 MATLAB 计算极限、导数、积分、级数、优化和常微分方程等问题的方法；第 3 部分主要介绍线性方程组求解和矩阵变换的 MATLAB 实现等；第 4 部分主要介绍 MATLAB 在随机数的生成、概率密度和分布函数的计算与作图、随机变量数字特征的计算、参数估计、假设检验等方面的应用.

　　本书针对大学数学的基础课程（高等数学、线性代数、概率论与数理统计），分章节、有层次地通过大量实例，对 MATLAB 的应用和求解进行了详细的介绍. 其中，这些实例大都来自常用教材中的例题或习题，有利于学生快速掌握同类问题的 MATLAB 求解方法. 另外，本书对知识点的讲解也是由浅入深、循序渐进地展开，既适合初学者学习，也适合有基础的读者查阅.

　　为了便于自学，本书还录制了很多视频讲解，特别是在 MATLAB 编程和作图方面讲了许多实用的方法（如程序调试、科研作图等），视频内容以二维码形式呈现，希望能对大家的学习起到抛砖引玉的作用.

　　本书由张建波主编. 在例题的选择上，张尚国、郭静梅、李明维、姜玉山、杜瑞燕等教师和冯淑亚等学生提出了许多有价值的建议，在此，向他们表示感谢！在编写过程中，编者多次与山东大学张天德教授进行讨论，他对本书提出了许多宝贵的意见，在此表示感谢！

編　者
2020 年 3 月

目录

CONTENTS

第1部分　MATLAB基础

第 1 章　绪论

　　随着科学技术的发展和进步，数学的应用越来越广泛. 对于一个实际问题，当人们用数学方法解决它的时候，首先要进行数学建模，然后再对模型进行求解，从而解决该问题. 而大多数模型的求解都涉及计算问题. 随着问题规模的增大，计算量也不断变大. 为了从繁重的计算任务中解脱出来，人们需要研究相应的计算方法，并借助计算机进行求解.

　　本书将以大学数学中常见的计算问题为例，介绍用 MATLAB 软件对其进行求解的一般方法和步骤，以激发读者的学习潜能，培养读者的动手操作能力，进而提高读者应用数学解决实际问题的能力.

1.1　MATLAB 软件介绍

微课: 简介 (历史、界面、通用命令和快捷键)

　　MATLAB 是矩阵实验室（Matrix Laboratory）的简称，是美国 Math-Works 公司开发的一款商业软件，主要用于数据计算、分析和可视化等. 该软件最早起源于 20 世纪 70 年代后期，时任美国新墨西哥大学计算机系主任的克里夫·莫勒（Cleve Moler）博士在讲授"线性代数"课程时，发现应用某些高级语言极为不便，于是他和他的同事构思并为学生设计了一组调用 LINPACK 和 EISPACK 程序库的"通用接口".（这两个程序库的主要功能是求解线性方程和特征值）. 这就是用 Fortran 语言编写的早期的 MATLAB. 随后几年里，MATLAB 作为免费软件在大学里被广泛使用，深受大学生欢迎.

　　1984 年，约翰·莱特（John Little）、克里夫·莫勒和史蒂文·班格特（Steve Bangert）合作成立了 MathWorks 公司，专门从事 MATLAB 软件的开发，并把 MATLAB 正式推向了市场. 从那时起，MATLAB 的内核采用 C 语言编写，并增加了数据图视功能. 之后，MathWorks 公司分别在 1993 年、1997 年、2000 年和 2004 年先后推出了 MATLAB 的 4.0、5.0、6.0 和 7.0 版本，使 MATLAB 拥有了强大的、成系列的交互式界面.

　　2006 年，MathWorks 公司在技术层面上实现了一次飞跃，之后发布新版本 MAT-LAB 的模式也发生了改变，即每年的 3 月和 9 月进行两次产品发布，版本命名形式为"MATLAB R + 年份 + 代码"，对应上、下半年的代码分别为 a 和 b. 如本书所使用的版本"MATLAB R2019b"就是 2019 年秋季推出的新产品. MathWorks 公司每次发布的新产品几乎都有新模块的推出或老模块的更新，关于最新版本的信息读者可以登录

MathWorks 网站进行查看.

1.1.1 MATLAB 主界面

启动 MATLAB 后会弹出主界面, 如图 1.1 所示. 该界面通常包括"选项卡"、"当前目录"、"当前文件夹"（Current Folder）、"命令行窗口"（Command Window）和"工作区"（Workspace）. 如果启动 MATLAB 后界面不是图 1.1 所示界面, 可依次单击"主页"选项卡上的"布局"→"三列".

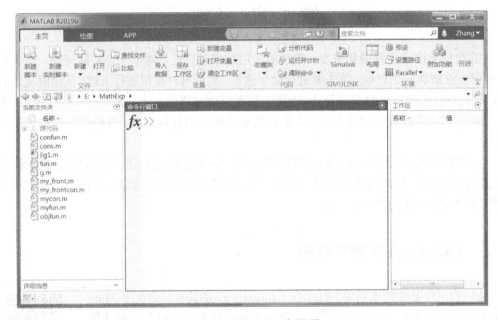

图 1.1 MATLAB 主界面

下面着重介绍命令行窗口、当前目录和当前文件夹及工作区.

1. 命令行窗口

MATLAB 是交互式的应用软件. 用户可以在**命令行窗口**中的提示符">>"的后面输入一条命令或表达式, 然后按回车键, MATLAB 将调用相关指令进行计算并给出结果. 执行完指令后, MATLAB 将再次进入准备状态, 等待下一条指令的输入.

例如, 用户在提示符">>"后输入表达式"$a = 2 + 5$"后按回车键, 可得变量 a 的结果为 7, 如下所示.

```
1  >> a = 2 + 5
2  a =
3       7
4  >>
```

在 MATLAB 中, 有大量的通用函数可供调用. 例如, 要计算 1 的余弦值, 可以在提示符">>"后面输入"$r = \cos(1)$", 如下所示.

```
1  >> r = cos(1)
```

```
2  r =
3      0.5403
```

运行结果表明 cos(1) 的结果为 0.5403. 更多的通用函数将在第 2 章介绍.

2. 当前目录和当前文件夹

当前目录是 MATLAB 的工作目录. 图 1.1 表明当前工作目录是 "E:\MathExp". 而**当前文件夹**窗口则显示了当前目录下的文件夹和文件. 用户可以通过双击操作直接打开相应的文件进行编辑, 还可以在**命令行窗口**中输入 "edit 文件名" 来打开当前目录下的文件 (这种访问文件的方式称为直接访问). 如果要打开的文件不在当前目录下, 则需要在文件名前加入文件的路径, 即 "edit 路径 \ 文件名" (这种访问方式称为间接访问).

如果要直接访问其他文件夹下的文件, 可以在命令行窗口输入 "addpath('other folder')" 将文件夹 "other folder" 包含到 MATLAB 的工作目录中 (但不显示). 需要说明的是, MATLAB 默认不包含当前文件夹下的子文件夹, 因此不能直接访问这些子文件夹里的文件. 如果想直接访问这些文件, 可以在**命令行窗口**输入 "addpath(genpath(pwd))" 将当前文件夹下的所有子文件夹都包含进来 (但不显示), 这样就可以直接访问这些子文件夹里的文件.

上述用命令添加文件夹的方式在关掉 MATLAB 后会失效, 下次启动时需重新设置. 如果想让这个设置长期有效, 可以依次单击 "主页" → "设置路径", 打开图 1.2 所示的窗口. 该窗口显示了 MATLAB 当前已经设置好的默认搜索路径, 读者可以单击左上角的按钮以添加新的文件夹.

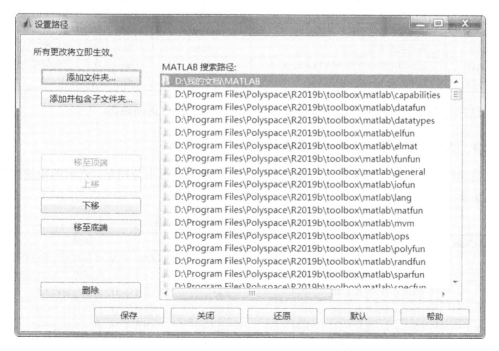

图 1.2　设置路径窗口

3. 工作区

工作区显示了 MATLAB 当前可用的变量信息，包括变量名、变量值、大小、类型、所占字节数等. 其中，除变量名外，其他信息都是可选项，可以显示也可以不显示，用户只需在变量信息的标题栏单击鼠标右键，在弹出的快捷菜单中选择即可. 用户可以通过双击变量名打开变量编辑窗口对其进行编辑或修改，也可以在命令行窗口对变量进行修改.

工作区中显示的变量都是存储在计算机内存里的，如果确定某个变量不再使用，应及时将其清理以节约内存空间. 在**命令行窗口**输入"clear 变量名"后按回车键可以将指定变量从工作区里清除. 如果所有的变量都不再使用，可以用"clear all"或"clear"命令进行全部清除.

除了上述的窗口，MATLAB 还提供了历史命令窗口. 但是新版的 MATLAB 都已不再默认显示，用户可以单击"主页"选项卡，然后依次单击"布局"→"命令历史记录"→"停靠"将其调出.

1.1.2　MATLAB 中的一些通用命令

通用命令主要用于对 MATLAB 的系统进行管理，如前面讲的 addpath、pwd、genpath 和 clear 命令. 表 1.1 列出了 MATLAB 中常用的通用命令.

表 1.1　MATLAB 中常用的通用命令

命令	说明	命令	说明
clear	清除工作区中的变量	clc	清除命令行窗口中的内容
cd	显示或改变当前工作路径	dir	显示当前工作路径下的文件
help	在命令行窗口中显示帮助文档	helpwin	在帮助窗口中显示帮助文档
who	显示当前变量	whos	显示当前变量的详细信息
what	显示指定路径下的 MATLAB 文件	which	显示函数或文件的位置信息
type	显示指定 M 文件的内容	quit 或 exit	退出 MATLAB

这些命令不用一次掌握，读者可以在以后的使用过程中逐渐熟悉.

1.1.3　MATLAB 中的一些快捷键

在 MATLAB 中，熟练使用快捷键可以令很多操作变得十分简单. 常用的快捷键如表 1.2 所示.

表 1.2　MATLAB 中常用的快捷键

键盘按键	说明	键盘按键	说明
↑	Ctrl+ P，调用上一行命令	Home	Ctrl + A，光标置于当前行开头
↓	Ctrl + N，调用下一行命令	End	Ctrl + E，光标置于当前行末尾
←	Ctrl + B，光标左移一个字符	Esc	Ctrl + U，清除当前输入行
→	Ctrl + F，光标右移一个字符	Del	Ctrl + D，删除光标处字符
Ctrl + ←	Ctrl + L，光标左移一个单词	BackSpace	Ctrl + H，删除光标前字符
Ctrl + →	Ctrl + R，光标右移一个单词	Alt + BackSpace	恢复上一次删除

例如, 用户可以在**命令行窗口**用 "↑" 和 "↓" 两个游标键将所用过的命令调出来以重复使用. 按 "↑" 键, 上一次命令会重新出现, 之后再按 "Enter" 键, MATLAB 就会再次执行上一个命令. 其他几个键, 如 "↓" "→" "←" "Delete" "Insert" 键等, 其功能显而易见, 无须赘述.

另外, 按 "Ctrl + Break" 或 "Ctrl + C" 组合键可以中止正在执行的 MATLAB 函数或脚本. 当用户进行了误操作或代码中有死循环而导致系统不能回到提示符 ">>" 时, 采用这一操作就非常方便.

1.2 MATLAB 的帮助系统

微课: 帮助系统的使用

要想更好地使用 MATLAB 软件, 单靠书本上的学习是远远不够的, 因为任何一本书都无法覆盖它的所有内容. 因此, 读者应学会使用 MATLAB 自带的帮助系统, 并通过帮助系统查询 MATLAB 中一些函数或命令的使用方法和技巧.

1.2.1 用命令获取帮助

用命令获取帮助就是在**命令行窗口**输入命令来获取帮助. 这种获取帮助的方式可以让用户快速查询到相关函数的功能及使用方法. 常见的实现快速获取帮助的命令有 help、lookfor、which、who 和 whos, 下面将详细介绍这些命令, 并且将简要介绍 MATLAB 的模糊查询功能.

1. help 命令

使用 help 命令的常见情况是在**命令行窗口**的提示符 ">>" 后面直接输入 "help 函数名", 从而获取指定函数的帮助信息. 例如, 查询 cos 函数的帮助信息, 可以输入 "help cos", 如下所示.

```
1  >> help cos
2  cos    Cosine of argument in radians.
3    cos(X) is the cosine of the elements of X.
4
5    See also acos, cosd.
6
7    cos 的参考页
8    名为 cos 的其他函数
```

其中, 第 5 行和第 8 行以超链接的形式给出了与 cos 相关的其他函数, 如要获取这些函数的帮助, 直接单击这些函数即可显现新的帮助文档; 第 7 行也是超链接, 单击后可以打开 cos 的联机帮助窗口, 详见 1.2.2 节.

另外, 直接在命令行窗口输入 "help" 命令可以获取当前帮助系统中所包含的所有项目, 以及搜索路径中所有子目录的名称.

2. lookfor 命令

有时候我们只知道某个函数的关键字，而记不清该函数的完整名称，这时可以用"lookfor 关键字"命令来找出与给定关键字相关的函数. 如查找所有与 pca 相关的函数，可以输入"lookfor pca"，如下所示.

```
1  >> lookfor pca
2  ipcam              - Creates ipcam object to acquire frames
3                       from your IP Camera.
4  ……                 % 省略部分内容（作者注）
5  xpcaudiospectrumdemo  -
```

说明：由于内容较多，这里只列出其中的一部分，中间的大部分用省略号表示（见第 4 行）.

3. which 命令

which 命令用于查找指定函数文件的存放目录. 如查找 pinv 函数文件的路径，可以输入以下代码.

```
1  >> which pinv
2  D:\Program Files\MATLAB\R2016b\toolbox\matlab\matfun\pinv.m
3  >> which pinv -all
4  D:\Program Files\MATLAB\R2016b\toolbox\matlab\matfun\pinv.m
5  D:\Program Files\MATLAB\R2016b\toolbox\symbolic\symbolic\@sym\`pinv`.m
```

4. who 命令和 whos 命令

who 和 whos 命令可以列出当前**工作区**中的变量. 用法如下.

```
1  >> clear       % 清空工作区变量
2  >> who         % 工作区为空，所以什么都不显示
3  >> a = 1:1:10; % 定义向量 a
4  >> y = cos(a); % 定义 a 的余弦值
5  >> who         % 此时工作区有两个变量
6  a  y
7  >> whos        % 查看工作区变量的详细信息
8  Name      Size          Bytes  Class      Attributes
9  a         1×10          80     double
10 y         1×10          80     double
```

5. 模糊查询

MATLAB 从 6.0 版本开始提供了模糊查询的功能，用户在命令行窗口输入前几个字符，然后按"Tab"键，命令行窗口就会列出以这几个字符开头的命令或变量.

1.2.2 用联机帮助系统获取帮助

进入联机帮助系统的方法有 3 种：一是依次单击"主页"选项卡 →"帮助"；二是按 "F1"键；三是在命令行窗口输入"doc"或"helpwin"命令. 联机帮助系统打开后，可以 看到图 1.3 所示的界面.

用户可以在该界面右上部的文本框里输入要查询的关键词，并单击右边的搜索按钮 （或直接按回车键）即可获得要查询的信息. 如查找 cos 函数，可以在搜索框里输入"cos"， 进行搜索，然后在左边的"按类型优化"中选择"函数"，即可看到与"cos"相关的搜索 结果. 单击第一个结果，可得到 cos 函数的帮助信息，结果如图 1.4 所示.

图 1.3 MATLAB 联机帮助系统界面

图 1.4 cos 函数的帮助信息界面

第 2 章　数据的表示及运算

MATLAB 的主要功能是数据处理. 这些数据可以是数值型数据, 也可以是非数值型数据, 如字符串、结构体或元胞等. 有些数据用常量表示, 有些数据保存在变量中, 用变量名表示. 对数据进行处理可以简单理解为对数据进行各种运算. 有的运算比较简单, 用运算符 (如加、减、乘、除等) 就可以实现, 有的运算较为复杂, 需要用函数来实现. 因此, 作为 MATLAB 软件的基础, 本章将主要介绍数据的表示及其运算.

2.1　数据的表示

数据是 MATLAB 的主要处理对象. 这些数据可以用常量表示, 也可以用变量表示. 顾名思义, 常量所表示的数据是不能被改变的, 而变量所表示的数据可以被改变.

微课: 常量和
变量

2.1.1　常量

MATLAB 中的常量 (constant) 是所有合法数据的直接表示, 如 1、0、−5、3.7、−2.87e2、1 + 2.5i、'a' 等. 这些数据的大小不能被改变, 且都具有默认的类型. 如 1、0、−5、3.7、−2.87e2 默认都是双精度 (double) 型, 在内存中占 8 个字节; 复数 1 + 2.5i 默认在内存中占 16 个字节, 即由两个双精度型组成. 需要说明的是, −2.87e2 是 MATLAB 中的科学计数法, 表示 -2.87×10^2, MATLAB 要求 e 后面的数必须为整数.

可以在 MATLAB 的命令行窗口中直接对常量进行各种算术运算、关系运算和逻辑运算, 示例如下.

```
1  >> 2 + 6          % 两个常量做加法运算
2  ans =
3       8
4  >> 640/80         % 两个常量做除法运算
5  ans =
6       8
7  >> 3^2            % 两个常量做次幂运算
8  ans =
9       9
```

在命令行窗口中的提示符 ">>" 的后面直接输入常量及相关运算符后按回车键 ("Enter" 键) 即可看到相应的运算结果. 上述各命令行中的 "%" 表示注释, 其后面的内容是用来对前面的命令进行解释的, MATLAB 在执行这些命令的时候会自动忽略掉注释的内容.

2.1.2　变量

所谓变量（variable），是指其表示的值可以被改变的量. 在 MATLAB 中，改变变量的值需使用赋值运算符（=）来实现. 变量被赋值后，新值会覆盖原来的值，因此变量只能保存最新赋的值，这就是"**变量**"与"**常量**"的主要区别. 与常量相同，变量也可以参与各种运算，如算术运算、关系运算和逻辑运算等. 在 MATLAB 中，变量可以分为两类：一般变量和永久变量.

1. 一般变量

一般变量是指由用户命名的变量，这种变量可以存放一个数（标量），也可以存放一个向量或矩阵等. 这类变量的命名规则如下：

① 由字母、数字和下画线组成；

② 首字符必须是字母；

③ 变量名的长度不超过 63 个字符；

④ 变量名中的字母区分大小写.

2. 永久变量

永久变量是 MATLAB 中的特殊变量，这类变量已经被定义好，可以被直接使用. 表 2.1 列出了 MATLAB 中常用的永久变量.

表 2.1　MATLAB 中常用的永久变量

变量名称	功能说明	变量名称	功能说明
ans	保存运算结果的默认变量名	eps	2^{-52}，即两个不同浮点数之间的最小距离
pi	圆周率 π	nan 或 NaN	不定值，如 $0/0$、∞/∞、$0*\infty$
inf 或 Inf	无穷大，如 $1/0$	i 或 j	复数中的虚数单位，$i = j = \sqrt{-1}$
realmin	MATLAB 能表示的最小正实数	realmax	MATLAB 能表示的最大正实数

下面举例说明这些变量的使用方法.

```
1  >> r = 1.5              % 给变量 r 赋值为 1.5
2  r =
3      1.5000
4  >> s = pi * r * r       % 给变量 s 赋值为 pi*r*r 的运算结果
5  s =
6      7.0686
7  >> c1 = 1.3 + 6.78i     % 给变量 c1 赋值为一复数
8  c1 =
9      1.3000 + 6.7800i
10 >> c2 = c1 + pi         % 给变量 c2 赋值
11 c2 =
12     4.4416 + 6.7800i
13 >> 1 + eps              % 计算 1+eps, 并赋给 ans
14 ans =
15     1.0000
```

```
16   >> 1/0                        % 计算 1/0, 并赋给 ans
17   ans =
18       Inf
19   >> 0*ans                      % 计算 0*ans, 即 0*Inf, 并赋给 ans
20   ans =
21       NaN
```

2.1.3 数据的显示方式

从上面的例子中可以发现，如果运算结果是整型，则直接显示整型结果；如果运算结果是浮点型数据，则**默认**显示小数点后 4 位. 在 MATLAB 中，可以使用 format 命令改变这种默认的显示方式，用法如下.

- format：默认设置.
- format short：短固定十进制小数点格式，小数点后包含 4 位数，short 可以省略.
- format long：长固定十进制小数点格式，小数点后包含 15 位数（双精度型数据）或 7 位数（float 型数据）.
- format shortE：短科学记数法.
- format longE：长科学记数法.
- format shortG：短固定十进制小数点格式或科学记数法（取更紧凑的一个）.
- format longG：长固定十进制小数点格式或科学记数法（取更紧凑的一个）.
- format shortEng：短工程记数法，小数点后包含 4 位数，指数为 3 的倍数.
- format longEng：长工程记数法，小数点后包含 15 位数，指数为 3 的倍数.
- format bank：货币格式，小数点后包含 2 位数.
- format hex：用十六进制格式表示.
- format +：正/负格式，只显示数据的符号，分别用"+""–"和空格键表示正数、负数和零（如果为复数，只考虑实部）.
- format rat：用有理分式的形式表示.
- format compact：压缩显示. 显示时，变量和值之间不留空行（为节约排版空间，本书都采用 compact 方式排版）.
- format loose：松散显示. 显示时，变量和值之间留空行.

说明：用 format 命令仅仅能改变数据的显示格式，并不影响数据在内存的存储和在 MATLAB 中的计算，也就是说，不管用何种显示方式，MATLAB 在计算时精度都是一样的，只是显示方式不同.

另外，除了使用上述命令改变显示方式，还可以依次单击"主页"选项卡上的"预设"→"MATLAB"→"命令行窗口"，然后在右边的"文本显示"框中选择显示方式，如图 2.1 所示.

下面举例说明用 format 命令改变显示格式的方法.

```
1   >> format short
2   >> a = [pi 2; 0.123 98.125] % 给变量 a 赋值（矩阵）
```

```
 3  a =
 4      3.1416    2.0000
 5      0.1230   98.1250
 6  >> format long
 7  >> a
 8  a =
 9    3.141592653589793    2.000000000000000
10    0.123000000000000   98.125000000000000
11  >> format longE
12  >> a
13  a =
14      3.141592653589793e+00      2.000000000000000e+00
15      1.230000000000000e-01      9.812500000000000e+01
16  >> format longG
17  >> b = [pi  pi*1000000;  eps  pi/1000000]
18  b =
19              3.14159265358979              3141592.65358979
20      2.22044604925031e-16      3.14159265358979e-06
21  >> format shortG
22  >> b
23  b =
24          3.1416    3.1416e+06
25      2.2204e-16    3.1416e-06
26  >> format rational          % 或 format rat
27  >> a
28  a =
29      355/113          2
30      123/1000      785/8
```

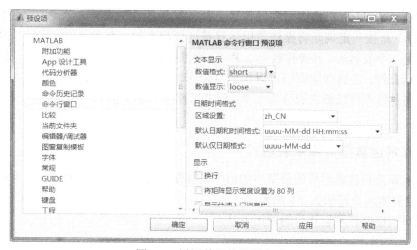

图 2.1 设置数据的显示方式

除了上述方法，MATLAB 还提供了 vpa 函数用来设置指定变量或常量的显示精度，下面举例说明.

```
1  >> pi                              % 默认保留小数点后 4 位
2  ans =
3      3.1416
4  >> format long
5  >> pi                              % 保留小数点后 15 位
6  ans =
7     3.141592653589793
8  >> vpa(pi)                         % 显示完整的数据
9  ans =
10 3.1415926535897932384626433832795
11 >> vpa(pi,3)                       % 保留 3 位有效数字
12 ans =
13 3.14
14 >> eps                             % 默认保留小数点后 15 位
15 ans =
16     2.220446049250313e-16
17 >> vpa(eps)                        % 显示完整的数据
18 ans =
19 0.00000000000000022204460492503130808472633361816
20 >> vpa(2^-52)                      % 显示完整的数据，可见 eps 是 2^(-52)
21 ans =
22 0.00000000000000022204460492503130808472633361816
```

2.2 运算符与表达式

运算符（operator）是作用在操作数上执行某种操作的符号．表达式（expression）是按一定规则将操作数用运算符连接起来的、有意义的式子．如 $3+5$ 是一个表达式，其操作数是 3 和 5，运算符是"+"．MATLAB 提供了许多运算符，用这些运算符可以构造复杂的表达式以实现复杂的计算．根据运算符的特点可以将它们分为 3 类：算术运算符、关系运算符和逻辑运算符．

微课：运算符与表达式

2.2.1 算术运算符与算术表达式

算术运算符是构成运算的最基本的命令，由算术运算符构成的表达式称为算术表达式．常用的算术运算符如表 2.2 所示．

下面举例说明算术运算符的使用方法.

```
1  >> A = [1 2;3 4]    % A 为矩阵
```

```
 2  A =
 3         1         2
 4         3         4
 5  >> B = [5 6; 7 8]      % B 也是矩阵
 6  B =
 7         5         6
 8         7         8
 9  >> C1 = A + B          % 矩阵加
10  C1 =
11         6         8
12        10        12
13  >> C2 = A * B          % 矩阵乘
14  C2 =
15        19        22
16        43        50
17  >> C3 = A/B            % 矩阵除, 相当于 A*B^(-1)
18  C3 =
19      3.0000    -2.0000
20      2.0000    -1.0000
21  >> C4 = A\B            % 矩阵左除, 相当于 A^(-1)*B
22  C4 =
23        -3        -4
24         4         5
25  >> C5 = 3*A            % 矩阵的数乘运算
26  C5 =
27         3         6
28         9        12
29  >> D1 = A^2            % 矩阵的平方, 相当于 A*A
30  D1 =
31         7        10
32        15        22
33  >> D2 = A^(-1)         % 求 A 的逆矩阵
34  D2 =
35     -2.0000     1.0000
36      1.5000    -0.5000
37  >> D3 = A^(-2)         % 相当于 A 的逆矩阵的平方
38  D3 =
39      5.5000    -2.5000
40     -3.7500     1.7500
41  >> D4 = B * D2         % 等价于 B/A
42  D4 =
43     -1.0000     2.0000
```

44   -2.0000   3.0000

表 2.2   MATLAB 的算术运算符

算术运算符	说明
+	加法运算. 两个数相加或两个同阶矩阵相加，如果是一个矩阵和一个数相加，则把数加到矩阵的每一个元素上，结果仍是矩阵
-	减法运算. 可以是两个数相减，也可以是两个矩阵相减，还可以是数与矩阵相减
*	乘法运算. 可以是两个数相乘，也可以是两个矩阵相乘，还可以是数与矩阵相乘（数乘）
/	除法运算. 如 "a/b" 表示 "$a \cdot b^{-1}$"，如果 "a" 和 "b" 都是矩阵，则 "b" 的逆矩阵必须存在
\	左除运算. 如 "a\b" 表示 "$a^{-1} \cdot b$"，如果 "a" 和 "b" 都是矩阵，则 "a" 的逆矩阵必须存在
^	次幂运算. 如 "a^b" 表示 "a" 的 "b" 次幂

2.2.2   关系运算符与关系表达式

关系运算符主要用于数、字符串、矩阵等数据的比较，其返回值为逻辑型（logical）的 0 或 1，分别表示"假（False）"或"真（True）". 常见的关系运算符如表 2.3 所示.

表 2.3   MATLAB 的关系运算符

关系运算符	举例	说明	关系运算符	举例	说明
==	A==B	A 是否等于 B	~=	A~=B	A 是否不等于 B
>=	A>=B	A 是否大于等于 B	<=	A<=B	A 是否小于等于 B
>	A>B	A 是否大于 B	<	A<B	A 是否小于 B

下面举例说明关系运算符的使用方法.

```
1  >> A = [1 2; 2 3];    % A 为矩阵
2  >> B = [3 2; 1 2];    % B 也是矩阵
3  >> Z1 = A==B
4  Z1 =
5    2×2 logical 数组
6    0   1
7    0   0
8  >> Z2 = A>=B
9  Z2 =
10   2×2 logical 数组
11   0   1
12   1   1
13 >> Z3 = A<B
14 Z3 =
15   2×2 logical 数组
16   1   0
17   0   0
```

说明：关系运算和下面要讲的逻辑运算在编程（见第 6 章）中非常有用.

2.2.3　逻辑运算符与逻辑表达式

逻辑运算符主要用于对关系表达式进行逻辑运算. 参与逻辑运算的各表达式（即逻辑运算的操作数）的值应为逻辑型, 如果不是逻辑型, 则 MATLAB 把 0 当成 "假", 把非 0 当成 "真", 然后再参与运算. 同关系运算类似, 逻辑运算的结果也是逻辑型. MATLAB 的逻辑运算符如表 2.4 所示.

表 2.4　MATLAB 的逻辑运算符

逻辑运算符	举例	说明
&	A&B	A 和 B 做逻辑 "与" 运算
|	A|B	A 和 B 做逻辑 "或" 运算
~	~A	对 A 做逻辑 "非" 运算

下面举例说明逻辑运算符的使用方法.

```
1  >> t = 1 : 10              % 生成 1 到 10 的整数向量, 并赋给变量 t
2  t =
3       1    2    3    4    5    6    7    8    9    10
4  >> t >= 3 & t < 6          % 元素值在 [3, 6) 上时结果为 1, 否则为 0
5  ans =
6    1×10 logical 数组
7     0    0    1    1    1    0    0    0    0    0
8  >> t < 3 | t >= 7          % 元素值小于 3 或大于等于 7 时结果为 1, 否则为 0
9  ans =
10   1×10 logical 数组
11    1    1    0    0    0    0    1    1    1    1
12 >> ~(t < 3 | t >= 7)       % 取反, 等同于 t >= 3 & t < 7
13 ans =
14   1×10 logical 数组
15    0    0    1    1    1    1    0    0    0    0
```

2.3　常见函数

MATLAB 提供了大量的函数用来对数据进行复杂的处理. 如计算一个弧度值的正弦值、计算一个数的自然对数等. 不仅如此, MATLAB 还允许用户根据需要自己定义函数（见第 6 章）. 本节只介绍 MATLAB 提供的一些常用函数.

微课: 常见函数

1. 三角函数和双曲函数

常见的三角函数和双曲函数如表 2.5 所示.
下面举例说明这些函数的使用方法.

```
1  >> sin(3)
```

```
 2   ans =
 3       0.1411
 4   >> [sin(pi/2)  sinh(3)  asinh(2)]
 5   ans =
 6       1.0000   10.0179    1.4436
 7   >> A = [1  3;  20  50];
 8   >> sin(A) % 对矩阵的运算就是对其中的每一个元素做运算（与点运算类似）
 9   ans =
10       0.8415    0.1411
11       0.9129   -0.2624
12   >> tan(A) % MATLAB 中的绝大多数函数都能对矩阵进行运算
13   ans =
14       1.5574   -0.1425
15       2.2372   -0.2719
```

表 2.5　三角函数和双曲函数

名称	含义	名称	含义	名称	含义
sin	正弦	sec	正割	sinh	双曲正弦
cos	余弦	csc	余割	cosh	双曲余弦
tan	正切	sech	双曲正割	tanh	双曲正切
cot	余切	csch	双曲余割	coth	双曲余切
asin	反正弦	asec	反正割	asinh	反双曲正弦
acos	反余弦	acsc	反余割	acosh	反双曲余弦
atan	反正切	asech	反双曲正割	atanh	反双曲正切
acot	反余切	acsch	反双曲余割	acoth	反双曲余切

2. 指数函数和对数函数

常见的指数函数和对数函数如表 2.6 所示.

表 2.6　指数函数和对数函数

名称	含义	名称	含义	名称	含义
exp	e 为底的指数	log10	10 为底的对数	sqrt	开平方
log	自然对数	log2	2 为底的对数	pow2	2 的幂

下面举例说明这些函数的使用方法.

```
 1   >> Z = [exp(1)  log(3)  log2(8)  sqrt(2)  pow2(3)]
 2   Z =
 3       2.7183    1.0986    3.0000    1.4142    8.0000
 4   >> exp([1.5  2.7])
 5   ans =
 6       4.4817   14.8797
```

3. 归整函数和求余函数

常见的归整函数和求余函数如表 2.7 所示.

表 2.7 归整函数和求余函数

名称	含义	名称	含义
ceil	向 $+\infty$ 归整, 即上取整	sign	符号函数
fix	向 0 归整	mod	模除求余
floor	向 $-\infty$ 归整, 即下取整	rem	求余数
round	向最近的整数归整, 即四舍五入		

下面举例说明这些函数的使用方法.

```
1  >> Y1 = [ceil(pi)   fix(pi)   floor(2.718)]
2  Y1 =
3        4       3       2
4  >> Y2 = [round(2.718)   round(2.718,2)   rem(5,3)]
5  Y2 =
6        3.0000    2.7200    2.0000
```

4. 复数函数

常见的复数函数如表 2.8 所示.

表 2.8 复数函数

名称	含义	名称	含义	名称	含义
abs	取模	conj	计算共轭	real	取实部
angle	计算相角	imag	取虚部		

下面举例说明这些函数的使用方法.

```
1  >> a0 = 1 + 2i;
2  >> a1 = abs(a0)
3  a1 =
4        2.2361
5  >> abs(-1)          % 如果参数是实数, 则返回该参数的绝对值
6  ans =
7        1
8  >> a2 = conj(a0)
9  a2 =
10       1.0000 - 2.0000i
11 >> [angle(a0), imag(a0)]
12 ans =
13       1.1071    2
```

5. 矩阵变换函数

MATLAB 中关于矩阵运算的函数非常多（详见第 3 章），本节只列出 4 个常见的矩阵变换函数，如表 2.9 所示.

表 2.9　矩阵变换函数

名称	含义	名称	含义
fliplr	左右翻转	flipdim	按指定维度翻转
flipud	上下翻转	rot90	逆时针翻转 90°

下面举例说明这些函数的使用方法.

```
1   >> A = [1 2 3 4; 5 6 7 8]
2   A =
3        1      2      3      4
4        5      6      7      8
5   >> A1 = fliplr(A)
6   A1 =
7        4      3      2      1
8        8      7      6      5
9   >> A2 = flipud(A)
10  A2 =
11       5      6      7      8
12       1      2      3      4
13  >> A2 = flipdim(A, 1)   % 第 1 维为行，即上下翻转
14  A2 =
15       5      6      7      8
16       1      2      3      4
17  >> A2 = flipdim(A, 2)   % 第 2 维为列，即左右翻转
18  A2 =
19       4      3      2      1
20       8      7      6      5
21  >> A3 = rot90(A)
22  A3 =
23       4      8
24       3      7
25       2      6
26       1      5
```

6. 其他常用函数

MATLAB 中还有一些其他的常用函数，如表 2.10 所示.
下面举例说明这些函数的使用方法.

```
1   >> a = [5 1 2 3 7];
```

```
 2  >> x0 = min(a)
 3  x0 =
 4        1
 5  >> size(a)                    % 求 a 的行数和列数
 6  ans =
 7        1     5
 8  >> x1 = [max(a) mean(a) sum(a) prod(a) length(a) numel(a)]
 9  x1 =
10        7.0000  3.6000  18.0000  210.0000  5.0000  5.0000
11  >> s1 = sort(a)               % 从小到大排序, 即升序排序
12  s1 =
13        1     2     3     5     7
14  >> s2 = sort(a, 'descend')   % 降序排序
15  s2 =
16        7     5     3     2     1
17  >> y1 = [cumsum(a); cumprod(a)]
18  y1 =
19        5     6     8    11    18
20        5     5    10    30   210
21  >> y2 = diff(a)               % 计算相邻元素的差
22  y2 =
23       -4     1     1     4
24  >> p = [1 2 3]; q = [4 5 6];
25  >> dot(p, q)                  % 计算向量 p 和 q 的内积
26  ans =
27       32
28  >> b = [1 2 1 3 5];
29  >> unique(b)                  % 返回由 b 中不同元素构成的向量
30  ans =
31        1     2     3     5
```

表 2.10 其他常用函数

名称	含义	名称	含义
min	求最小值	cumsum	累计求和
max	求最大值	cumprod	累计求积
numel	求矩阵的元素个数	diff	相邻元素的差
size	求矩阵的行数和列数	mean	求平均值
length	求矩阵行数和列数的最大值	dot	求内积
sum	求和	unique	返回向量中的不同元素
prod	求积	sort	排序

以上都是以向量为例的. 事实上, 这些函数也可以对矩阵进行运算. 需要说明的是,
多数函数对矩阵进行运算就是对矩阵中每一个列向量进行运算. 如果需要对矩阵的行进

行相关运算，可以先对矩阵进行转置（第 3 章将详细讲解），然后再运算，也可以通过设置参数直接对行进行运算. 示例如下.

```
 1   >> a = [1 2 3; 4 5 6];
 2   >> b = [7 8 9; 3 2 1];
 3   >> max(a)              % 每个列向量里的最大值
 4   ans =
 5          4      5      6
 6   >> max(a, [], 2)       % 每个行向量里的最大值
 7   ans =
 8          3
 9          6
10   >> sum(a)              % 每个列向量的和
11   ans =
12          5      7      9
13   >> sum(a, 2)           % 每个行向量的和
14   ans =
15          6
16         15
17   >> length(a)           % 矩阵中行数和列数的最大值
18   ans =
19          3
20   >> c = size(a)         % 矩阵的尺寸（行数和列数）
21   c =
22          2      3
23   >> dot(a, b)           % 两个矩阵中对应的列向量做点积运算
24   ans =
25         19     26     33
```

第3章　数值矩阵的生成及基本运算

MATLAB 中的数据大都是以矩阵形式出现的. 例如, 标量被看作 1×1 的矩阵, 向量是 $1 \times n$ 或 $n \times 1$ 的矩阵. 因此, 矩阵的生成及相关运算是该软件的基础内容. 在 MATLAB 中, 矩阵元素可以是数值型, 也可以是符号型. 本章介绍数值型矩阵 (简称为矩阵), 符号型矩阵将在第 5 章介绍. 另外, 本章只介绍数值矩阵的生成及基本运算, 关于矩阵更复杂的运算将在第 3 部分进行介绍.

3.1　矩阵的生成和修改

3.1.1　矩阵的生成

1. 通过直接输入生成矩阵

当矩阵维数较小时, 可以直接在命令行窗口中输入矩阵的每一个元素来生成矩阵. 输入方法如下.

（1）以 "[" 和 "]" 作为矩阵的首、尾符号, 矩阵的所有元素必须放在中括号 "[]" 内.

微课: 矩阵的
生成与修改

（2）矩阵元素可以为常量、变量或表达式.

（3）要逐行输入矩阵元素, 不同行直接用英文输入法下的分号 ";" 或回车分隔, 同一行的不同元素之间可以用空格或英文逗号 "," 分隔.

（4）如果输入结束后不想在命令行显示, 可以在矩阵的结束符 "]" 后输入分号 ";" (该方法对其他 MATLAB 语句也适用).

（5）允许 "[]" 内为空, 即一个元素也不输入, 表示空矩阵.

下面举例说明生成矩阵的直接输入方法.

```
1  >> a1 = [1 2 3];        % 等价于 a1 = [1, 2, 3];
2  >> a2 = [5; 6];
3  >> a3 = [5
4  6];                     % 与 a3 = [5; 6]; 等价, 但不建议这么输入
5  >> b = [1+2  pi*3  exp(1);  sin(1),  abs(-9)  sqrt(3)] % 2×3 矩阵
6  b =
7      3.0000    9.4248    2.7183
8      0.8415    9.0000    1.7321
9  >> c = []               % 生成空矩阵
10 c =
11     []
12 >> size(c)              % 空矩阵的行数和列数都是 0
```

```
13   ans =
14        0        0
```

另外，MATLAB 允许用户根据已知的子矩阵构造新的矩阵. 接着上面例子里的"a1""a2"和"b"，我们构造新的矩阵，如下所示.

```
1   >> a1 = [1 2 3];
2   >> a2 = [5; 6];
3   >> b = [1+2  pi*3  exp(1);  sin(1),  abs(-9)  sqrt(3)];
4   >> c1 = [a1; b]        % 构造新矩阵，a1 为第一行，b 为第二行
5   c1 =
6        1.0000    2.0000    3.0000
7        3.0000    9.4248    2.7183
8        0.8415    9.0000    1.7321
9   >> c2 = [b a2]          % 构造新矩阵，b 为第一列，a2 为第二列
10  c2 =
11       3.0000    9.4248    2.7183    5.0000
12       0.8415    9.0000    1.7321    6.0000
```

2. 通过矩阵编辑器生成矩阵

MATLAB 提供了一个矩阵编辑器，用户可以用它生成和修改矩阵. 如果要创建新变量，可以在"工作区"窗口单击鼠标右键，在弹出的快捷菜单中单击"新建"命令创建一个新变量，其默认名称为"unnamed"[见图 3.1（a）]，用户可以手动修改该名称 [见图 3.1（b）]；也可以在"命令行窗口"直接输入"x1 = 0"以创建一个新变量.

(a)   (b)

图 3.1　在工作区创建新变量

然后，在工作区内双击新建的变量，会弹出该变量的编辑窗口，如图 3.2 所示. 该窗口以表格形式显示，用户可以在相应位置输入矩阵元素.

图 3.2　变量的编辑窗口

3. 由函数自动生成矩阵

MATLAB 提供了一些生成矩阵的操作符和函数, 用户可以很方便地使用它们生成矩阵.

（1）用冒号（:）操作符生成向量, 其一般形式为"初值 : 增量 : 终值". 示例如下.

```
1  >> a = 0:1:5          % 用一般形式创建向量
2  a =
3       0    1    2    3    4    5
4  >> b = 10:15          % 增量是 1 时可以省略
5  b =
6      10   11   12   13   14   15
7  >> c = 2:0.01:3;      % 增量也可以是小数
8  >> d = 10:-2.5:0      % 增量还可以是负数
9  d =
10    10.0000    7.5000    5.0000    2.5000         0
```

（2）用 linspace 函数生成向量. 调用方式：linspace(起始值, 终止值, 元素数目). 如果不写第三个参数, 则默认生成 100 个元素. 示例如下.

```
1  >> y = linspace(10, 20, 5)
2  y =
3     10.0000   12.5000   15.0000   17.5000   20.0000
```

（3）特殊矩阵的生成

MATLAB 提供了许多能生成特殊矩阵的函数, 如零矩阵、幺矩阵、单位阵、魔方阵等. 下面举例介绍能生成特殊矩阵的一些函数.

```
1  >> b1 = ones(2, 3)        % 生成 2 行 3 列的全 1 矩阵
2  b1 =
3       1    1    1
4       1    1    1
5  >> b2 = ones(3)           % 生成 3 阶全 1 方阵
6  b2 =
7       1    1    1
8       1    1    1
9       1    1    1
10 >> c1 = zeros(2, 3)       % 生成 2 行 3 列的全 0 矩阵
11 c1 =
12      0    0    0
13      0    0    0
14 >> d1 = eye(3)            % 生成 3 阶单位矩阵
15 d1 =
16      1    0    0
17      0    1    0
```

```
18        0        0        1
19  >> f = magic(3)                    % 生成 3 阶魔方阵
20  f =
21        8        1        6
22        3        5        7
23        4        9        2
24  >> r1 = rand(2, 3)                  % 生成在 [0, 1] 上服从均匀分布的伪随机数矩阵
25  r1 =
26      0.8147    0.1270    0.6324
27      0.9058    0.9134    0.0975
28  >> r2 = randn(1, 5)                 % 生成服从标准正态分布的 5 维伪随机数行向量
29  r2 =
30      0.7254   -0.0631    0.7147   -0.2050   -0.1241
31  >> r3 = rand(1, 3)*2-1              % 生成 3 个 [-1, 1] 上的均匀分布伪随机数向量
32  r3 =
33      0.9143   -0.0292    0.6006
34  >> r4 = repmat(r1, 3, 2)           % 用 r1 生成重复矩阵 (3 行 2 列)
35  r4 =
36    0.8147    0.1270    0.6324    0.8147    0.1270    0.6324
37    0.9058    0.9134    0.0975    0.9058    0.9134    0.0975
38    0.8147    0.1270    0.6324    0.8147    0.1270    0.6324
39    0.9058    0.9134    0.0975    0.9058    0.9134    0.0975
40    0.8147    0.1270    0.6324    0.8147    0.1270    0.6324
41    0.9058    0.9134    0.0975    0.9058    0.9134    0.0975
```

4. 通过外部文件导入生成矩阵

用户可以把外部 Excel 文件（*.xls、*.xlsx）或纯文本文件（*.txt）里的数据导入 MATLAB 工作区里. 单击"主页"选项卡，然后单击"导入数据"按钮，在打开的对话框中选择要导入的数据文件（这里以 Excel 文件为例），单击"确定"按钮后可以打开图 3.3

图 3.3　从 Excel 文件中导入数据

所示窗口. 在"输出类型"下拉列表中选择"数值矩阵"选项（如果导入的是文本文件，还要在此窗口选择分隔符）. 在下方查看数据并确定无误后，单击"导入所选内容"按钮即可在工作区看到新导入的变量.

MATLAB 还提供了从外部文件导入数据的相关命令，详见 3.6 节.

3.1.2 矩阵的修改

1. 单个元素的引用与修改

要引用或修改矩阵的某个元素，应先确定该元素的位置，然后再进行相应的操作. 需要说明的是，对于向量（行向量或列向量），其每一个元素的位置用一个数表示；对于矩阵，其元素位置可用两个数表示（一个表示元素所在的行，另一个表示元素所在的列），也可用一个数表示. 当用一个数表示矩阵元素位置时，矩阵是被当成"列向量"来看待的，即把矩阵中每一个列向量从左到右依次串接而成的列向量. 下面举例说明对矩阵中单个元素的引用与修改操作.

```
1  >> a = [1, 2, 3, 4, 5];        % 定义行向量
2  >> a(3)                         % 查看第 3 个元素的值
3  ans =
4      3
5  >> a(3) = 10                    % 修改第 3 个元素的值
6  a =
7      1    2    10    4    5
8  >> b = [1; 2; 3];               % 定义列向量
9  >> b(3) = sum(b)                % 修改第 3 个元素的值
10 b =
11     1
12     2
13     6
14 >> c = [1 2 3; 4 5 6; 7 8 9]    % 定义矩阵
15 c =
16     1    2    3
17     4    5    6
18     7    8    9
19 >> c(2, 3) = 10                 % 修改第 2 行、第 3 列元素的值
20 c =
21     1    2    3
22     4    5    10
23     7    8    9
24 >> c(6) = 20                    % 修改第 6 个元素的值
25 c =
26     1    2    3
27     4    5    10
```

```
                28        7      20        9
```

2. 多个元素的引用与修改

在 MATLAB 中，不仅可以对向量或矩阵中的单个元素进行修改，还可以对其中的多个元素进行引用或修改. 示例如下.

```
 1  >> a = [1 2 3 4 5; 3 6 9 7 1; 2 5 8 9 0]    % 创建矩阵
 2  a =
 3       1        2        3        4        5
 4       3        6        9        7        1
 5       2        5        8        9        0
 6  >> a([1 2], [1 3 5]) = ones(2, 3)           % 修改指定行和列交叉位置的元素
 7  a =
 8       1        2        1        4        1
 9       1        6        1        7        1
10       2        5        8        9        0
11  >> a([1 3], 2:4) = 10                        % 2:4 表示第 2 列到第 4 列
12  a =
13       1       10       10       10        1
14       1        6        1        7        1
15       2       10       10       10        0
16  >> a(3, 3:end) = 20                          % end 表示最后一列
17  a =
18       1       10       10       10        1
19       1        6        1        7        1
20       2       10       20       20       20
21  >> a(:, [1:3]) = 30                          % 第一个冒号表示从 1 到 end
22  a =
23      30       30       30       10        1
24      30       30       30        7        1
25      30       30       30       20       20
26  >> a([5:10]) = 40                            % 把矩阵看成列向量，修改第 5 个到第 10 个元素
27  a =
28      30       30       40       40        1
29      30       40       40        7        1
30      30       40       40       20       20
```

3. 特殊元素的引用与修改

可以用关系运算（见 2.2.2 小节）、逻辑运算（见 2.2.3 小节）和 find 函数选择矩阵中满足指定条件的元素. 示例如下.

```
 1  >> a = [1 2 3 4 5; 3 6 9 7 1; 2 5 8 9 0]    % 创建矩阵
```

```
 2   a =
 3        1        2        3        4        5
 4        3        6        9        7        1
 5        2        5        8        9        0
 6   >> find(a>7)                          % 返回 a 中大于 7 的元素下标
 7   ans =
 8        8
 9        9
10       12
11   >> find(a>10)                         % 返回 a 中大于 10 的元素下标, 结果为空向量
12   ans =
13     空的 0×1 double 列矢量
14   >> a(find(a>7)) = -10                 % 将 a 中大于 7 的元素改为 -10
15   a =
16        1        2        3        4        5
17        3        6      -10        7        1
18        2        5      -10      -10        0
19   >> a(a>=6) = -5                       % 直接将 a 中大于等于 6 的元素改为 -5
20   a =
21        1        2        3        4        5
22        3       -5      -10       -5        1
23        2        5      -10      -10        0
24   >> a(a>2 & a<5) = -15                 % 直接将 a 中大于 2 且小于 5 的元素改为 -15
25   a =
26        1        2      -15      -15        5
27      -15       -5      -10       -5        1
28        2        5      -10      -10        0
```

4. 删除矩阵的某行或某列

MATLAB 允许删除矩阵中的某些行或某些列. 示例如下.

```
 1   >> a = [1 2 3 4 5; 3 6 9 7 1; 2 5 8 9 0];    % 创建矩阵
 2   >> a(:, 3:4) = [ ]                            % 删除第 3 列和第 4 列
 3   a =
 4        1        2        5
 5        3        6        1
 6        2        5        0
 7   >> a(2, :) = [ ]                              % 删除第 2 行
 8   a =
 9        1        2        5
10        2        5        0
```

5. 矩阵形状的修改

在 MATLAB 中，矩阵可以被看成"列向量"结构，因此可以用一个数表示矩阵中某元素的位置. 用户可以在这种结构上用 reshape 函数对原矩阵的形状进行修改. 下面举例说明.

```
1  >> a = [1 2 3; 3 6 9]        % 创建 2 行 3 列矩阵 a
2  a =
3       1      2      3
4       3      6      9
5  >> a(:)                       % a 的列向量结构
6  ans =
7       1
8       3
9       2
10      6
11      3
12      9
13 >> a(5) == a(1, 3)            % 因此第 5 个元素就是第 1 行、第 3 列元素
14 ans =
15   logical
16    1
17 >> b = reshape(a, 3, 2)      % 把 a 的列向量结构重组成 3 行 2 列矩阵
18 b =
19      1      6
20      3      3
21      2      9
22 >> isequal(a, b)             % a 和 b 是两个不相等的矩阵
23 ans =
24   logical
25    0
26 >> isequal(a(:), b(:))       % 但是，a 和 b 的列向量结构是一样的
27 ans =
28   logical
29    1
```

3.2　矩阵的基本运算

MATLAB 提供了大量的关于矩阵的运算，下面介绍关于矩阵的一些常见的基本运算，包括算术运算、转置运算、求行列式、求秩、逆运算、求矩阵的大小、求特征值和特征向量等. 其他运算，如正交、正定、二次型、线性方程组、初等变换等，将在第 3 部分讲解.

微课：矩阵的
基本运算

1. 算术运算

矩阵的算术运算是指矩阵之间的加、减、乘、除、左除和幂运算. 各种运算符号如表 2.2 所示. 需要说明的是, 矩阵在做这些运算时, 其维数必须满足数学要求. 详细例子可以参考 2.2.1 小节, 此处不再举例.

2. 转置运算

在 2.3 节中, 我们介绍了 4 个矩阵变换函数 (见表 2.9). 在线性代数里, 转置也是一个非常简单的矩阵变换. 在 MATLAB 里, 可以用 transpose 函数或转置运算符 "'" (一个单引号) 来实现矩阵的转置. 示例如下.

```
1  >> A = [1 2; 3 4]
2  A =
3       1    2
4       3    4
5  >> transpose(A)        % 对 A 进行转置
6  ans =
7       1    3
8       2    4
9  >> B = A'              % 用转置运算符 ' 实现转置运算
10 B =
11      1    3
12      2    4
```

3. 矩阵的行列式和秩

在 MATLAB 里, 我们分别用 det 函数和 rank 函数来计算矩阵的行列式和秩. 示例如下.

```
1  >> A = [1 2; 3 4];
2  >> det(A)            % 求方阵 A 的行列式
3  ans =
4       -2
5  >> rank(A)           % 求矩阵 A 的秩
6  ans =
7        2
```

4. 逆运算

在线性代数里, 我们常用 "伴随矩阵法" 或 "初等变换法" 求矩阵的逆矩阵. 不管用哪种方法, 求逆矩阵的计算量都是比较大的. 在 MATLAB 里, 我们只需用 inv 函数即可实现. 示例如下.

```
1  >> A = [1 2; 3 4];
2  >> inv(A)            % 求 A 的逆矩阵
```

```
3  ans =
4     -2.0000    1.0000
5      1.5000   -0.5000
```

若已知线性方程组为 $Ax = b$，且系数矩阵 A 是可逆的，由线性代数知识可知，该线性方程组的解为 $x = A^{-1}b$. 例如，方程组

$$\begin{cases} x_1 + 2x_2 = 1, \\ 3x_1 + 4x_2 = -1 \end{cases}$$

的解可以用以下代码求出.

```
1  >> A = [1 2; 3 4];
2  >> b = [1; -1];
3  >> x = inv(A)*b;          % 也可以写成左除形式 x = A\b
4  x =
5     -3.0000
6      2.0000
```

所以，该线性方程组的解为 $x_1 = -3$，$x_2 = 2$.

5. 矩阵的特征值和特征向量

MATLAB 用"eig()"函数求矩阵（方阵）的特征值和特征向量. 示例如下.

```
1  >> B = [1 3 5; 8 6 4; 9 3 6];
2  >> D = eig(B)           % 返回矩阵 B 的特征值构成的向量
3  D =
4     14.5051
5     -4.1782
6      2.6731
7  >> [V, D] = eig(B)   % 返回矩阵 B 的特征向量 V 和特征值 D
8  V =
9     -0.3849   -0.7473    0.0836
10    -0.6637    0.3706   -0.8419
11    -0.6414    0.5516    0.5331
12  D =
13    14.5051         0         0
14         0   -4.1782         0
15         0         0    2.6731
```

说明：上述第 7 行代码求出的矩阵 V 是由特征向量构成的，每一列为一个特征向量；第 i 个特征向量所对应的特征值为矩阵 D 的第 i 行、第 i 列的元素值. 由线性代数知识知，若向量 v_i 为矩阵 B 的第 i 个特征向量，其对应的特征值为 d_i，则有

$$Bv_i = d_i v_i$$

成立. 因此,

$$BV = B\left[v_1, \cdots, v_n\right] = \left[Bv_1, \cdots, Bv_n\right] = \left[d_1v_1, \cdots, d_nv_n\right] = VD.$$

其中,

$$V = \left[v_1, \cdots, v_n\right], \quad D = \begin{bmatrix} d_1 & \cdots & 0 \\ \vdots & \ddots & \vdots \\ 0 & \cdots & d_n \end{bmatrix}.$$

在 MATLAB 中验证该等式, 代码如下.

```
1  >> B*V - V*D
2  ans =
3     1.0e-14 *
4      0.5329      0.3553      0.0916
5      0.7105     -0.1554      0.1776
6      0.8882     -0.1776      0.0444
```

上述结果表明, 矩阵 "ans" 中每一个元素值的绝对值都不超过 10^{-14}, 也就是说, BV 和 VD 非常接近.

6. 矩阵的大小及元素个数

在实际应用中, 我们经常需要知道某个矩阵的行数、列数和矩阵中的元素个数. 在 MATLAB 里, 用 size 函数求矩阵行数和列数, 用 numel 函数求矩阵元素个数. 示例如下.

```
1  >> B = [1 3 5; 8 6 4];
2  >> [m, n] = size(B)          % 返回矩阵的行数 m 和列数 n
3  m =
4        2
5  n =
6        3
7  >> L1 = length(B)            % length 只能返回矩阵行数和列数中的最大者
8  L1 =
9        3
10 >> L2 = length(B(:))         % 把矩阵看成列向量, 然后返回矩阵的元素个数
11 L2 =
12       6
13 >> L3 = numel(B)             % 也可以用 numel 函数直接返回矩阵的元素个数
14 L3 =
15       6
```

说明: 上述代码第 10 行中, "B(:)" 是把矩阵 B 看成列向量, 然后再用 length 函数求出其元素个数.

3.3 矩阵的阵列运算

阵列运算可以看成算术运算（见 2.2.1 小节）的扩展. 矩阵的算术运算是按线性代数里的运算规则进行的，而阵列运算采用元素对元素的运算规则. 在 MATLAB 中，矩阵的阵列运算符如表 3.1 所示.

微课：矩阵的
阵列运算

表 3.1　MATLAB 的阵列运算符

阵列运算符	说明
.*	阵列乘（点乘）运算：两个同阶矩阵对应元素相乘
./	阵列除（点除）运算：两个同阶矩阵对应元素相除
.\	阵列左除（点左除）运算：两个同阶矩阵对应元素左除
.^	阵列幂（点次幂）运算：如"A.^p"表示"A"中每一个元素做 p 次幂运算

下面举例说明矩阵的阵列运算.

```
1  >> A = [1 2 3; 3 4 5];     % A 为矩阵
2  >> B = [5 6 7; 7 8 9];     % B 也是矩阵
3  >> F1 = A.*B               % 矩阵的点乘运算，即 A 和 B 中的对应元素直接相乘
4  F1 =
5       5    12    21
6      21    32    45
7  >> F2 = A.^2               % 矩阵的点次幂运算，即 A 中的每一个元素直接平方
8  F2 =
9       1     4     9
10      9    16    25
11 >> F3 = 2.^A               % 矩阵的点次幂运算，即 2 的 A 次幂
12 F3 =
13      2     4     8
14      8    16    32
15 >> F4 = A./B               % 矩阵的点除运算，即 A 和 B 中的对应元素直接相除
16 F4 =
17     0.2000    0.3333    0.4286
18     0.4286    0.5000    0.5556
19 >> F5 = A.\B               % 矩阵的点左除运算，即 A 和 B 中的对应元素直接做左除运算
20 F5 =
21     5.0000    3.0000    2.3333
22     2.3333    2.0000    1.8000
```

思考：为什么 MATLAB 提供了点乘、点除、点左除、点次幂 4 种阵列运算，而不提供"点加"和"点减"运算呢？这是因为"点"运算的特点就是矩阵中对应元素直接进行相应的运算，而矩阵的加运算和减运算本身就具有这种性质. 因此，MATLAB 中没有"点加"和"点减"运算. 另外，对于标量，"点"运算和直接运算是一样的.

需要说明的是，在 MATLAB 中，大多数函数也都是按阵列运算来求解的，即阵列函数. 如 cos(3) 表示求 3 的余弦值. 也可以求矩阵的余弦值，如 cos([1 2; 3 4]) 表示求矩阵中每一个元素的余弦值，其结果是与原矩阵大小相同的矩阵. 示例如下.

```
1  >> A = [1 2 3; 3 4 5];  % A 为矩阵
2  >> C = [5 6 7 8 9];      % C 为向量
3  >> cos(A)     % 求矩阵 A 中每一个元素的余弦值，结果还是矩阵
4  ans =
5      0.5403    -0.4161    -0.9900
6     -0.9900    -0.6536     0.2837
7  >> log(C)    % 求向量 C 中每一个元素的自然对数，结果还是向量
8  ans =
9      1.6094    1.7918    1.9459    2.0794    2.1972
```

3.4 矩阵的关系运算与逻辑运算

矩阵的关系运算符和逻辑运算符分别在 2.2.2 小节和 2.2.3 小节中有详细讲解，这里只举一个例子.

微课：矩阵的关系
运算与逻辑运算

```
1  >> a = [1 2 3 4 5; 3 6 9 7 1; 2 5 8 9 0]  % 创建矩阵
2  a =
3      1    2    3    4    5
4      3    6    9    7    1
5      2    5    8    9    0
6  >> a > 5 & a <= 7
7  ans =
8    3×5 logical 数组
9     0   0   0   0   0
10    0   1   0   1   0
11    0   0   0   0   0
12 >> find(a>5)            % 返回 a 中大于 5 的元素下标
13 ans =
14      5
15      8
16      9
17     11
18     12
```

说明：上述第 6 行代码是判断矩阵 a 中每一个元素是否大于 5 且小于等于 7. 如果是，则值为 1，否则为 0（见第 9～11 行）.

在实际应用中，我们经常需要对矩阵的一些特征进行判断，如是否为空矩阵、是否为不定式（NaN）、是否为无穷大（Inf）等. MATLAB 提供了许多逻辑运算函数，这些函数

的返回值都是逻辑型的，如表 3.2 所示.

表 3.2　MATLAB 的逻辑运算函数

名称	说明
any	如果向量中元素不全为 0，则返回 1，否则返回 0
all	如果向量中元素全为 1，则返回 1，否则返回 0
xor	如果两个矩阵中对应位置的元素不相等，则返回 1，否则返回 0
isempty	如果矩阵为空，则返回 1，否则返回 0
isreal	如果矩阵元素都为实数，则返回 1，否则返回 0
isprime	如果矩阵元素是质数，则返回 1，否则返回 0
isinf	如果矩阵元素是无穷大（Inf），则返回 1，否则返回 0
isfinite	如果矩阵元素是有限的（非 Inf），则返回 1，否则返回 0
isnan	如果矩阵元素是未定式（NaN），则返回 1，否则返回 0
isequal	如果两个矩阵相等，则返回 1，否则返回 0
ismember	如果一个矩阵中的元素包含在另一个矩阵里，则返回 1，否则返回 0
isstr 或 ischar	如果矩阵元素是字符串类型，则返回 1，否则返回 0
isletter	如果矩阵元素是字母，则返回 1，否则返回 0
isspace	如果矩阵元素是空格，则返回 1，否则返回 0
isstudent	如果 MATLAB 版本是学生版，则返回 1，否则返回 0

说明： 表 3.2 中的 any 和 all 主要针对向量（行向量或列向量）进行计算，如果是矩阵，则对矩阵中的每个列向量进行相应的运算. 另外，上述函数的返回结果都是逻辑型的，有的返回逻辑型标量（1 或 0，表示"True"或"False"），有的是逻辑型矩阵（即每一个元素都是逻辑型的）. 下面举例说明部分逻辑运算函数的使用方法.

```
1   >> [any([1 0]), any([0 0]), all([1 2]), all([1 0])]
2   ans =
3     1×4 logical 数组
4      1   0   1   0
5   >> any([0 1 1 0; 1 1 0 0])          % 判断矩阵中每个列向量是否不全为 0
6   ans =
7     1×4 logical 数组
8      1   1   1   0
9   >> all([0 1 1 0; 1 1 0 0])          % 判断矩阵中每个列向量是否全为 1
10  ans =
11    1×4 logical 数组
12     0   1   0   0
13  >> xor([1 0; 0 4], [1 1; 3 3])      % 判断两个矩阵中对应元素是否不同
14  ans =
15    2×2 logical 数组
16     0   1
```

```
17       1     0
18   >> isnan([0/0, 1])
19   ans =
20     1×2 logical 数组
21       1     0
22   >> isequal([1 2; 3 4], [1 2; 3 4])    % 与运算符 "==" 不同，请大家自己验证
23   ans =
24     logical
25       1
26   >> ismember([1 2; 3 4], [1 2 1; 4 5 6])
27   ans =
28     2×2 logical 数组
29       1     1
30       0     1
31   >> ischar(['a 1'; 'b 2'])          % 是否为字符串型矩阵
32   ans =
33     logical
34       1
35   >> isletter(['a 1'; 'b 2'])        % 字符串中是字母的地方为 1, 否则为 0
36   ans =
37     2×3 logical 数组
38       1     0     0
39       1     0     0
40   >> isspace(['a 1'; 'b 2'])         % 字符串中是空格的地方为 1, 否则为 0
41   ans =
42     2×3 logical 数组
43       0     1     0
44       0     1     0
45   >> isstudent                       % 是否为学生版 MATLAB
46   ans =
47     logical
48       0
```

3.5 向量的运算

在 MATLAB 中，向量可以被看成一种特殊的矩阵：行数为 1 的矩阵（行向量）或列数为 1 的矩阵（列向量）. 因此，向量的运算和矩阵的运算在大多数情况下是相同的. 例如，向量也可以参与算术运算、阵列运算、关系运算和逻辑运算等. 但是，在一些特殊场合下，向量会有一些较为特殊的运算，本节只对特殊场合下向量的运算做一些介绍.

微课：向量的运算

1. 点积

点积也叫内积、数量积. 两个向量 $a = (a_1, a_2, \cdots, a_n)$ 和 $b = (b_1, b_2, \cdots, b_n)$ 的点积（记作 $a \cdot b$ 或 ab）是一个数（标量），表示一个向量在另一个向量上的投影再乘以该向量的长度，即 $a \cdot b = |a||b|\cos\theta = a_1b_1 + a_2b_2 + \cdots + a_nb_n$，其中 θ 为 a 和 b 的夹角. 这里的向量可以是任意维的. 在 MATLAB 中，向量的点积可以用 dot 函数来实现，示例如下.

```
1  >> C1 = [6 7 8 9];        % C1 为向量
2  >> C2 = [1 3 5 7];        % C2 为向量
3  >> dot(C1, C2)            % 求 C1 和 C2 的点积
4  ans =
5      130
6  >> sum(C1.*C2)            % 也可以用阵列运算和 sum 函数来计算向量的点积
7  ans =
8      130
9  >> C1*C2'                 % 还可以用代数运算求向量的点积
10 ans =
11      130
```

说明：用 dot 函数计算点积时，两个向量只要维数相等就行，而不用考虑行向量或列向量；但用后两种方法，需要考虑两个向量的结构特点. 如果一个是行向量，另一个是列向量，即使维数相等，用后两种方法也无法得到正确结果（请大家自己举出一些反例）.

2. 叉积

叉积，又叫叉乘、向量积、外积. 在数学上，两个三维向量 $a = (a_1, a_2, a_3)$ 和 $b = (b_1, b_2, b_3)$ 的叉积是垂直于 a 和 b 所确定的平面且满足右手法则的新向量，记作 $a \times b$，其计算方法为

$$a \times b = (a_2b_3 - a_3b_2, a_3b_1 - a_1b_3, a_1b_2 - a_2b_1) = \begin{vmatrix} i & j & k \\ a_1 & a_2 & a_3 \\ b_1 & b_2 & b_3 \end{vmatrix},$$

其中，向量 $i = (1,0,0)$，$j = (0,1,0)$，$k = (0,0,1)$. 从叉积的运算规则中不难发现 $a \times b = -(b \times a)$，即叉积不满足交换律. 特别地，参与叉积运算的两个向量必须是三维向量. 示例如下.

```
1  >> A = [6 7 8];           % A 为三维向量
2  >> B = [1 3 5];           % B 为三维向量
3  >> C1 = cross(A, B)       % 用 cross 函数求 A 和 B 的叉积
4  C1 =
5      11    -22    11
6  >> C2 = cross(B, A)       % 求 B 和 A 的叉积
7  C2 =
8     -11     22   -11
```

3. 混合积

向量的混合积是点积和叉积的混合运算. MATLAB 没有提供直接求混合积的函数, 只能使用 dot 函数和 cross 函数来实现. 如计算 $A \cdot (C \times B)$, 代码如下.

```
1  >> A = [6 7 8]; B = [1 3 5]; C = [2 5 7];
2  >> dot(A, cross(C, B))
3  ans =
4       11
```

3.6　数据的保存与加载

由于 MATLAB 工作区中的数据都存放在计算机内存中, 关掉 MATLAB 或计算机出现意外时, 这些数据都会丢失, 且不可恢复. 如果这些数据需要重复使用, 可以把它们以文件的形式保存在外存（如硬盘）上, 这样关闭 MATLAB 后数据不会丢失, 下次再用时只需把数据从外存上加载进来即可. 在 MATLAB 中, 用户不仅可以将数据保存为 MATLAB 文件（后缀为".mat"）, 还可以保存为纯文本文件（后缀为".txt"".dat"或".csv"）或电子表格文件（后缀为".xls"".xlsm"或".xlsx"）.

1. 保存为 MATLAB 文件

如果变量 X 和 Y 已经存在, 可以使用以下两种方式将它们保存在外存上.

save FileName X Y

save('FileName', 'X', 'Y')

称第一种方式为命令方式（command form）, 第二种为函数方式（function form）. FileName 为文件名, 默认后缀为".mat". 该文件默认保存在"当前文件夹"下（见 1.1.1 小节）. 如果用户想改变默认路径, 可以在 FileName 前面加上路径, 示例如下.

```
1  >> save E:\mydata1 X Y
2  >> save('E:\mydata2', 'X', 'Y')
```

上述代码表示把矩阵文件 mydata1.mat 和 mydata2.mat 分别存放在 E 盘的根目录下. 上述命令执行完毕后, 用户会在相应的目录下看到两个新建的文件 mydata1.mat 和 mydata2.mat, 且这两个文件都存放了矩阵 X 和 Y. 需要强调的是, 如果指定的文件已经存在, MATLAB 不会提示任何警告信息, 而是直接覆盖原文件, 因此, **写入数据时要注意文件覆盖的问题**.

MATLAB 允许用户使用 who 和 whos 函数查看".mat"数据文件中的变量, 示例如下.

```
1  >> who('-file', 'E:\mydata1')    % 或采用命令方式: who -file E:\mydata1
```

```
2   您的变量为:
3   X   Y
4   >> whos('-file', 'E:\mydata1')   % 或采用命令方式: whos -file E:\mydata1
5     Name        Size              Bytes  Class      Attributes
6     X           2x3                  48  double
7     Y           3x2                  48  double
```

MATLAB 还允许用户使用 save 函数或 save 命令向一个已经存在的文件中追加数据，方法如下.

save('FileName', 'Z', '-append') 或 save FileName Z -append

其中，"FileName" 表示文件名，必须存在，"Z" 是要追加的数据，"-append" 表示追加. 示例如下.

```
1   >> Z = [1 2];
2   >> save('E:\mydata2', 'Z', '-append')   % 向文件 mydata2.mat 中追加数据 Z
3   >> whos('-file', 'E:\mydata2')           % 查看文件 mydata2.mat 中的变量
4     Name        Size              Bytes  Class      Attributes
5     X           2x3                  48  double
6     Y           3x2                  48  double
7     Z           1x2                  16  double
```

与保存数据的方式类似，MATLAB 也提供了两种从外存上加载数据的方式，如下所示.

load FileName X Y

load('FileName', 'X', 'Y')

相应地，第一种方式为命令方式，第二种为函数方式，均表示从 FileName.mat 文件里读取变量 X 和 Y. 运行上述命令之前，必须确保文件是存在的，否则会报错. 如果需要加载 ".mat" 文件里指定的变量，可以直接在文件名后加该变量的名称. 例如，要从文件 "E:\mydata1.mat" 里只加载变量 Y、从 "E:\mydata2.mat" 里只加载变量 X，可以采用以下代码.

```
1   >> load E:\mydata1 Y          % 用命令方式只加载变量 Y
2   >> load('E:\mydata2', 'X')    % 用函数方式只加载变量 X
```

除了可以用 load 函数加载文件中的数据，还可以用 matfile 函数创建文件对象，并从文件对象中直接读取或修改文件中的数据. 示例如下.

```
1   >> mfobj=matfile('E:\mydata02')  % 创建文件对象，并与指定文件建立关联
2   mfobj =
3     matlab.io.MatFile
4     Properties:
5         Properties.Source: 'E:\mydata02.mat'
```

```
 6        Properties.Writable: false
 7                             X: [2x3 double]
 8                             Y: [3x2 double]
 9                             Z: [1x2 double]
10     Methods
11  >> X = mfobj.X;                    % 把 mfobj.X 赋给变量 X 后就可以直接使用 X 了
12  >> mfobj.Properties.Writable = truc;   % 将文件的可写属性改为 true
13  >> mfobj.Z = 3;                    % 可以直接更改文件中变量的内容
14  >> mfobj.Z
15  ans =
16        3
17  >> clear mfobj Z                   % 清空文件对象 mfobj 和变量 Z
18  >> load E:\mydata02 Z              % 重新从文件 mydata02 中加载 Z
19  >> Z                              % Z 的值已经被改变
20  Z =
21        3
```

2. 保存为纯文本文件或电子表格文件

MATLAB 提供了 writematrix 函数用于将已知数据存储到纯文本文件（后缀为".txt" ".dat"或".csv"）和电子表格文件（后缀为".xls"".xlsm"或".xlsx"）中，用法如下.

```
writematrix(A)
writematrix(A, 'FileName')
writematrix(A, 'FileName', 'Name_1', 'Val_1', ..., 'Name_n', 'Val_n')
```

其中：

（1）A 为已经存在于工作区中的变量名. 文件默认保存在当前目录下，名称与变量名一致，后缀为".txt". 如果 writematrix 函数无法根据变量名称构造文件名，那么它会写入 matrix.txt 文件中；

（2）FileName 为文件名，扩展名可以是".txt"（默认）、".dat"或".csv"，也可以是".xls"".xlsm"或".xlsx"；

（3）"Name_i"和"Val_i"为可选参数对，必须成对出现，分别表示第 i 个属性的名字和取值. 例如，当要保存的文件为纯文本文件时，可以设置数据之间的分隔符为逗号（默认）、空格或制表符等；当要保存的文件为电子表格文件时，可以设置要写入的工作表及区域等.

示例如下.

```
1  >> X = [1 2 3; 4 5 6];
2  >> Y = [10 20; 60 80];
3  >> Z = [100 200 300];
4  >> writematrix(X)        % 保存到当前目录下，文件名为 X.txt，用逗号作为分隔符
5  >> type X.txt            % 显示文件内容
```

```
 6  1,2,3
 7  4,5,6
 8  >> % 用制表符作为分隔符
 9  >> writematrix(Y, 'mydata03.txt', 'Delimiter', 'tab')
10  >> type mydata03.txt
11  10   20
12  60   80
13  >> % 保存到 Excel 文件 mydata04.xlsx 中的第 1 个工作表中
14  >> writematrix(X, 'mydata04.xlsx')
15  >> % 保存到文件 mydata04.xlsx 的第 2 个工作表的 A2:B3 区域中
16  >> writematrix(Y, 'mydata04.xlsx' ,'Sheet', 2, 'Range', 'A2:B3')
17  >> % 保存到文件 mydata04.xlsx 中名称为 price 的工作表中
18  >> writematrix(Z, 'mydata04.xlsx' ,'Sheet', 'price')
```

说明

（1）上述代码的第 9 行表示用制表符作为分隔符，更多的分隔符请查阅帮助系统.

（2）上述代码的第 16 行和第 18 行表示向 Excel 中指定的工作表中存入数据（默认为第 1 个工作表），如果指定的工作表存在，则存入的数据会覆盖原数据，否则 MATLAB 会在 Excel 文件中新建一个工作表，并将数据存入指定区域（默认从 A1 位置开始存放）.

相应地，MATLAB 提供了 readmatrix 函数用于从已有的文件中读取数据，用法与 writematrix 类似. 示例如下.

```
 1  >> R1 = readmatrix('X.txt')              % 读取文件 X.txt 里的数据
 2  R1 =
 3       1     2     3
 4       4     5     6
 5  >> R2 = readmatrix('mydata03.txt')    % 读取文件 mydata03.txt 里的数据
 6  R2 =
 7      10    20
 8      60    80
 9  >> % 读取文件 mydata04.xlsx 的第 1 个工作表中的所有数据
10  >> S1 = readmatrix('mydata04.xlsx')
11  S1 =
12       1     2     3
13       4     5     6
14  >> % 读取文件 mydata04.xlsx 的第 2 个工作表的 A2:B2 区域中的数据
15  >> S2 = readmatrix('mydata04.xlsx', 'Sheet', 2, 'Range', 'A2:B2')
16  S2 =
17      10    20
18  >> % 读取文件 mydata04.xlsx 的名称为 price 的工作表中的所有数据
19  >> S3 = readmatrix('mydata04.xlsx', 'Sheet', 'price')
20  S3 =
```

```
21      100    200    300
```

需要说明的是，在读取 Excel 文件时，必须确保文件及文件中的工作表都是存在的，否则 MATLAB 会报错．若文件存在，为了查看文件中的工作表是否存在，MATLAB 提供了 xlsfinfo 函数用于返回文件的详细信息，具体用法如下．

```
[status, sheets, xlFormat] = xlsfinfo('FileName')
```

如果文件 FileName 是 Excel 文件，则 status 返回字符串"Microsoft Excel Spreadsheet"；sheets 为元胞向量（详见 4.3 节），每个元素对应一个工作表的名称；xlFormat 表示文件的类型．关于 xlsfinfo 的详细信息请查阅帮助文档．示例如下．

```
1  >> [stat, shs, fmt] = xlsfinfo('mydata04.xlsx')      % 读取文件信息
2  stat =
3      'Microsoft␣Excel␣Spreadsheet'
4  shs =
5    1×3 cell 数组
6      {'Sheet1'}    {'Sheet2'}    {'price'}
7  fmt =
8      'xlOpenXMLWorkbook'
9  >> % 读取第 3 个工作表中的数据
10 >> S3 = readmatrix('mydata04.xlsx', 'Sheet', shs{3})
11 S3 =
12     100    200    300
```

3. 判断文件是否存在

无论读取何种类型的文件，MATLAB 都要求文件必须存在．为此，MATLAB 提供了 exist 函数用来判断文件是否存在，具体用法如下．

```
A = exist('FileName')
```

如果返回结果为 0，则表示指定文件不存在；如果为 2，则表示文件存在．
示例如下．

```
1  >> exist('mydata04.xlsx')      % 文件存在，返回 2
2  ans =
3      2
4  >> exist('mydata05.csv')      % 文件不存在，返回 0
5  ans =
6      0
```

exist 函数不仅可以用来检验文件是否存在，还可以用来检验指定的文件夹、工作区中的变量以及 MATLAB 的系统函数等是否存在．如果它们不存在，exist 函数返回 0，否则返回非 0，详细信息请查阅帮助系统．

4. 文件的删除

如果不需要再使用某文件了，可以找到该文件手动删除，也可以用 MATLAB 中的 delete 命令删除该文件（必须加文件的扩展名）. 如删除文件 "E:\mydata1.mat" 的代码如下.

```
1   >> delete E:\mydata1.mat        % 文件必须存在才能删除成功
```

特别注意：用 delete 命令删除的文件一般无法在回收站里找到，因此删除要慎之又慎.

第4章　字符串、结构体与元胞型矩阵

MATLAB不仅可以处理数值型数据,还可以处理非数值型数据,包括逻辑型(Logical)、字符串型(String)、结构体型(Struct)、元胞型(Cell)等. 逻辑型比较简单,已经在前面介绍过(见 3.4 节),本章介绍字符串型、结构体型和元胞型数据及其相关操作.

4.1　字符串

字符串,简称为串,是由零个或多个字符组成的有限序列. 在 MATLAB 中,构成字符串的字符序列必须用单引号引起来,然后才能对其进行各种操作,如赋值、连接、比较等. 字符串中的内容可以是任何有意义的字符(包括汉字),也可以是 MATLAB 转义字符. 关于转义字符,本章不作说明,后面用到时再介绍.

微课: 字符串

4.1.1　字符串的赋值与简单操作

与数值型数据相同,字符串数据也可以直接赋值给变量(即字符串变量),然后用变量名来代表该字符串. 需要说明的是,MATLAB 是以矩阵形式存储字符串数据的. 示例如下.

```
1  >> a = 'I love China'        % a 为字符串向量, 其元素都是字符
2  a =
3  I love China
4  >> a(8:12)                    % 返回 a 中的第 8 个到第 12 个字符
5  ans =
6  China
7  >> b = '我爱中国'            % b 为字符串向量, 包含 4 个汉字
8  b =
9  我爱中国
10 >> b(3:4)                     % 返回 b 中的第 3 个到第 4 个汉字
11 ans =
12 中国
13 >> A = ['abc'; '123']        % A 为两行三列的字符串矩阵
14 A =
15 abc
16 123
```

由于字符串都是以矩阵形式存放的,因此关于矩阵的很多操作,如矩阵的修改(见 3.1.2 小节)、矩阵的转置(见 3.2 节)以及表 2.9 中的操作,都可以应用在字符串矩阵上. 示例如下.

```
1  >> A = ['abc'; '123'];
2  >> size(A)
3  ans =
4       2     3
5  >> A'
6  ans =
7  a1
8  b2
9  c3
10 >> B = [A; 'xyz']
11 B =
12 abc
13 123
14 xyz
15 >> C = ['Ladys', 'and', 'gentlemen']
16 C =
17 Ladys and gentlemen
```

需要说明的是，字符串矩阵不是数值矩阵，因此与数值计算相关的矩阵操作不适用于字符串矩阵. 如不能对字符串矩阵进行求行列式、求秩、求逆矩阵等操作.

4.1.2 字符串函数

除了上述的基本操作，MATLAB 还提供了许多与字符串操作相关的函数. 表 4.1 列出了一些常用的字符串函数，更多的函数可查阅帮助文档.

表 4.1　字符串函数

名称	说明
abs	把字符转换为与之对应的 ASCII 码
char	把 ASCII 码转换为与之对应的字符
dec2hex	把十进制（Decimal）数转换为十六进制（Hexadecimal）数
hex2dec	把十六进制数转换为十进制数
num2str	把数（Number）转换为字符串
int2str	把数的整数部分（Integer）转换为字符串（忽略小数部分）
str2num	把数字字符串转换为数
lower	把字符串中的大写字母转换为小写字母
upper	把字符串中的小写字母转换为大写字母
blanks(n)	生成由 n 个空格（Blank）组成的字符串
deblank	去掉字符串后面的连续空格
findstr	从字符串内找出另一个字符串
strrep	用一个字符串替换（Replace）另一个字符串
strcmp	字符串比较（Compare），如果相等，则返回真，否则返回假
strncmp	比较字符串的前 n 个字符，如果相等，则返回真，否则返回假
strcat	字符串连接（Concatenate）
strvcat	字符串垂直（Vertical）连接
strtrim	去掉字符串开始和末尾的空白，包括空格和 Tab 空白
ischar	如果变量存储的是字符串数据，则返回真，否则返回假
isletter	如果字符串中的元素是字母，则返回真，否则返回假
isspace	如果字符串中的元素是空格，则返回真，否则返回假

下面举例说明部分函数的使用方法.

```
1  >> a = 'University';
2  >> abs(a)                                % 返回对应字符的 ASCII 码，结果是数值
3  ans =
4       85    110    105    118    101    114    115    105    116    121
5  >> dec2hex(30)                           % 结果为字符串型
6  ans =
7  1E
8  >> hex2dec('1E')                         % 结果为数值
9  ans =
10      30
11 >> num2str(123.456)                      % 结果为字符串
12 ans =
13 123.456
14 >> str2num('12.89')                      % 结果为数值
15 ans =
16     12.8900
17 >> lower('aA12Xyw')
18 ans =
19 aa12xyw
20 >> deblank('aa 12 bb    ')               % 去掉末尾空格
21 ans =
22 aa 12  bb
23 >> findstr('aabbccaacc', 'aa')           % 第 1 和第 7 的位置有子串 aa
24 ans =
25      1      7
26 >> strrep('aabbaa', 'aa', 'xyz')         % 把主串中的子串 aa 替换为 xyz
27 ans =
28 xyzbbxyz
29 >> [strcmp('xyz', 'xyz1'), strcmp('xyz', 'xyz')]
30 ans =
31   1×2 logical 数组
32    0    1
33 >> strncmp('xyz', 'xyz1', 2)            % 比较前 2 个字符是否相等
34 ans =
35   logical
36    1
37 >> a = 'xyz';  b = '12';  c = 'abcd';
38 >> d1 = strcat(a, b, c)                  % 把字符串连接起来，等价于 [a b c]
39 d1 =
40 xyz12abcd
```

```
41  >> d2 = strvcat(a, b, c)          % 把字符串竖着连接起来，构成矩阵
42  d2 =
43  xyz
44  12
45  abcd
46  >> size(d2)                       % 矩阵的列数由最长字符串决定，其他字符串自动后面补空格
47  ans =
48          3       4
```

4.2　结构体

结构体属于构造类型，它由若干"字段（field）"组成，这些"字段"可以是任意类型的标量、向量、矩阵，还可以是其他结构体数据.

微课：结构体

4.2.1　结构体变量的创建与修改

在 MATLAB 中，可以用 struct 函数创建结构体变量，也可以直接创建结构体变量，还可以对结构体变量中字段的值进行修改.

1. 用 struct 函数创建结构体变量

示例如下.

```
1  >> sv1 = struct('id', '20160101', 'name', 'Li Li', 'age', 20)
2  sv1 =
3    struct:
4       id: '20160101'
5     name: 'Li Li'
6      age: 20
```

上述第 1 行代码是用 struct 函数创建一个结构体变量"sv1"，该结构体变量中包含 3 个字段：id、name 和 age. 各字段的值分别为"'20160101'""'Li Li'""20". 用 struct 函数创建结构体变量时要求参数个数必须为偶数个：奇数位置上的参数必须是字符串型，表示字段的名称；偶数位置上的参数为其前面参数（字段）的值.

2. 直接创建结构体变量

示例如下.

```
1  >> sv2.id = '20160101';
2  >> sv2.name = 'Li Li';
3  >> sv2.age = 20;
4  >> sv2
5  sv2 =
6    struct:
7       id: '20160101'
```

```
8        name: 'Li Li'
9         age: 20
```

上述第 1～3 行代码用点"."直接创建结构体变量"sv2".

说明：用上述两种方法都能创建包含 3 个字段（id、name 和 age）的结构体变量，其中，id 和 name 为字符串型，age 为数值型标量. 事实上，可以为字段赋予任何类型的数据，包括向量、矩阵，或其他结构体变量. 示例如下.

```
1  >> sv1 = struct('id', '20160101', 'name', 'Li Li', 'age', 20);
2  >> sv3.data1 = ['2016'; '2017'];    % 为字段 data1 赋予字符串矩阵
3  >> sv3.data2 = [1 2; 3 4];          % 为字段 data2 赋予数值矩阵
4  >> sv3.data3 = sv1;                 % 为字段 data3 赋予另一个结构体变量
5  >> sv3
6  sv3 =
7    struct:
8      data1: [2×4 char]
9      data2: [2×2 double]
10     data3: [1×1 struct]
11 >> sv3.data2                        % 若要详细查看某个字段的值，可以用 "." 运算符
12 ans =
13      1      2
14      3      4
```

思考：在该例中，结构体变量"sv3"中的字段"data3"也是一个结构体变量，如何查看"data3"的值呢？

3. 结构体变量中字段值的修改

在 MATLAB 中，可以直接通过"."运算符修改结构体变量中字段的值. 如修改 sv3 中字段 data2 的值，代码如下.

```
1  >> sv3.data2 = [5 6 7; 8 9 10]     % 用 "." 运算符修改字段 data2 的值
2  sv3 =
3    struct:
4      data1: [2×4 char]
5      data2: [2×3 double]
6      data3: [1×1 struct]
7  >> sv3.data2                        % 查看字段 data2 的值
8  ans =
9      5      6      7
10     8      9      10
```

4.2.2 结构体函数

除了上述操作，MATLAB 还提供了一些处理结构体数据的函数，如表 4.2 所示.

表 4.2　结构体函数

名称	说明
isstruct	判断变量是否为结构体类型
isfield	判断结构体变量中是否包含指定的字段
fieldnames	返回结构体变量的所有字段名称
rmfield	删除结构体变量中指定的字段

下面举例说明这些函数的使用方法.

```
1  >> isstruct(sv3)              % 判断 sv3 是否为结构体类型
2  ans =
3    logical
4     1
5  >> isfield(sv3, 'data1')     % sv3 中是否包含字段 data1
6  ans =
7    logical
8     1
9  >> fieldnames(sv3)           % 返回 sv3 中的所有字段, 结果为元胞型（详见 4.3 节）
10  ans =
11    3×1 cell数组
12      'data1'
13      'data2'
14      'data3'
15  >> rmfield(sv3, 'data2')     % 删除 sv3 中的字段 data2
16  ans =
17    struct:
18      data1: [2×4 char]
19      data3: [1×2 struct]
```

4.3　元胞型矩阵

在 MATLAB 中, 元胞型数据都是以矩阵形式出现的. 与第 3 章讲的数值型矩阵不同的是, 元胞型矩阵中的元素类型可以不同, 如以下代码中的 2×2 元胞型矩阵"ca"中, 第 1 行第 1 列元素为数值标量, 第 1 行第 2 列元素为数值型矩阵, 第 2 行第 1 列元素为字符串, 第 2 行第 2 列元素为结构体.

微课: 元胞型矩阵

```
1  >> ca = {1, [2 3; 9 8]; 'abc', struct('d1', 5, 'd2', 6)}
2  ca =
3    2×2 cell数组
4      [   1]    [2×2 double]
5      'abc'    [1×1 struct]
```

需要说明的是，创建元胞型矩阵时必须使用花括号"{}"来界定. 同一般矩阵类似，查看元胞型矩阵中某一位置的元素也要用花括号来说明，示例如下.

```
1  >> ca{1, 2}          % 查看第1行、第2列元素的值
2  ans =
3        2        3
4        9        8
5  >> ca{3}             % 也可以把矩阵看成列向量，查看第3个元素的值
6  ans =
7        2        3
8        9        8
```

与结构体类似，MATLAB 也提供了一些处理元胞型矩阵的函数，如表 4.3 所示.

表 4.3　元胞函数

名称	说明
iscell	判断变量是否为元胞型
celldisp	显示元胞型矩阵中各元素的值
cellplot	显示元胞型矩阵的结构
num2cell	把普通矩阵（不一定非得是数值型）转换为元胞型矩阵

下面举例说明这些函数的使用方法.

```
1  >> celldisp(ca)        % 显示元胞型矩阵ca的值
2  ca{1, 1} =
3        1
4  ca{2, 1} =
5  abc
6  ca{1, 2} =
7        2        3
8        9        8
9  ca{2, 2} =
10       d1: 5
11       d2: 6
12 >> cellplot(ca)        % 显示元胞型矩阵的结构，结果如图4.1所示
13 >> b = magic(3)
14 b =
15       8        1        6
16       3        5        7
17       4        9        2
18 >> cb = num2cell(b)    % 把普通矩阵转换为元胞型矩阵
19 cb =
20   3×3 cell 数组
21    [8]     [1]     [6]
22    [3]     [5]     [7]
```

23   [4]   [9]   [2]

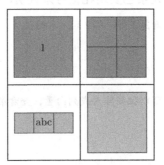

图 4.1　元胞型矩阵 "ca" 的结构

第 5 章　符号计算

符号计算是对未赋值的符号对象（symbolic objects）进行运算和处理. 与前几章讲的数值对象不同, 符号对象是 MATLAB 中的一种特殊数据类型, 它可以代表常数、变量、表达式或矩阵. MATLAB 可以在不考虑符号所表达的具体含义的情况下进行代数分析和计算, 如合并多项式、解代数方程等. 另外, MATLAB 允许把普通的数字转换成符号类型, 然后把这些符号数字当成符号对象来处理, 如 1/2 为数值型的 0.5, 而 sym(1/2) 为符号型的 1/2, 对应于数学中的分式.

5.1　符号对象的生成

在 MATLAB 中输入符号对象的方法与输入数值对象的方法在形式上很像, 只不过要用符号定义函数 sym 或 syms 命令.

微课: 符号矩阵
的生成

1. 用 sym 函数定义符号对象

（1）用 sym 定义符号标量, 示例如下.

```
1  >> a = sym('x')/sym('y')    % 定义符号标量 a
2  a =
3  x/y
4  >> b = sym('z')/sym('y')    % 定义符号标量 b
5  b =
6  z/y
7  >> a + b                     % 两个符号相加
8  ans =
9  x/y + z/y
10 >> 2*a*b                     % 两个符号的积的 2 倍
11 ans =
12 (2*x*z)/y^2
```

说明: 以前版本的 MATLAB 允许用 sym 函数定义符号向量或符号矩阵, 而新版本的 MATLAB 已经不再允许那样. 但是, 新版本的 MATLAB 允许用 sym 函数将数值矩阵转换为符号矩阵.

（2）用 sym 函数将数值对象转换为符号对象, 示例如下.

```
1  >> s = sym(1)/sym(2)         % 定义符号（数字可以不用单引号界定）
2  s =
3  1/2
4  >> t = sym(3/4)              % 也可以用一个 sym 定义
```

```
 5   t =
 6   3/4
 7   >> s + t                           % 数值符号相加
 8   ans =
 9   5/4
10   >> P = [1/3 sqrt(2) exp(1) log(5) pi]   % 定义普通向量
11   P =
12       0.3333    1.4142    2.7183    1.6094    3.1416
13   >> Q = sym(P)   % 把 P 转化为符号对象（用近似有理分式代替）
14   Q =
15   [ 1/3, 2^(1/2), 30605/11259, 72483/45036, pi]
16   >> eval(Q)      % 把符号矩阵转化为数值矩阵，也可以写成 double(Q)
17   ans =
18       0.3333    1.4142    2.7183    1.6094    3.1416
```

2. 用 syms 命令定义符号对象

在 MATLAB 中，可以先用 syms 命令定义符号对象，然后再定义符号矩阵，示例如下.

```
 1   >> syms a b c                  % 定义 3 个符号对象
 2   >> s1 = [a b c; 1 2 3]         % 定义符号矩阵 s1
 3   s1 =
 4   [ a, b, c]
 5   [ 1, 2, 3]
 6   >> det(s1(:, 1:2))            % 求前两列的行列式
 7   ans =
 8   2*a - b
 9   >> s2 = [s1; a b c]           % 定义符号矩阵 s2
10   s2 =
11   [ a, b, c]
12   [ 1, 2, 3]
13   [ a, b, c]
14   >> det(s2)
15   ans =
16   0
```

在 MATLAB 中，用 syms 命令定义的符号对象默认是在复数域里的. 为了说明这一点，我们先补充线性代数里的一个概念.

若矩阵 A 为实矩阵，则它的转置矩阵就是将原始矩阵里的元素关于主对角线交换位置所得，示例如下.

$$A = \begin{bmatrix} 1 & 2 \\ 3 & 4 \end{bmatrix} \quad \Rightarrow \quad A^{\mathrm{T}} = \begin{bmatrix} 1 & 3 \\ 2 & 4 \end{bmatrix}$$

但是，若矩阵 **B** 为复数矩阵，则它的转置矩阵不仅仅是将原始矩阵里的元素关于主对角线交换位置，还要把相应的元素变为其共轭复数，称这种转置为埃尔米特（Hermite）共轭转置，用"*"表示. 示例如下.

$$B = \begin{bmatrix} 1+2i & 2-3i \\ 3+5i & 4-6i \end{bmatrix} \quad \Rightarrow \quad B^* = \begin{bmatrix} 1-2i & 3-5i \\ 2+3i & 4+6i \end{bmatrix}$$

显然，实矩阵的转置是埃尔米特共轭转置的一种特殊情况. 在 MATLAB 里输入以下代码对上述定义进行验证.

```
1  >> syms a b c              % 符号对象默认是在复数域里的
2  >> sa = [a b c; 1 2 3]     % 定义符号矩阵 sa
3  sa =
4  [ a, b, c]
5  [ 1, 2, 3]
6  >> sa'                     % 转置
7  ans =
8  [ conj(a), 1]
9  [ conj(b), 2]
10 [ conj(c), 3]
```

这里的 conj 为复数的共轭运算（详见表 2.8）. 但是，实际中的很多符号代表的是实数域里的数据，为此我们可以在声明符号对象时对其进行详细说明，示例如下.

```
1  >> syms a b c real         % 用关键词 real 声明符号对象来自实数域
2  >> sa = [a b c; 1 2 3];    % 定义符号矩阵 sa
3  >> sa'                     % 转置
4  ans =
5  [ a, 1]
6  [ b, 2]
7  [ c, 3]
```

除此之外，MATLAB 还允许声明符号对象为正数（positive）、整数（integer）等，详细内容请查阅帮助系统.

3. 用 syms 命令定义符号函数

在 MATLAB 中，用户可以用 syms 命令定义符号函数，示例如下.

```
1  >> syms f(x) g(x,y)        % 定义两个符号函数: f(x) 和 g(x,y)
2  >> f(x) = x.^2 - 1         % 定义 f(x) 的表达式
3  f(x) =
4  x^2 - 1
5  >> g(x,y) = x.^2 + y.^2 - 2   % 定义 g(x,y) 的表达式
6  g(x, y) =
7  x^2 + y^2 - 2
```

```
 8  >> y1 = f(3)                         % 计算 f(3)
 9  y1 =
10  8
11  >> y2 = g(2, 5)                       % 计算 g(2, 5)
12  y2 =
13  27
14  >> Z1 = f([1, 2; 3 4])               % 自变量为矩阵
15  Z1 =
16  [ 0,  3]
17  [ 8, 15]
18  >> Z2 = g([1, 2; 3 4], [6 7; 8 9])   % 自变量为矩阵
19  Z2 =
20  [ 35, 51]
21  [ 71, 95]
```

5.2　符号矩阵的运算

符号矩阵也可以像数值矩阵那样进行各种运算，如算术运算、阵列运算、关系运算和逻辑运算. 另外，很多处理数值矩阵的函数也能用来处理符号矩阵，如求秩、求逆矩阵、求行列式、求特征值和特征向量等. 这些运算在前面已经讲过，本节不再详细讲解，只举以下例子.

微课：符号矩阵
的运算

```
 1  >> syms a1 b1 c1 d1
 2  >> syms a2 b2 c2 d2
 3  >> A = [a1 b1; c1 d1];
 4  >> B = [a2 b2; c2 d2];
 5  >> A + B
 6  ans =
 7  [ a1 + a2, b1 + b2]
 8  [ c1 + c2, d1 + d2]
 9  >> 5*A
10  ans =
11  [ 5*a1, 5*b1]
12  [ 5*c1, 5*d1]
13  >> A.*B                  % 阵列乘
14  ans =
15  [ a1*a2, b1*b2]
16  [ c1*c2, d1*d2]
17  >> A.\B                  % 阵列左除
18  ans =
19  [ a2/a1, b2/b1]
```

```
20  [ c2/c1,  d2/d1]
21  >> A.^B                      % 阵列幂
22  ans =
23  [ a1^a2,  b1^b2]
24  [ c1^c2,  d1^d2]
25  >> rank(A)                   % 求秩
26  ans =
27       2
28  >> size(A)                   % 求矩阵的大小
29  ans =
30       2     2
31  >> inv(A)                    % 求逆矩阵
32  ans =
33  [  d1/(a1*d1 - b1*c1), -b1/(a1*d1 - b1*c1)]
34  [ -c1/(a1*d1 - b1*c1),  a1/(a1*d1 - b1*c1)]
35  >> eig(A)                    % 求特征值
36  ans =
37  a1/2 + d1/2 - (a1^2 - 2*a1*d1 + d1^2 + 4*b1*c1)^(1/2)/2
38  a1/2 + d1/2 + (a1^2 - 2*a1*d1 + d1^2 + 4*b1*c1)^(1/2)/2
```

　　由于数学里的函数表达式一般含有代数符号，因此，作为符号运算的应用，下面重点介绍关于符号函数的一些简单操作.

5.3　符号函数及其常见运算

5.3.1　多项式（函数）及其常见运算

1. 多项式的生成

示例如下.

```
1  >> syms x y
2  >> p1 = 5*x^3 + 2*x^2 - 3*x + 6   % 方法1: 直接创建多项式函数
3  p1 =
4  5*x^3 + 2*x^2 - 3*x + 6
5  >> p2 = poly2sym([2 3 5 0 6])     % 方法2: 由向量创建多项式函数
6  p2 =
7  2*x^4 + 3*x^3 + 5*x^2 + 6
8  >> p3 = poly2sym([2 3 5 0 6], y)  % 选y为自变量, y是已定义过的符号对象
9  p3 =
10  2*y^4 + 3*y^3 + 5*y^2 + 6
```

微课: 多项式
函数

2. 多项式的四则运算

示例如下.

```
1  >> u = [1 2 3];
2  >> v = [4 5 6 7];
3  >> A1 = poly2sym(u); A2 = poly2sym(v);
4  >> B1 = A1 + A2                 % 多项式的相加
5  B1 =
6  4*x^3 + 6*x^2 + 8*x + 10
7  >> B2 = A1 - A2                 % 多项式的相减
8  B2 =
9  - 4*x^3 - 4*x^2 - 4*x - 4
10 >> C1 = A1*A2                   % 多项式的相乘
11 C1 =
12 (x^2 + 2*x + 3)*(4*x^3 + 5*x^2 + 6*x + 7)
13 >> D1 = A2/A1                   % 多项式的相除
14 D1 =
15 (4*x^3 + 5*x^2 + 6*x + 7)/(x^2 + 2*x + 3)
16 >> C = conv(u, v)              % 用 conv 函数求多项式的乘积向量
17 C =
18      4    13    28    34    32    21
19 >> [Q, R] = deconv(v, u)       % 用 deconv 函数求多项式的商向量和余项向量
20 Q =
21      4    -3
22 R =
23      0    0    0    16
24 >> expand(A1*poly2sym(Q) + poly2sym(R) - A2)      % 验证
25 ans =
26 0
```

3. 合并同类项

示例如下.

```
1  >> p4 = p1 * p2
2  p4 =
3  (2*x^4 + 3*x^3 + 5*x^2 + 6)*(5*x^3 + 2*x^2 - 3*x + 6)
4  >> p5 = collect(p4)            % 用 collect 函数合并同类项
5  p5 =
6  10*x^7+19*x^6+25*x^5+13*x^4+33*x^3+42*x^2-18*x+36
```

4. 多项式的展开

示例如下.

```
1  >> p6 = (x-1)*(x-2)*(x+3)
2  p6 =
3  (x - 1)*(x - 2)*(x + 3)
4  >> p7 = expand(p6)                    % 用 expand 函数展开多项式
5  p7 =
6  x^3 - 7*x + 6
```

5. 因式分解

示例如下.

```
1  >> p8 = factor(p7)                    % 用 factor 函数进行因式分解
2  p8 =
3  [ x - 1, x - 2, x + 3]
```

5.3.2 一般函数及其常见运算

5.3.1 小节例子中的"p1""p2"…"p8"都可以看成多项式函数(符号表达式)的名字(其中"p8"为多项式函数数组,由 3 个多项式函数组成),接下来介绍一般函数的有关操作.

微课:一般函数

1. 从符号表达式中找出符号对象

示例如下.

```
1  >> syms a b c x y alpha beta
2  >> f1 = sin((a*x^3+2*b*x*y)/(alpha*x + beta))   % 定义函数
3  f1 =
4  sin((a*x^3 + 2*b*y*x)/(beta + alpha*x))
5  >> s1 = symvar(f1)            % 用 symvar 函数找出表达式里的所有符号对象
6  s1 =
7  [ a, alpha, b, beta, x, y]
8  >> s2 = symvar(f1, 2)        % 找出离字母 x 最近(字母表里的距离)的两个符号对象
9  s2 =
10 [ x, y]
```

2. 找出表达式里的分子和分母

示例如下.

```
1  >> f2 = x/y + y/x;
2  >> [N, D] = numden(f2) % 用 numden 函数找出表达式的分子和分母
3  N =
4  x^2 + y^2
5  D =
6  x*y
```

3. 对表达式进行化简

示例如下.

```
1  >> f3 = cos(x)^4 + sin(x)^4
2  f3 =
3  cos(x)^4 + sin(x)^4
4  >> simplify(f3)        % 用 simplify 函数对表达式进行化简
5  ans =
6  cos(4*x)/4 + 3/4
```

4. 求反函数

示例如下.

```
1  >> f4 = x^2 + y^2     % 定义二元表达式函数
2  f4 =
3  x^2 + y^2
4  >> finverse(f4)        % 默认求以 x 为自变量的反函数
5  ans =
6  (- y^2 + x)^(1/2)
7  >> finverse(f4, y)    % 求以 y 为自变量的反函数
8  ans =
9  (- x^2 + y)^(1/2)
```

5. 求复合函数

示例如下.

```
1  >> syms x y z t u v
2  % 情况 1：一元函数的复合
3  >> f1 = sin(x)                % 定义函数 f1
4  f1 =
5  sin(x)
6  >> g1 = exp(y+1)              % 定义函数 g1
7  g1 =
8  exp(y + 1)
9  >> C1 = compose(f1, g1)      % 定义 f[g(y)]
10 C1 =
11 sin(exp(y + 1))
12 % 情况 2：多元函数的简单复合
13 >> g2 = sin(y + u)            % 定义函数 g2
14 g2 =
15 sin(u + y)
16 >> f2 = t/(1 + x^2*y - z)    % 定义函数 f2
17 f2 =
```

```
18  t/(y*x^2 - z + 1)
19  >> symvar(f2, 1)              % f2 中默认变量为 x
20  ans =
21  x
22  >> C2 = compose(f2, g2)        % 把 f2 中的默认变量 x 替换为 g2
23  C2 =
24  t/(y*sin(u + y)^2 - z + 1)
25  % 情况 3：多元函数的复杂复合
26  >> symvar(g2, 1)              % g2 中默认变量为 y
27  ans =
28  y
29  >> temp = subs(g2, y, t) % 用 t 替换 g2 中的 y
30  temp =
31  sin(t + u)
32  % 先把 g2 中的默认变量 y 替换为 t，再用 g2 替换 f2 中的默认变量 x
33  >> C31 = compose(f2, g2, t)
34  C31 =
35  t/(y*sin(t + u)^2 - z + 1)
36  >> C32 = compose(f2, temp)   % C32 与 C31 等价
37  C32 =
38  t/(y*sin(t + u)^2 - z + 1)
39  % 情况 4：多元函数的复杂复合
40  % 用 v 替换 g2 中的默认变量 y，再用 g2 替换 f2 中的变量 t
41  >> C33 = compose(f2, g2, t, v)
42  C33 =
43  sin(u + v)/(y*x^2 - z + 1)
```

第6章 编程基础

MATLAB 不仅能提供各种数值计算和符号计算，同时它也是一种程序设计语言. 本章介绍 MATLAB 语言的基础知识与 MATLAB 编程的一般方法.

6.1 M 文件

在 MATLAB 的命令行窗口中输入一行命令，按回车键后，系统会立即执行该命令. 这种在命令行窗口进行人机交互的工作方式称为**命令行模式**. 但是，当运行的命令较多时，采用命令行模式会比较麻烦，并且不便于保存这些命令. 为了改善这一点，我们可以采用 **M 文件模式**，该模式可以让用户以纯文本文件形式存储命令. 当需要运行这些命令时，只需在命令行窗口中输入文件名即可. 在 MATLAB 中，这种纯文本文件的扩展名必须为 ".m"，因此称之为 **M 文件**.

MATLAB 将 M 文件分为两种：**M 函数文件**和 **M 脚本文件**. M 函数文件（简称为 "M 函数"）可以被看作一个子过程，它由 3 部分构成，即 0 个或若干个输入数据、对数据进行处理的语句、0 个或若干个输出数据. 而 M 脚本文件（简称为 "M 脚本"）中通常是一些 MATLAB 命令的集合.

6.1.1 M 函数

1. M 函数的语法格式

通常，把对数据的一个相对独立的处理看成一个函数，并写到 M 函数文件中，以便于调用该处理. 在 MATLAB 中，M 函数有严格的语法格式，其语法格式如下.

```
function [结果变量列表] = 函数名(输入变量列表)
    处理语句
end
```

说明

（1）function：M 函数的引导行，是区别于 M 脚本的重要标记.

（2）函数名：M 函数的名称，其命名规则与变量的命名规则（见 2.1.2 小节）相同. 如果 M 文件里只有一个函数（通常情况下只有一个函数），则该函数名必须与 M 文件名相同（包括大小写字母）.

（3）输入变量列表：待处理的数据，必须以变量的形式给出，在编写 M 函数时无法确定变量值，只有在调用该函数时这些变量才会被赋值，因此输入变量也可以被称为形式变量、形式参数（formal argument）或**形参**.

（4）处理语句：对输入变量进行处理的 MATLAB 语句（详见 6.2 节）.

（5）结果变量列表：对输入变量进行处理后的结果所在的变量. 若结果只有一个，中括号可以省略.

（6）end：结束标记. 如果只有一个函数，该标记可以省略，但不建议这样做.

2. M 函数的创建与调用

下面举例说明 M 函数的创建与调用.

例 6.1　编写 M 函数 AreaCircu，计算半径为 r 的圆的面积和周长，并在命令行窗口调用该函数.

微课：M函数01

解　在 MATLAB 主界面选择"主页"选项卡，依次单击"新建"→"函数"，打开新的编辑窗口，如图 6.1（a）所示. 可以发现，新建的函数默认名字为 Untitled，输入参数和输出参数各有两个.

（a）

（b）

图 6.1　编写 AreaCircu 函数

　　根据题目要求，首先修改该函数名，这里改为 AreaCircu；其次，修改形参，由于题目中只给出圆的半径 r，因此形参只有一个，即 "r"；接着，修改结果变量，由于题目要求返回圆的面积和周长，因此要返回的结果变量有两个，分别记为 "area" 和 "circu"；最后，单击 "保存" 按钮，在弹出的对话框中将文件名改为 AreaCircu（必须与函数名一致），再单击 "保存" 按钮，将该文件保存到 MATLAB 的当前目录下，如图 6.1（b）所示.

　　根据题目要求，我们需计算 "area" 和 "circu"，完整的函数如代码 6.1 所示（见图 6.2).

代码 6.1　计算半径为 r 的圆的面积和周长

```
1  function [area, circu] = AreaCircu(r)
2  % AreaCircu :  计算半径为 r 的圆的面积 area 和周长 circu
3      area  = pi * r * r;
4      circu = 2 * pi * r;
5  end
```

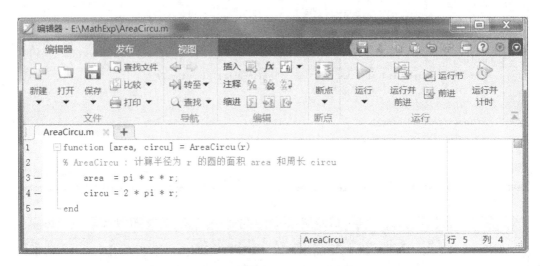

图 6.2　完整的 AreaCircu 函数

编写好并保存该函数后，可以在命令行窗口调用该函数，如代码 6.2 所示（见图 6.3).

代码 6.2　测试 AreaCircur 函数

```
1  >> [a, c] = AreaCircu(3)          % 调用函数 AreaCircu, 半径为 3
2  a =
3      28.2743
4  c =
5      18.8496
```

图 6.3　AreaCircu 函数的调用

上述第 1 行代码中的"[a, c] = AreaCircu(3)"表示调用 AreaCircu 函数,具体调用过程如下.

(1)实际参数(actual argument,简称"实参",这里为 3)传递给 AreaCircu 函数里的形参"r".

(2)执行 AreaCircu 函数里的语句,即"area=pi*r*r"和"circu=2*pi*r".

(3)将 AreaCircu 函数里的结果变量"area"和"circu"的值分别返回给"a"和"c".

说明

(1)编写一个函数通常需要按以下 6 个步骤进行.

① 明确函数的具体功能.最好能用自然语言来概括,并且在概括时尽量涵盖所有涉及的输入变量和输出变量.如代码 6.1 中的第 2 行("AreaCircu:计算半径为 r 的圆的面积 area 和周长 circu"),以注释的方式说明了函数的功能,并提到了所有输入变量和输出变量的含义.

② 确定函数名.函数名的命名规则与一般变量相同,并且函数名称要与函数的具体功能相关,尽量做到"见名知意".

③ 确定形参的个数和名称.形参通常是已知的、待处理的数据.形参的个数和名称是由函数的具体功能来确定的.

④ 确定返回结果变量的个数和名称.编写函数的最终目的就是求出结果变量的值,因此,必须事先确定结果变量的个数和名称.结果变量的个数和名称也是由函数的具体功能来确定的.

⑤ 设计算法.通常对数据的处理较为复杂,因此,在对数据进行处理之前需要设计

处理数据的详细步骤，即设计算法．对于功能较为简单的函数（如上例），该步骤可以省略．

⑥ 根据算法编写程序．根据设计好的算法编写处理语句．

（2）编写好一个函数后，我们需要对其进行测试以检验该函数的正确性，为此我们可以在命令行窗口中调用该函数．调用一个函数通常需要 3 个步骤：

① 确定要处理的数据（实参）和处理后返回的结果．可以手工计算返回结果，也可以在 MATLAB 命令行窗口采用命令行模式计算．

② 调用函数．如代码 6.2 中的"[a, c] = AreaCircu(3)"，即将实参传给函数的形参，执行函数中的处理语句，并返回结果．如果函数内部有**语法错误**，则该步骤不能成功，需要先排除错误，然后再调用．

③ 验证函数返回的结果与之前计算的结果是否一致．如果两个结果是一致的，则说明函数目前是没有错误的，否则，说明函数内部有**逻辑错误**，需要重新审查算法并修改代码．

3. M 函数中常见的错误

在实际中，**语法错误**和**逻辑错误**都是无法完全避免的．在大多数情况下，MATLAB 可以提示语法错误的原因和出现的行，编程人员可以按照提示进行修改．而逻辑错误一般是由算法设计（或解题思路）上的错误导致的，具有隐蔽性，找出这种错误较为困难，这需要编程人员具有"测试"和

微课：M函数02

"调试"的能力（作者认为，这种能力是通过大量实践经验得来的，而不是简单看一两本书就能学好的）．下面将通过一些例子来简单介绍这两种错误．

例 6.2 编写 M 函数 Rect2Polar，将直角坐标 (x, y) 转换为极坐标 (ρ, θ)，并对该函数进行测试．

解 创建文件 Rect2Polar.m，并输入代码 6.3．

代码 6.3　将直角坐标系下点的坐标转换为极坐标

```
1  function [rho, theta] = Rect2Polar(x, y)
2  % Rect2Polar : 将直角坐标 (x, y) 转换为极坐标 (rho, theta)
3      rho   = sqrt(x^2 + y^2);
4      theta = atan(y/x);
5  end
```

在命令行窗口进行测试，如代码 6.4 所示．

代码 6.4　测试 Rect2Ploar 函数

```
1  >> Rect2Polar(1, 1)          % 只返回第一个结果
2  ans =
3      1.4142
4  >> [r, t] = Rect2Polar(1, 1)  % 两个结果都返回
5  r =
```

```
6        1.4142
7    t =
8        0.7854
```

如果在 Rect2Polar.m 里不小心输入了一个错误的符号，如代码 6.3 中的第 3 行，错写如下.

```
rho    = sqrt(X^2 + y^2);    % 有错误，不应该使用大写的X
```

显然，上述错误属于语法错误. 因为程序的思路是正确的，只是不小心把小写字母输成大写了. 这样，在命令行窗口进行测试时会出现错误提示，如图 6.4 所示.

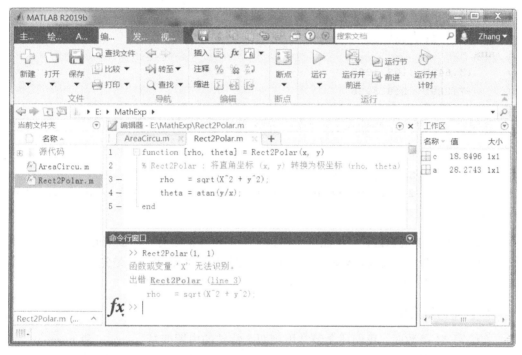

图 6.4 语法错误提示

从图 6.4 可以看出，错误提示有 3 行，第 1 行指出错误的原因，第 2 行和第 3 行指出错误所在的行信息. 编程人员按照错误提示信息进行修改即可.

例 6.3 编写 M 函数 f，计算 $z = f(x, y) = (x + 2y + y^2)\mathrm{e}^{x^2 + 2y^2 + xy}$，并对其进行测试.

解 建立函数文件 `f.m`，并输入代码 6.5.

代码 6.5 函数 f

```
1  function z = f(x, y)
2  % f : 计算二元函数 (x+2*y+y.^2).*exp(x.^2+2*y.^2+x.*y)
3      z = (x+2*y+y.^2).*exp(x.^2+2*y.^2+x.*y);        % 采用阵列运算
4  end
```

上述函数中使用了阵列运算（详细内容见 3.3 节），这样形参"x"和"y"不仅可以是标量（数学意义上的函数），还可以是同阶矩阵（MATLAB 里的函数）. 对函数 f 进行测试，如代码 6.6 所示.

代码 6.6　测试函数 f

```
1  >> f(1, 1)                              % 形参为标量
2  ans =
3     218.3926
4  >> f([2 -1], [-1 0])                    % 形参为向量
5  ans =
6      54.5982    -2.7183
7  >> f([1 2; 0 1], [-1.5 0; -1 1])        % 形参为矩阵
8  ans =
9     13.6495   109.1963
10    -7.3891   218.3926
```

如果在 f.m 里不小心输入了一个错误的运算符，如下所示.

```
1  function z = f(x, y)
2  % f：计算二元函数 (x+2*y+y.^2).*exp(x.^2+2*y.^2+x.*y)
3      z = (x-2*y+y.^2).*exp(x.^2+2*y.^2+x.*y);      % 第一个加号错写成减号
4  end
```

上述错误属于**逻辑错误**，虽然这个错误不影响程序的运行，但带来的后果是很严重的，且不容易被发现，需要格外注意. 找出这种错误的一种简单方法是先手工计算，再用该函数计算，最后将两个结果进行对比以确定该函数是否有错误.

4. 两个内置变量

在编写 M 函数时，我们还会经常用到两个特殊的内置变量：nargin 和 nargout. 其中，nargin 表示输入变量的个数，nargout 表示输出变量的个数. 下面通过例子来说明它们的作用.

例 6.4　编写 M 函数 ComputeXY，形参为 x、y 和 r，函数的作用是计算 $x+ry$ 和 $x-ry$，其中 r 为参数，默认取 1.

解　建立函数文件 ComputeXY.m，并输入代码 6.7.

代码 6.7　函数 ComputeXY

```
1  function [z1, z2] = ComputeXY(x, y, r)
2      if nargin == 2          % 如果只输入两个形参，则第 3 个形参 r 默认取 1
3          r = 1;
4      elseif nargin < 2       % 参数个数不足，用 return 语句结束函数的执行
5          return;             % 也可以用 error 语句提示错误原因，详见 6.2.2 小节
6      end
```

```
7          if nargout <= 1        % 如果只有一个输出, 则把两个结果看成向量
8              z1 = [x+r*y x-r*y];
9          else                   % 如果有两个输出, 则分开计算
10             z1 = x + r*y;
11             z2 = x - r*y;
12         end
13     end
```

代码 6.7 中包含了较为复杂的 if 语句, 表示判断. 该语句将在下节进行详细介绍. 下面对函数 ComputeXY 进行测试, 如代码 6.8 所示.

代码 6.8　测试函数 ComputeXY

```
1  >> [a1, b1] = ComputeXY(2, 5, 2)% 3 个输入, 两个输出
2  a1 =
3       12
4  b1 =
5       -8
6  >> c1 = ComputeXY(2, 5, 2)        % 3 个输入, 一个输出
7  c1 =
8       12    -8
9  >> [a2, b2] = ComputeXY(2, 5)     % 两个输入 (第 3 个参数取默认值), 两个输出
10 a2 =
11        7
12 b2 =
13       -3
14 >> c2 = ComputeXY(2, 5)           % 两个输入 (第 3 个参数取默认值), 一个输出
15 c2 =
16        7    -3
```

5. 定义数学函数的其他方法

M 文件不仅可以编写复杂的函数 (如例 6.1、例 6.2 和 例 6.4), 还可以编写数学函数 (如例 6.3). 除此之外, MATLAB 还有两种常见的定义数学函数的方法. 下面分别介绍.

（1）匿名函数法

用 "f = @(自变量) 表达式" 形式定义的函数为匿名函数, 如代码 6.9 所示.

代码 6.9　匿名函数

```
1  >> y1 = @(x)x.^2-5*x+1             % 定义一元函数 y1, 其中 x 为自变量
2  y1 =
3    包含以下值的 function_handle:
4      @(x)x.^2-5*x+1
5  >> y1(2)                          % 自变量为 2 时的函数值
```

```
6   ans =
7        -5
8   >> y2 = @(x，y)x.^2+y.^2              % 定义二元函数 y2，其中 x 和 y 为自变量
9   y2 =
10      包含以下值的 function_handle：
11      @(x,y)x.^2+y.^2
12  >> y2(1，2)                            % 自变量分别为 1 和 2 时的函数值
13  ans =
14       5
```

（2）内联函数法

用"f = inline(表达式)"形式定义的函数为内联函数，如代码 6.10 所示.

代码 6.10　内联函数

```
1   >> y3 = inline('x.^2-5*x+1')      % 定义一元函数 y3
2   y3 =
3       内联函数：
4        y3(x) = x.^2-5*x+1
5   >> y3(2)                          % 自变量为 2 时的函数值
6   ans =
7        -5
8   >> y4 = inline('x.^2+y.^2')       % 定义二元函数 y2
9   y4 =
10      内联函数：
11       y4(x,y) = x.^2+y.^2
12  >> y4(1，2)                        % 自变量分别为 1 和 2 时的函数值
13  ans =
14       5
```

6.1.2　M 脚本

与 M 函数不同，M 脚本没有格式要求，只要是正确的 MATLAB 命令和语句，都可以写在脚本文件里. 因此，M 脚本可以看成多个命令和语句的集合. 因此，执行一次脚本，就是批量执行脚本文件里的命令和语句，而不是像命令行模式那样输入一句执行一句.

微课：M脚本

M 脚本文件的创建、保存和编辑与 M 函数文件类似，单击"主页"选项卡，然后单击"新建脚本"按钮，在新建的脚本文件里输入相应的命令或语句即可.

例如，新建脚本文件 huatu.m，并在该文件里输入

```
1   x = -pi : 0.05 : pi;
2   y = sin(x);
3   plot(x，y);                        % 绘制函数y = sin(x) 的图形，下一章讲
```

单击"编辑器"选项卡, 再单击"运行"按钮 (或直接在命令行窗口输入"huatu"
后按回车键), 即可调用该脚本文件, 如图 6.5 所示.

图 6.5　编写并调用脚本文件 huatu.m

运行该脚本 (即执行脚本文件里的所有命令) 后得到图 6.6. 需要说明的是, 图 6.6
是用 plot 函数 (见第 3 行) 画出来的. 关于 plot 函数的详细使用方法将在第 7 章介绍.

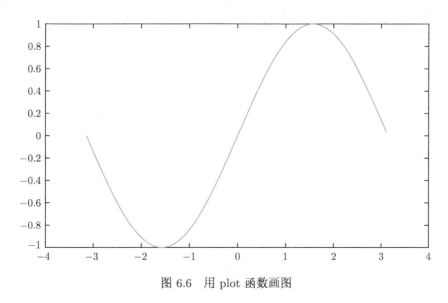

图 6.6　用 plot 函数画图

如果把脚本文件 huatu.m 里的 3 行代码逐行输入命令行窗口一句一句执行 (即命令
行模式), 也能得到图 6.6. 而把这 3 行代码放到脚本文件里, 不仅可以"批量"执行 3 行
代码, 还能将这些命令保存成文件, 以便下次再用.

6.1.3　M 脚本和 M 函数的联系与区别

M 脚本文件与 M 函数文件的命名规则相同，都与变量的命名规则一样. 另外，调用 M 脚本与 M 函数的方式也是一样的，只需输入文件名即可.

微课：M函数与
M脚本之间的关系

但是，M 脚本不需要传递参数，在 M 脚本里创建的变量都会存到 MATLAB 的工作区（见 1.1.1 小节）中，脚本运行结束后这些变量不消失. 并且，M 脚本中所需的变量也必须在调用前已经存在于工作区中.

而 M 函数不是这样的. 每一个 M 函数都有属于自己的、单独的工作区，M 函数中使用的输入变量、返回变量和函数内部使用的变量都放在了属于该函数的独立工作区中. 当该函数被调用时，这个工作区被创建；当该函数运行结束时，这个工作区里的所有变量都会消失. 因此，M 函数工作区里的变量在时间和空间上都是"局部"的，我们称之为"局部变量".

M 函数不可直接使用 MATLAB 工作区里的变量，除非用 global 声明. 因此，在 M 函数中使用 global 声明的变量不属于该函数所有，并且这类变量在函数调用前就已经存在，在函数运行结束后也不会丢失. 因此，这类变量在时间和空间上都具有"全局性"，我们称之为"全局变量".

M 脚本文件与 M 函数文件的另一个不同之处：M 函数文件可以进行预解析处理，而 M 脚本文件不可以. 在 MATLAB 中，预解析（preparse）就是将后缀是".m"的函数文件解析为后缀是".p"的文件.

之所以要对编好的函数文件进行解析，这是因为函数文件都存储在硬盘上，当它第一次被调用时，MATLAB 需要先对其进行一次解析（parse），然后才能运行. 一般情况下，MATLAB 不会把解析并执行后的文件立即从内存清走，因此后面再次调用该函数时无须再解析，从而节约调用时间. 但是，当需要调用的函数文件较多时，第一次解析要占用很多时间. 为此，MATLAB 提供了在调用前由用户对函数文件进行预解析的命令.

假设 M 函数文件 myfile.m 已经存在，若要对该文件进行预解析，只需在命令行窗口输入"pcode myfile"，即可得到文件 myfile.p. 如果当前搜索目录下有 myfile.m 和 myfile.p 两个文件，MATLAB 会优先调用已经解析好的 myfile.p 文件.

对函数文件进行预解析的另一个好处是产权保护. 如果用户编好一个函数后不想把源代码公布于众，可以对该函数文件进行预解析处理，然后公布预解析后的文件即可.

6.2　语句

对于比较简单的函数，用几个 MATLAB 语句就能完成，如上节中的例题. 但在实际中，很多函数不能用简单的几个语句来完成，如对于分段函数

$$F_1(x) = \begin{cases} 2x+3, & x < -1, \\ x^2, & -1 \leqslant x \leqslant 1, \\ 0.2x+0.8, & x > 1, \end{cases} \qquad (6.1)$$

由于事先无法确定 x 所在的范围, 因此无法确定应该使用哪个表达式来计算函数值.

再如, 计算

$$S(n) = \sum_{i=1}^{n} \frac{1}{2i-1} = \frac{1}{1} + \frac{1}{3} + \cdots + \frac{1}{2n-1}. \tag{6.2}$$

由于 n 的值事先不知道, 因此无法用语句一行一行写出来. 为了解决诸如上述的问题, MATLAB 引入了控制语句.

6.2.1 常见的控制语句

写在脚本或函数中的语句都是一行一行顺序执行的, 即**顺序结构**. 而控制语句可以用来改变这种顺序执行的程序流程结构. 常见的控制结构有**分支结构**和**循环结构**. 所谓分支结构, 是指当程序执行到某一处时需要对当前状态进行判断, 并根据判断结果选择要执行的语句. 所谓循环结构, 是指在程序中需要重复执行某段代码 (称为 "循环体") 而设置的一种结构. 分支结构和循环结构都离不开判断, 前者需要判断当前状态, 后者需要判断是否重复执行循环体.

在 MATLAB 中, 常见的分支结构和循环结构各有两种, 下面分别介绍.

1. if-else 分支语句

if-else 分支语句用来检测表达式的真假, 若为真则执行 if 后面的语句, 否则执行 else 后面的语句. 其基本语法格式如下.

```
if   表达式
    语句 1
else
    语句 2
end
```
说明

（1）if 是分支的开始, 其后面的表达式应为逻辑型 (如果不是逻辑型, 则 MATLAB 把 0 当成 "假", 把非 0 当成 "真"), 若其值为 "真", 则执行 "语句 1", 否则执行 "语句 2".

（2）else 是另一个分支, 当 if 后面表达式的值为 "假" 时, 执行其下面的 "语句 2". else 分支可以不写.

（3）end 是 if-else 分支语句的结束标记.

MATLAB 也允许使用 elseif 进行嵌套判断, 语法格式如下.

```
 if   表达式 1
   语句 1
 elseif   表达式 2
   语句 2
 elseif   表达式 3
   语句 3
```

$$\vdots$$

elseif　表达式 n

　语句 n

else

　语句 $n+1$

end

说明

（1）if、else、end 同上.

（2）elseif 是指当该语句前面的所有表达式的结果都为"假"、而与该语句对应的表达式结果为"真"时，执行其下面的语句，并且在执行完后不再进行下面的判断（如果还有的话），而是跳出整个分支结构，执行 end 后面的语句.

例 6.5　编写 MATLAB 函数，计算分段函数 (6.1) 式的值，并用其计算 $F_1(-2)$、$F_1(0.5)$ 和 $F_1(5)$.

解　创建函数文件（文件名为 F1.m），并输入代码 6.11.

代码 6.11　分段函数 (6.1) 式的 MATLAB 代码

```
function y = F1(x)
    if x < -1
        y = 2*x + 3;
    elseif x <= 1
        y = x.^2;
    else
        y = 0.2*x + 0.8;
    end
end
```

在命令行窗口输入代码 6.12，得到 $F_1(-2)=-1$、$F_1(0.5)=0.25$、$F_1(5)=1.8$.

代码 6.12　测试分段函数 F1

```
>> [F1(-2)  F1(0.5)  F1(5)]
ans =
   -1.0000    0.2500    1.8000
```

用代码 6.11 计算分段函数 (6.1) 式时，要求自变量必须是普通变量，不能是一般矩阵，而 MATLAB 中的大多数函数都是支持矩阵运算的，也就是说，函数的自变量可以是矩阵形式. 为此，我们用代码 6.13 来实现分段函数 (6.1) 式.

代码 6.13　分段函数 (6.1) 式的 MATLAB 代码（文件名为 F1v1.m）

```
function y = F1v1(x)              % 自变量 x 可以是标量、向量或矩阵
    % Step 1: 初始化 y, 使其大小与 x 的大小一致
```

```
3      y = zeros(size(x));
4      % Step 2: 查找 x 中小于 -1 的元素下标 ind1,
5      %         并将下标为 ind1 的元素按 (6.1) 式中的第 1 个表达式计算
6      ind1 = find(x < -1);
7      y(ind1) = 2*x(ind1) + 3;
8      % Step 3: 查找 x 中大于等于 -1 且小于等于 1 的元素下标 ind2
9      %         并将下标为 ind2 的元素按 (6.1) 式中的第 2 个表达式计算
10     ind2 = find(-1 <= x & x <= 1);
11     y(ind2) = x(ind2).^2;
12     % Step 4: 查找 x 中大于 1 的元素下标 ind3
13     %         将下标为 ind3 的元素按 (6.1) 式中的第 3 个表达式计算
14     ind3 = find(1 < x);
15     y(ind3) = 0.2*x(ind3) + 0.8;
16 end
```

在命令行窗口输入代码 6.14, 可得相同结果.

代码 6.14　测试分段函数 F1v1

```
1  >> [F1v1(-2)  F1v1(0.5)  F1v1(5)]         % 自变量为标量
2  ans =
3     -1.0000     0.2500     1.8000
4  >> F1v1([-2  0.5  5])                      % 自变量为向量
5  ans =
6     -1.0000     0.2500     1.8000
```

例 6.6　编写 MATLAB 函数, 实现二元分段函数

$$F_2(x, y) = \begin{cases} xy, & x + y \leqslant -1, \\ x - y, & -1 < x + y < 1, \\ \sin(x + y), & x + y \geqslant 1, \end{cases} \tag{6.3}$$

并计算 $F_2(\boldsymbol{A}, \boldsymbol{B})$, 其中

$$\boldsymbol{A} = \begin{bmatrix} -1 & -0.5 & 1.5 \\ 1.5 & 0.5 & -1.5 \end{bmatrix}, \quad \boldsymbol{B} = \begin{bmatrix} -2 & 0.5 & 2 \\ 2 & 0 & 1 \end{bmatrix}.$$

解　创建函数文件 (文件名为 F2.m), 并输入代码 6.15.

代码 6.15　分段函数 (6.3) 式的 MATLAB 代码

```
1  function z = F2(x, y)
2      if ~isequal(size(x), size(y))      % 判断参数的维度是否一致
3          error('参数维度不一致');         % 报错, 并结束程序的运行
4      end
5
6      z = zeros(size(x));
```

```
7       w = x + y;
8
9       ind = find(w >= 1);
10      z(ind) = sin(x(ind) + y(ind));
11
12      ind = find(w > -1 & w < 1);
13      z(ind) = x(ind) - y(ind);
14
15      ind = find(w <= -1);
16      z(ind) = x(ind).*y(ind);              % 必须用阵列运算
17  end
```

在命令行窗口输入代码 6.16，得计算结果如第 4～6 行所示.

代码 6.16　测试分段函数 F2

```
1  >> A = [-1   -0.5   1.5;   1.5   0.5   -1.5];
2  >> B = [-2    0.5    2;     2     0      1];
3  >> C = F2(A, B)
4  C =
5       2.0000   -1.0000   -0.3508
6      -0.3508    0.5000   -2.5000
```

2. switch-case 分支语句

switch-case 分支语句是 MATLAB 的另一个分支语句. 在一个程序中，当需要根据某个变量或表达式的不同取值执行不同语句时，switch-case 分支语句相比于 if-else 分支语句更加方便. 此外，合理使用 switch-case 分支语句不仅可以减少代码的输入量，还可以提高程序的可读性. switch-case 分支语句的基本语法格式如下.

```
switch   变量或表达式
   case   值 1
     语句 1
   case   值 2
     语句 2
        ⋮
   case   值 n
     语句 n
   otherwise
     语句 n+1
   end
```

说明

（1）switch 是分支语句的开始，其后面可以是任意变量或表达式.

（2）case 是分支条件值，当 switch 后面的变量或表达式的值与 case 后面的条件值**相等**时，就会执行 case 下面的语句.

（3）otherwise 是当所有的分支条件值都不符合时，执行其下面的语句. 该分支可以不写.

（4）end 是 switch-case 分支语句的结束标记.

例 6.7　编写 MATLAB 函数，将百分制分数 x 转换为对应的五分制分数 y. 转换规则如下.

$$y(x) = \begin{cases} 5, & 90 \leqslant x \leqslant 100, \\ 4, & 80 \leqslant x < 90, \\ 3, & 70 \leqslant x < 80, \\ 2, & 60 \leqslant x < 70, \\ 1, & 0 \leqslant x < 60. \end{cases}$$

解　创建函数文件 grade.m，并输入代码 6.17.

代码 6.17　switch-case 分支语句举例

```
1  function y = grade(x)
2      x = floor(x/10);              % 下取整
3      switch x
4          case {10 9}              % x 为 10 或 9
5              y = 5;
6          case 8
7              y = 4;
8          case 7
9              y = 3;
10         case 6
11             y = 2;
12         case {0 1 2 3 4 5}
13             y = 1;
14         otherwise                % 输入错误时返回空
15             y = [];
16     end
17 end
```

3. for 循环语句

for 循环语句通常用于事先能确定重复次数的循环，其基本语法格式如下.

微课：循环语句

```
for   循环变量 = 向量或矩阵
    循环体
end
```

说明

（1）for 是循环的开始."循环变量"是一个普通变量,一般被赋予一个"向量"或一个"矩阵".如果"循环变量"被赋予的值是向量,则第 i 次循环时,"循环变量"取向量中的第 i 个元素值,循环次数等于向量的维度;如果"循环变量"被赋予的值是矩阵,则第 i 次循环时,"循环变量"取矩阵的第 i 个列向量,循环次数等于矩阵的列数.

（2）"循环体"是要重复执行的代码.

（3）end 是循环的结束标记.

例 6.8 编写 MATLAB 函数,计算 (6.2) 式所表示的数列的和,并用其计算 $S(10)$.

解 创建函数文件 S.m,并输入代码 6.18.

代码 6.18　(6.2) 式所示函数的 MATLAB 代码

```matlab
1  function sn = S(n)
2     sn = 0;
3     for i = 1 : n
4        sn = sn + 1/(2*i-1);
5     end
6  end
```

在命令行窗口输入代码 6.19,得到 $S(10) = 2.1333$.

代码 6.19　测试 MATLAB 函数 S

```matlab
1  >> S(10)
2  ans =
3     2.1333
```

在 MATLAB 中,分段函数的 MATLAB 代码也可以用循环来实现.其基本思想是用循环判断自变量中每个元素值的范围,然后用相应的表达式进行计算.

例 6.9 请编写 MATLAB 函数文件,用循环实现 (6.1) 式中的分段函数.

解 创建函数文件（文件名为 F1v2.m）,并输入代码 6.20.

代码 6.20　分段函数 (6.1) 式的 MATLAB 代码

```matlab
1  function y = F1v2(x)
2     [m, n] = size(x);
3     y = zeros(m, n);
4     for i = 1 : m
5        for j = 1 : n
6           if x(i,j) < -1
7              y(i,j) = 2*x(i,j) + 3;
8           elseif x(i, j) <= 1
9              y(i,j) = x(i,j).^2;
10          else
```

```
11                    y(i,j) = 0.2*x(i,j) + 0.8;
12                end
13            end
14        end
15  end
```

在命令行窗口输入代码 6.21，对函数 F1v2 进行测试.

代码 6.21　测试函数 F1v2

```
1  >> A = [-1   0   1;  -1.5   0.5   1.5];
2  >> F1v2(A)              % 自变量为矩阵
3  ans =
4      1.0000         0     1.0000
5           0    0.2500     1.1000
```

说明：例 6.5、例 6.6、例 6.7 和例 6.9 都是关于分段函数的编程. 为了进一步简化分段函数的代码，MathWorks 公司于 2016 年引入了 piecewise 函数. 用该函数可以直接在 MATLAB 的命令行窗口定义分段函数. 该函数的语法格式如下.

piecewise(cond1, val1, cond2, val2, ···, otherwiseVal)

其中，cond 表示条件，val 表示相应的表达式；条件和表达式可以有多个，但必须成对出现；最后一个参数 otherwiseVal 为可选项（可以有，也可以没有），表示前面条件都不成立的情况下对应的表达式. 用 piecewise 函数实现分段函数 (6.1) 式的代码如下（见代码 6.22）.

代码 6.22　用 piecewise 函数定义分段函数

```
1  >> syms pw(x)      % pw(x) 为符号函数
2  >> pw(x) = piecewise(x > 1, 0.2*x + 0.8, x < -1, 2*x+3, x.^2)
3  pw(x) =
4  piecewise(1 < x, x/5 + 4/5, x < -1, 2*x + 3, x^2)
5  >> A = [-1   0   1;  -1.5   0.5   1.5];
6  >> pw(A)                % 该函数返回符号解
7  ans =
8  [ 1,    0,      1]
9  [ 0,  1/4,  11/10]
10 >> eval(ans)           % 将符号解转换为数值解
11 ans =
12     1.0000         0     1.0000
13          0    0.2500     1.1000
```

4. while 循环语句

while 循环语句常用于重复次数不能事先确定的循环，其基本语法格式如下．

```
while    表达式
    循环体
end
```

说明

（1）while 循环先判断"表达式"的值，当为"真"时，执行"循环体"；执行完毕后继续判断"表达式"的值，如果还是"真"，则再次执行"循环体"，直到"表达式"的值为"假"时跳出循环，并执行该循环后面（即 end 后面）的语句．

（2）"循环体"和 end 同前面所述．

例 6.10 测试 MATLAB 中永久变量 eps（见表 2.1）的值．

解 创建脚本文件 testEPS.m，并输入代码 6.23．

代码 6.23 testEPS 脚本

```
1  format long
2  EPS = 1;
3  while (1+EPS) > 1
4      EPS = EPS/2;
5  end
6  EPS = EPS * 2;
7  EPS
8  format
```

在命令行窗口输入代码 6.24，测得"EPS"的值在 10^{-16} 数量级上，与 MATLAB 中自带的永久变量 eps（见表 2.1）的值一致．

代码 6.24 测试 testEPS 脚本

```
1  >> testEPS
2  EPS =
3      2.220446049250313e-16
4  >> EPS - eps
5  ans =
6      0
```

例 6.11 已知

$$e^x = \sum_{n=0}^{+\infty} \frac{x^n}{n!} = 1 + x + \frac{x^2}{2!} + \frac{x^3}{3!} + \cdots + \frac{x^n}{n!} + \cdots.$$

编写该函数，使误差不超过 10^{-5}，并与 MATLAB 自带的 exp 函数进行对比．

解 创建函数文件 MyExp.m，并输入代码 6.25．

代码 6.25　MyExp 函数

```
1  function y = MyExp(x)
2      y = 0;
3      n = 0; yn = 1;
4      while abs(yn) >= 1e-5
5          y = y + yn;
6          n = n + 1;
7          yn = yn*x/n;
8      end
9  end
```

在命令行窗口输入代码 6.26 进行测试.

代码 6.26　测试 MyExp 函数

```
1  >> format long
2  >> MyExp(1)
3  ans =
4      2.718278769841270
5  >> exp(1)
6  ans =
7      2.718281828459046
8  >> format
```

不难发现, 当自变量取 1 时, MyExp 函数与 exp 函数计算出的结果的前 5 位有效数字是一致的. 如果进一步减小计算误差 (如 10^{-15}), 则 MyExp 函数与 exp 函数的计算结果可以更加接近, 请读者自行测试.

6.2.2　其他语句

1. input 输入语句

MATLAB 采用 input 函数让脚本文件停下并等待用户输入数据, 语法格式如下.

```
x = input('提示内容')
```

例 6.12　某商店针对顾客购买的商品价格进行返券, 标准如下.

微课: 其他语句

$$\text{tradeoff} = \begin{cases} 0, & \text{price} \leqslant 50, \\ 5, & 50 < \text{price} \leqslant 300, \\ 10, & 300 < \text{price} \leqslant 500, \\ 30, & 500 < \text{price} \leqslant 1\,000, \\ 50, & 1\,000 < \text{price}. \end{cases}$$

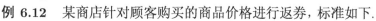

编写脚本文件 trdff.m, 由用户输入 price, 计算并输出相应的返回券 tradeoff.

解　创建脚本文件 trdff.m，并输入代码 6.27.

代码 6.27　trdff 脚本

```
1   price = input('请输入价格: ');
2   if price <= 50
3       tradeoff = 0;
4   elseif price <= 300
5       tradeoff = 5;
6   elseif price <= 500
7       tradeoff = 10;
8   elseif price <= 1000
9       tradeoff = 30;
10  else
11      tradeoff = 50;
12  end
13  strRst = ['折扣: '  int2str(tradeoff)];
14  disp(strRst);                    % 输出结果
```

在命令行窗口输入代码 6.28 进行测试.

代码 6.28　测试 trdff 脚本

```
1   >> trdff
2   请输入价格: 358 ↙
3   折扣: 10
4   >> trdff
5   请输入价格: 958 ↙
6   折扣: 30
```

说明

（1）在实际中，函数文件中很少使用 input 函数. 这是因为，函数可以在调用时通过参数传递数据，很少在运行过程中由用户在命令行输入.

（2）用 input 函数不仅可以输入数值，还可以输入字符串，示例如下.

x = input('提示内容', 's')　　% 输入字符串，并赋给变量 x.

2. disp 输出语句和 fprintf 格式输出语句

disp 函数可以直接输出变量、常量或表达式的值（不显示它们的名字），如代码 6.27 中的第 14 行. fprintf 函数可以按用户要求的格式进行输出. 例如，修改代码 6.27 中的第 14 行为

fprintf(['折扣: ￥%d\n'], tradeoff);

运行结果如下.

```
1   >> trdff
```

```
2    请输入价格: 1200 ↙
3    折扣: ￥50
```

说明

（1）"%d"表示输出整数. 如果为小数, 可以写为"%f". 进一步地, 还可以写成 "%8.3f", 表示对应的小数总共占 8 个位（含小数点）, 其中小数部分占 3 个位, 超出部分自动四舍五入到第 3 位上. 更多说明可以在命令行窗口输入"doc fprintf"进行查阅. 如修改代码 6.27 中的第 14 行为

```
fprintf(['折扣: ￥%.2f\n'], tradeoff);
```

运行结果如下.

```
1    >> trdff
2    请输入价格: 1200 ↙
3    折扣: ￥50.00
```

（2）"\n"为 MATLAB 的转义字符, 表示换行, 即后面的内容将会在下一行显示. 更多说明可以在命令行窗口输入"doc fprintf"进行查阅.

（3）可以设置输出内容的对齐方式（默认右对齐）, 详细说明可以在命令行窗口输入 "doc fprintf"进行查阅, 此处不再举例.

3. error 错误提示语句和 warning 警告提示语句

为了提高程序的健壮性, 在函数文件的开始, 一般需要先检查输入的形参是否合理. 如函数 $g(x, y, \rho) = \cos x + \rho \sin y$, 其中 $\rho \in [0, 1]$ 且为参数, 默认取 0.5. 对应的 MATLAB 函数如代码 6.29 所示.

代码 6.29　"g(x,y,rho)"函数

```
1    function z = g(x, y, rho)
2        if nargin == 2 % 如果没有给出 rho, 则 rho 默认为 0.5
3            rho = 0.5;
4        end
5        z = cos(x) + rho*sin(y);
6    end
```

在调用函数"g(x, y, rho)"时, 如果形参少于两个, 则函数不能计算, 属于严重错误（error）; 如果形参"x"和"y"的维度不一致, 如"x = [1 2]", "y = [1 2 3]", 则"g(x, y, rho)"也不能正确执行, 属于严重错误; 如果"rho"的值不在 [0, 1] 范围内, 我们给出一个警告（warning）, 并约定: 当"rho > 1"或"rho < 0"时, 取"rho = 0.5". 为了能提示错误原因和警告信息, 对代码 6.29 进行完善, 完善后的代码如代码 6.30 所示.

代码 6.30　完善函数"g(x,y)"为"gv(x,y)"

```
1    function z = gv(x, y, rho)
2        if nargin < 2                     % 错误: 参数少于两个, 不能运行
```

```
3           error('原因为: 至少要有两个参数. ')
4       elseif nargin == 2          % 警告: 参数等于两个, 默认取 ρ 为 0.5
5           rho = 0.5;
6           warning('没有给出 rho, 取默认值 0.5.');
7       end
8       [m1, n1] = size(x);    [m2, n2] = size(y);
9       if m1 ~= m2 || n1 ~= n2    % 错误: 参数 x 和 y 的维度不匹配, 不能运行
10          error('原因为: 参数维度不一致, 不能运行. ');
11      end
12      if rho > 1 || rho < 0      % 警告: ρ > 1 或 ρ < 0, 越界, 则默认取 ρ = 0.5
13          rho = 0.5;
14          warning('rho 越界, 取默认值 0.5.');
15      end
16      z = cos(x) + rho*sin(y);
17  end
```

在命令行窗口进行测试, 如代码 6.31 所示.

代码 6.31   测试 "gv(x,y)" 函数

```
1   >> gv([2 3], [2 3], 0.5)      % 正确调用
2   ans =
3        0.0385    -0.9194
4   >> gv(2)                      % 第一个 error 语句被执行, 函数立即终止, 并给出错误提示
5   错误使用 g (line 3)
6   原因为: 至少要有两个参数.
7   >> gv([1 2 3], [2 3], 0.5)   % 第二个 error 语句被执行
8   错误使用 g (line 10)
9   原因为: 参数维度不一致, 不能运行.
10  >> gv([1 2], [2 3]) % 第一个 warning 语句被执行, 函数不会终止, 只给出错误提示
11  警告: 没有给出 rho, 取默认值 0.5.
12  > In g (line 6)
13  ans =
14       0.9950    -0.3456
15  >> gv([2 3], [2 3], 5)        % 第二个 warning 语句被执行
16  警告: rho 越界, 取默认值 0.5.
17  > In g (line 14)
18  ans =
19       0.9950    -0.3456
```

从代码 6.30 和代码 6.31 中可以发现以下 3 点

（1）MATLAB 函数中的错误分为两类: 严重错误（error）和警告（warning）. 其中,
严重错误是指影响程序正常运行的错误, 而警告不影响程序正常运行, 只需给出提示信

息，其错误级别要低于严重错误.

（2）当 error 语句被执行时，整个函数会被终止；当 warning 语句被执行时，只给出警告信息，程序还会继续执行.

（3）无论哪种错误，MATLAB 都会给出提示信息所在的行号，如代码 6.31 中的第 5、第 8、第 12、第 17 行.

合理使用 error 语句和 warning 语句能在遇到错误时给出提示信息，从而提高程序的健壮性. MATLAB 的许多系统函数里正是因为使用了这两个语句，从而使读者很容易知道错误的原因和错误所在的行.

4. break 中断语句和 continue 继续循环语句

break 语句和 continue 语句通常用在 for 或 while 循环结构中，并与 if 条件语句同时使用. 如果条件满足，break 语句可以 "跳出" 当前循环，即开始执行循环后面的语句，而 continue 语句则结束本次循环，即跳过本次循环后面的语句而直接判断是否能够进行下一次循环. 在多层循环嵌套时，break 语句和 continue 语句只能对最近层循环起作用. break 语句的一般使用方式如下.

```
1  语句组 1
2  for  表达式
3     语句组 2
4     if  条件
5        break;      % 如果 if 条件满足，则执行 break 语句，即跳出循环执行语句组 4
6     end
7     语句组 3
8  end
9  语句组 4
```

如果把第 5 行的 break 换成 continue，则表示结束本次循环，即不再执行 "语句组 3"，而是立即判断 "表达式" 是否应终止循环，如果不是则继续循环，即执行 "语句组 2"，否则跳出循环执行 "语句组 4".

5. pause 暂停语句

pause 暂停语句的一般调用方式如下.

   pause   或   pause(n)

第一种用法会暂时停止当前程序的执行，直到用户按下回车键. 第二种用法会暂停 n 秒，然后继续执行.

6. return 返回语句

return 返回语句用来结束当前正在运行的程序，并返回到调用它的函数或命令行窗口（如代码 6.7 中的第 5 行）.

7. try-catch 异常捕获语句

try-catch 异常捕获语句的一般语法格式如下.

try

    语句组 1

catch exception

    语句组 2

end

若"语句组 1"没有错误, 则"语句组 2"会被忽略. 若"语句组 1"中有错误, 则错误信息将被捕获并存放在对象 exception 中, 然后执行"语句组 2". 若"语句组 2"中还有错误, 则整个程序结束, 除非"语句组 2"中还有另一个嵌套的 try-catch 语句.

例如, 编写一个函数 showImage, 从硬盘上读取一张图片, 如果能读取成功, 则显示该图片, 如果读入失败, 则提示错误信息. MATLAB 代码如下.

对代码 6.32 进行验证, 如代码 6.33 所示.

代码 6.32　读取并显示图片

```
1  function showImage(filename)
2  % 功能: 用 imread 函数读取名称为 filename 的图片, 并用 imshow 函数显示该图片.
3  % 其中, filename 为字符串型数据, 表示图片文件的名字. 如果读取失败, 则显示错误提示
4      try
5          dImage = imread(filename);    % 读取文件名为 filename 的图片数据
6          imshow(dImage);               % 显示图片
7          disp(['文件"' filename '"存在! ']);
8      catch exception                   % 如果读取失败, 执行 catch 后面的语句
9          disp(exception.message);      % 显示错误提示信息
10     end
11 end
```

代码 6.33　读取并显示图片

```
1  >> a = showImage('yiyuan.jpg')        % 情况 1: 文件 yiyuan.jpg 存在
2  文件 "yiyuan.jpg" 存在!
3  >> a = showImage('yuan.jpg')          % 情况 2: 文件 yuan.jpg 不存在
4  文件 "yuan.jpg" 不存在.
```

第7章　绘图

本章介绍用 MATLAB 绘制二维图形（曲线）、三维图形（曲线、曲面、空间立体）的常见函数和方法. 最后介绍几种特殊图形的绘制.

7.1　二维图形的绘制

用 MATLAB 绘制二维图形的基本原理是将平面坐标系里的数据点用直线段连接起来形成平面图形. 这里的平面坐标系既可以是直角坐标系，又可以是对数坐标系、极坐标系.

7.1.1　二维图形的基本绘制

1. plot 函数

plot 函数可以用来绘制平面直角坐标系下函数的曲线或数据点，其常见用法如下.

微课：plot函数

（1）"plot (**Y**)"形式

若参数 **Y** 为实型向量，则以 **Y** 中每个元素的下标为横轴数据、元素值为纵轴数据画点，然后用直线段依次连接各点，从而构成一条曲线；若参数 **Y** 为复数型向量，则以 **Y** 中每个元素值的实部为横轴数据、虚部为纵轴数据画点，然后用直线段依次连接各点，从而构成一条曲线. 若 **Y** 为矩阵，则 **Y** 中的每个列向量对应一条曲线，因此 **Y** 有多少列，plot 命令就会画出多少条曲线.

例如，在命令行窗口输入以下代码，运行结果如图 7.1 所示. 其中，图 7.1（a）由第 4 行中的"plot(Y1)"画出，图 7.1（b）由第 12 行中的"plot(Y2)"画出.

```
1  >> Y1 = [1 2 1.5 3 3.5 5];                    % 实型向量
2  Y1 =
3      1.0000    2.0000    1.5000    3.0000    3.5000    5.0000
4  >> plot(Y1)                                    % 如图 7.1 (a) 所示
5  >> Y2 = [1  1; 2  1.5; 1.5  3; 3  4; 2.5  5]   % 实型矩阵
6  Y2 =
7      1.0000    1.0000
8      2.0000    1.5000
9      1.5000    3.0000
10     3.0000    4.0000
11     2.5000    5.0000
12 >> plot(Y2)                                    % 如图 7.1 (b) 所示
```

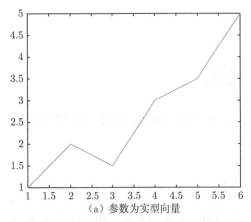

（a）参数为实型向量

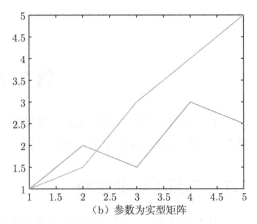

（b）参数为实型矩阵

图 7.1　用 plot 函数画图

（2）"plot(X1, Y1, ⋯, Xn, Yn)" 形式

① 若参数 "Xi" 和 "Yi" 为同维实向量，则先画出点 "（Xi(j)，Yi(j)）"，然后再用直线段依次相连.

② 若参数 "Xi" 和 "Yi" 为同维实矩阵，则画出两个矩阵中对应的列向量对所表示的直线段.

③ 若参数 "Xi" 为实向量、"Yi" 为实矩阵，如果 "Yi" 的行数与 "Xi" 的维度相等，则以 "Xi" 中的分量为横坐标、"Yi" 中的各列向量为纵坐标画直线段；如果 "Yi" 的列数与 "Xi" 的维度相等，则仍以 "Xi" 中的分量为横坐标、"Yi" 中的各行向量为纵坐标画直线段.

例如，编写脚本文件，并输入以下代码，运行结果如图 7.2 所示.

```
1  X1 = [1 2 3 4];                        % 实型向量
2  Y1 = [0 0.5 0 0.5];                    % 实型向量
3  X2 = [1 2; 2 3; 3 4; 4 5];             % 实型矩阵
4  Y2 = [1.5 1.5; 1 1; 1.5 1.5; 1 1];     % 实型矩阵
5  X3 = [1 2 3 5];                        % 实型向量
6  Y3 = [2 2.5; 2.5 2; 2 2.5; 2.5 2];     % 实型矩阵
7  plot(X1, Y1, X2, Y2, X3, Y3);          % 如图 7.2 所示
```

（3）"plot(X1, Y1, LineSpec, ⋯, Xn, Yn, LineSpec)" 形式

参数 "Xi" 和 "Yi" 同上. 参数 "LineSpec" 为字符串型，表示曲线的选项设置，包括颜色、线型、数据点等. 关于 "LineSpec" 的标准设置如表 7.1 所示.

例如，编写脚本文件，并输入以下代码，运行结果如图 7.3 所示.

```
1  x = -pi : 0.1 : pi;
2  y1 = sin(x);
3  y2 = cos(x);
4  plot(x, y1, 'b-d', x, y2, 'k-.^');     % 如图 7.3 所示
```

上述代码的第 4 行中，"'b-d'" 表示画出的线为蓝色、实线、带菱形标记，"'k-.^'"

表示画出的线为黑色、点画线、带向上三角形标记.

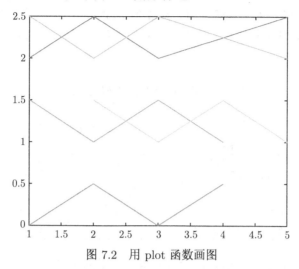

图 7.2   用 plot 函数画图

表 7.1   曲线的颜色、线型、数据点设置及意义

曲线颜色		曲线线型		数据点类型			
选项	颜色	选项	线型	选项	含义	选项	含义
b	蓝色	–	实线	.	实心黑点	h	六角星
g	绿色	:	虚线	+	十字符	o	空心圆圈
r	红色	-.	点画线	*	八线符	p	五角星
c	青色	--	双画线	^	向上三角	s	方块符
m	品红	none	无线	<	向左三角	x	叉子符
y	黄色			>	向右三角		
k	黑色			v	向下三角		
w	白色			d	菱形		

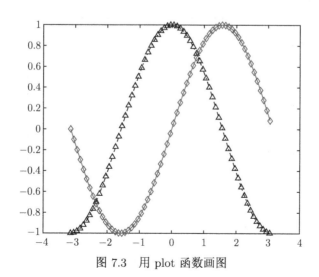

图 7.3   用 plot 函数画图

（4）"plot(X, Y, 'PropName1', PropVal1, ···, 'PropNamen', PropValn)"形式

参数"X"和"Y"一般为同维向量. 参数"PropName"为字符串型，表示属性名称，参数"PropVal"为对应的属性值. 属性名称和属性值必须成对出现. 常见的属性名称如表 7.2 所示.

表 7.2　常见的属性名称及相关说明

名称	说明
LineWidth	线宽，其值为数值型数据，默认为 1
Color	曲线颜色，详见表 7.1 第 1 大列，也可以写成"[r g b]"形式，表示红、绿、蓝颜色的成分
LineStyle	线型，可以是实线、点画线、虚线等，用字符串表示，详见表 7.1 第 2 大列
Marker	数据点类型，可以带圆、十字形、菱形等，用字符串表示，详见表 7.1 第 3 大列
MarkerSize	数据点标记的大小
MarkerEdgeColor	如果数据点为封闭的，如圆、方形、各种三角形等，则该属性表示数据点的边界颜色
MarkerFaceColor	如果数据点为封闭的，如圆、方形、各种三角形等，则该属性表示数据点的填充颜色

例如，编写脚本文件，并输入以下代码，运行结果如图 7.4 所示.

```
1  x = -2 : 0.5 : 2;
2  y = exp(x);
3  plot(x, y, 'LineWidth', 1.2, 'Color', [0.6 0.7 0.1], ...
4          'Marker', '^', 'MarkerEdgeColor', 'r', ...
5          'MarkerFaceColor', 'b');      % 如图 7.4 所示
```

上述代码的第 3、第 4 和第 5 行表明绘制的曲线线宽是 1.2px，颜色是 [0.6 0.7 0.1]（表示红、绿、蓝 3 种颜色的成分分别为 0.6、0.7、0.1），线上数据点的形状为向上三角形，且三角形的边缘线是红色，里面用蓝色填充. 这里，数据点的边缘颜色和填充颜色也可以用红、绿、蓝进行配色. 如果数据点是实心黑点、十字符等非封闭图形，则 MarkerEdgeColor 和 MarkerFaceColor 无效.

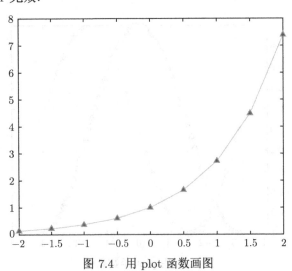

图 7.4　用 plot 函数画图

2. fplot函数

用 fplot 函数可以画出一元函数 $y = f(x)$ 或参数方程 $x = x(t)$, $y = y(t)$ 的图形,其常见语法格式如下.

```
fplot(f, xinterval, LineSpec)        % 绘制函数 f(x) 的图形
fplot(xt, yt, tinterval, LineSpec)   % 绘制参数方程 x(t)、y(t) 的图形
```

说明

(1) "f" 是 x 的函数,必须项.

(2) "xt" 和 "yt" 都是 "t" 的函数,必须项.

(3) "f" "xt" 和 "yt" 既可以是用 M 文件定义的函数,也可以是匿名函数或内联函数.

(4) "xinterval" 和 "tinterval" 分别是 x 和 t 的范围,可以不写,默认为 "$[-5, 5]$".

(5) "LineSpec" 为线型 (见表 7.1),若省略,则采用默认方式.

例 7.1 用 fplot 函数绘制函数 $y = \sin\dfrac{1}{x}$ 的图形.

解 创建 M 函数 fun.m,代码如下 (见代码 7.1).

微课:fplot函数

代码 7.1 定义函数 fun

```
1  function [y] = fun(x)
2      y = sin(1./x);
3  end
```

在命令行窗口输入代码 7.2,运行结果如图 7.5 所示.

代码 7.2 用 fplot 函数绘制显式函数的图形

```
1  >> % 如图 7.5 (a) 所示. 注意: 不能省略@
2  >> fplot(@fun, [0.01 0.1])
3  >> y0 = @(x)sin(1./x);          % 定义匿名函数 y0 = sin(1/x)
4  >> fplot(y0, [0.01 0.1])
5  >> fplot(y0, [0.01 0.1], 'r--d')
```

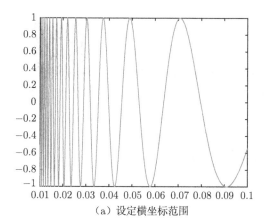

(a) 设定横坐标范围

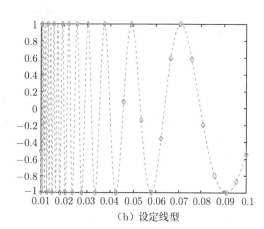

(b) 设定线型

图 7.5 用 fplot 函数画图

说明：与 plot 函数不同，fplot 函数可以根据函数表达式自动地画出函数图形，无须手工给出绘图用的一组数据；fplot 函数采用自适应步长控制画出来的函数图形，如果函数变化较为激烈，步长自动缩小，反之步长变大.

例 7.2　用 fplot 函数绘制参数方程 $x = \sin 5t \cos t$，$y = \sin 5t \sin t$，$t \in [0, \pi]$ 的曲线.

解　在命令行窗口输入代码 7.3，运行结果如图 7.6 所示.

代码 7.3　用 fplot 函数绘制参数方程的图形

```
1  >> xt = @(t)sin(5*t).*cos(t);
2  >> yt = @(t)sin(5*t).*sin(t);
3  >> fplot(xt, yt, [0, pi])
```

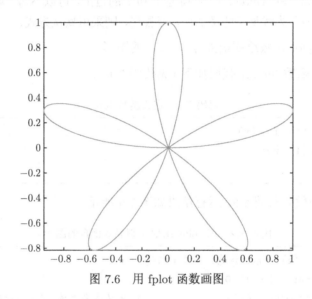

图 7.6　用 fplot 函数画图

3. fimplicit 函数

fimplicit 函数主要用于绘制隐函数 $F(x, y) = 0$ 的图形，其语法格式如下.

fimplicit(F, Interval, LineSpec)

说明

（1）"F"是二元函数，必须项.

（2）"Interval"是横坐标和纵坐标的范围，以"[xMin, xMax, yMin, yMax]"的形式给出，可以不写，默认为"[-5, 5, -5, 5]".

微课：fimplicit 函数

（3）"LineSpec"为线型，具体含义见表 7.1.

例 7.3　用 fimplicit 函数绘制隐函数 $x^2 + y^2 = 1$ 和 $x^2 + y^2 = 2$ 的图形.

解　在命令行窗口输入代码 7.4，运行结果如图 7.7 所示.

代码 7.4　用 fimplicit 函数绘制隐函数的图形

```
1  >> f1 = @(x,y) x.^2 + y.^2 - 1;
2  >> fimplicit(f1, '-ro')              % 红色、实线、带圆圈标记的曲线
```

```
3  >> hold on                                    % 后面要画的曲线不覆盖前面的曲线
4  >> f2 = @(x,y) x.^2 + y.^2 - 2;
5  >> fimplicit(f2, '--b', 'LineWidth', 2)%       线宽为 2、蓝色、虚线
6  >> hold off                                    % 关掉图形不覆盖标记
7  >> axis square                                 % 横、纵坐标的长度及刻度都保持一致
```

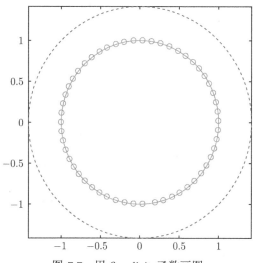

图 7.7 用 fimplicit 函数画图

4. 在对数坐标系下绘图

用 MATLAB 不仅可以在直角坐标系下画图,还可以在对数坐标系下画图. 在对数坐标系下绘图时,常用的函数有以下 3 个.

$\log\log(\cdots)$:在双对数坐标系下绘制函数图形.

$\mathrm{semilogx}(\cdots)$:在横轴为对数、纵轴为等距的坐标系下绘制函数图形.

$\mathrm{semilogy}(\cdots)$:在横轴为等距、纵轴为对数的坐标系下绘制函数图形.

上述各函数中的参数与 plot 完全相同,此处不再赘述.

例 7.4 在对数坐标系下绘制下列函数的图形.

(1) $y = \mathrm{e}^x$,在双对数坐标系下,横坐标范围为 $[10^{-2}, 10^2]$.

(2) $y = \mathrm{e}^x$,在纵轴为对数的坐标系下,横坐标范围为 $[-10, 10]$.

(3) $y = \ln x$,在横轴为对数的坐标系下,横坐标范围为 $[10^{-3}, 10^5]$.

微课:对数坐标系

解 在命令行窗口输入代码 7.5,运行结果如图 7.8 所示.

代码 7.5 在对数坐标系下绘图

```
1  >> x1 = logspace(-2, 2);                       % 生成对数空间向量
2  >> loglog(x1, exp(x1), '-p')                   % 如图 7.8 (a) 所示
3  >> grid on;                                     % 在坐标系中加入表格线
4  >> x2 = -10 : 1 : 10;
5  >> semilogy(x2, exp(x2), '-h')                 % 如图 7.8 (b) 所示
```

```
6  >> grid on;
7  >> x3 = logspace(-3, 5);
8  >> semilogx(x3, log(x3), '-d')        % 如图 7.8（c）所示
9  >> grid on
```

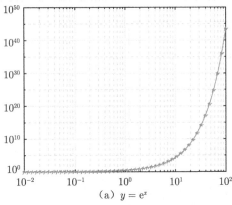

（a）$y = e^x$

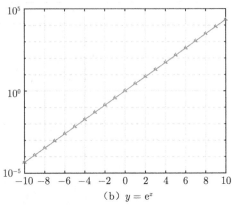

（b）$y = e^x$

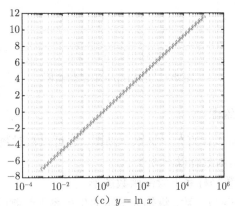

（c）$y = \ln x$

图 7.8　在对数坐标系下绘图

5. 在极坐标系下绘图

在 MATLAB 中，可以使用 polarplot 函数绘制极坐标系下的函数图形.

例 7.5　在极坐标系下绘制函数 $\rho(\theta) = 2\cos 5(\theta - \pi/10)$，$\theta \in [0, \pi]$ 的图形.

解　在命令行窗口输入代码 7.6，运行结果如图 7.9 所示.

微课：极坐标系

代码 7.6　用 polarplot 函数画图

```
1  >> tht = 0 : 0.05 : pi+0.05;     % 为了使图像能闭合，在右端多画一段
2  >> rho = 2*cos(5*(tht - pi/10));
3  >> polarplot(tht, rho, '-s')      % 线型为实线，带矩形标记，如图 7.9 所示
```

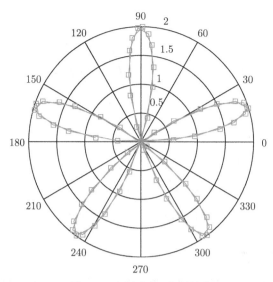

图 7.9　在极坐标系下绘图

6. 特殊二维图形的绘制

除了上述的绘图方法，MATLAB 还提供了一些比较特殊的二维绘图函数，如表 7.3 所示. 本章不再讲述这些函数，只举一个简单的例子进行说明，详细的使用方法请查阅帮助文档.

微课：特殊二维
图形的绘制

表 7.3　特殊的二维绘图函数

函数名称	说明	函数名称	说明
bar	条形图	comet	彗星流动图
errorbar	图形上加误差范围	histogram	直方图（累计图）
polarhistogram	极坐标系下的直方图	stair	阶梯图
stem	针状图	fill	多边形填充图
feather	羽毛图	compass	罗盘图
quiver	向量场图	scatter	散点图
pie	饼图	refline	画直线
refcurve	画曲线		

下面举例说明多边形填充函数 fill 的使用. 绘制正弦曲线在 $[-\pi, \pi]$ 上的图形，并对 $[0, \pi]$ 上的部分绘制阴影. 在命令行窗口输入以下代码，运行结果如图 7.10 所示.

```
1 >> x = linspace(-pi, pi, 51);
2 >> y = sin(x);
3 >> plot(x, y);
4 >> hold on
5 >> refline(0, 0);   % 绘制直线，两个参数分别为斜率和截距
6 >> fill(x(26 : 51), y(26 : 51), 'g');  % 填充颜色为绿色，如图 7.10 所示
```

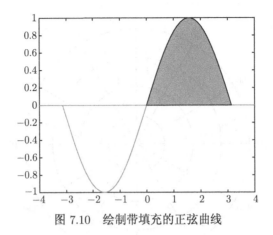

图 7.10　绘制带填充的正弦曲线

7.1.2　二维图形的修饰

在 MATLAB 中，除了可以设置曲线的颜色、线型和数据点类型，还可以对图形进行其他设置.

1. 设置子图

MATLAB 使用 subplot 函数在一个绘图窗口中绘制多个坐标系.以下代码可以绘制 4 个坐标系，并在每个坐标系里绘制不同的图形，如图 7.11 所示.

微课：二维图形的修饰

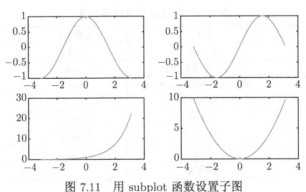

图 7.11　用 subplot 函数设置子图

```
1  >> x = -pi : 0.05 : pi;
2  >> subplot(2, 2, 1)        % 2 × 2 的绘图窗口中的第 1 个
3  >> plot(x, cos(x))         % 如图 7.11 中左上角图形所示
4  >> subplot(2, 2, 2)        % 2 × 2 的绘图窗口中的第 2 个
5  >> plot(x, sin(x))         % 如图 7.11 中右上角图形所示
6  >> subplot(2, 2, 3)        % 2 × 2 的绘图窗口中的第 3 个
7  >> plot(x, exp(x))         % 如图 7.11 中左下角图形所示
8  >> subplot(2, 2, 4)        % 2 × 2 的绘图窗口中的第 4 个
9  >> plot(x, x.^2)           % 如图 7.11 中右下角图形所示
```

2. 生成新的绘图界面

当执行绘图命令时,MATLAB 会打开一个新的窗口,并在新窗口中完成图形的绘制. 在实际中,有时候需要打开多个绘图窗口,用来绘制不同的函数曲线. 为此,MATLAB 提供了 figure 函数,用于生成新的绘图窗口. 另外,MATLAB 还允许对新窗口的大小、位置、标题等进行设置. figure 函数的常见用法如下.

```
1  >> figure;         % 生成一个新的绘图窗口
2  >> figure(2);      % 若 2 号窗口存在,则 2 号窗口获得绘图焦点,否则生成 2 号窗口
3  >> figure('Name', '新绘图窗口', 'Position', [200 300 500 350]);
```

上述代码中的第 3 行表示生成一个新的绘图窗口. 该窗口的标题栏为 "新绘图窗口",窗口的位置为 $(200, 300)$,宽为 500px、高为 350px. 这里的位置是指窗口左下角到屏幕左边缘和下边缘的距离.

3. 设置坐标轴的范围

在 MATLAB 中,可用 "axis([xMin, xMax, yMin, yMax])" 设置横轴和纵轴的范围,还可以用 "xlim([xMin, xMax])" 或 "ylim([yMin, yMax])" 分别设置横轴或纵轴的范围.

另外,在 MATLAB 中还可以用 axis 命令设置坐标系的一些特征,如代码 7.4 中的 "axis square" 表示横轴坐标与纵轴坐标的长度及刻度一致. 关于 axis 命令的其他设置请查阅帮助文档.

4. 设置坐标轴的刻度及标签

在 MATLAB 中,可用 "set(gca, 'XTick', range)" 或 "xticks(range)" 设置横轴的刻度,可用 "set(gca, 'YTick', range)" 或 "yticks(range)" 设置纵轴的刻度. 其中,"range" 为向量.

此外,MATLAB 还允许用 "xticklabels(label)" 和 "yticklabels(label)" 设置横轴和纵轴的刻度标签,其中 "label" 为元胞型向量,表示标签的内容. 关于刻度标签的详细设置请查阅帮助文档.

5. 设置坐标轴和坐标系的名称

在 MATLAB 中,可分别用函数 xlabel('x轴名称') 和 ylabel('y轴名称') 设置横轴和纵轴的名称,用函数 title('图形标题') 设置坐标系的名称. 以上 3 个设置也可以在图形窗口中单击菜单 "插入",选择 "X 标签""Y 标签" 或 "Z 标签" 以及 "标题" 进行手工设置.

6. 设置坐标系是否封闭、是否带网格线、是否允许画多个图形

在 MATLAB 中,可分别用 box on/off 命令设置坐标系是否封闭,用 grid on/off 命令设置坐标系是否带网格线,用 hold on/off 命令设置坐标系上是否可以画多个图形. 在实际中,上述 3 个函数 (box、grid、hold) 后面只能跟 on 或 off,分别表示 "是" 或 "否".

7. 设置图例

在 MATLAB 中,可用 "legend(' 图例 1',···,' 图例 n')" 设置各条图形的图例. 在

实际中，可以使用 Location 属性设置图例的位置，如左上角位置为西北（NorthWest 或 NW）、右下角位置为东南（SouthEast 或 SE）．其他设置请查阅帮助文档．

8. 清空图形

在 MATLAB 中，可用 clf 命令清空绘图窗口里的所有图形、坐标系及其所有设置．例如，编写脚本文件，并输入以下代码．

```
1  figure('name', '这是窗口的标题');
2  hold on;
3  box on;
4  grid on;
5  x = -pi : 0.05 : pi;
6  plot(x, sin(x), '--');
7  plot(x, cos(x), '.-');
8  axis([-3.5, 3.5, -1.5, 1.5]);
9  xticks([-3.5 -2.5 -1.5 -1 -0.5 0 0.5 1 1.5 2.5 3.5]);
10 yticks(-1 : 0.2 : 1);
11 xlabel('这是 x 轴标签');
12 ylabel('这是 y 轴标签');
13 title('这是图形标题');
14 legend('y = sin(x)', 'y = cos(x)', 'Location', 'NorthWest');
```

运行该脚本，生成的绘图窗口如图 7.12 所示．此时再使用 "clf" 命令，即可清空该图形．

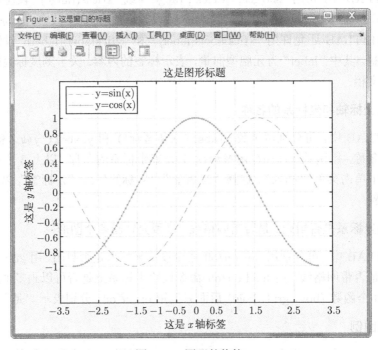

图 7.12　图形的修饰

7.2 三维图形的绘制

7.2.1 绘制三维曲线

1. 用 plot3 函数绘制三维曲线

在 MATLAB 中，可以用 plot3 函数绘制三维空间曲线. 与绘制二维曲线的 plot 函数相比，plot3 函数加入了第三个维度信息，即 z 轴数据，其他与 plot 函数相同，包括颜色、线型和数据点的设置.

微课：三维曲线

例 7.6 绘制三维螺旋曲线：$x = \cos t$，$y = \sin t$，$z = 5t$，其中 $t \in [0, 10\pi]$.

解 在命令行窗口输入代码 7.7，运行结果如图 7.13 所示.

代码 7.7　用 plot3 函数绘制三维螺旋曲线

```
1  >> t = 0 : 0.05 : 10*pi;
2  >> x = cos(t); y = sin(t); z = 5*t;
3  >> plot3(x, y, z);
4  >> xlabel('x'); ylabel('y'); zlabel('z');
5  >> grid on;
```

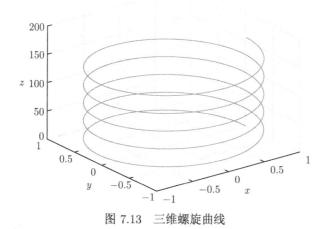

图 7.13　三维螺旋曲线

2. 用 fplot3 函数绘制三维曲线

MATLAB 提供了 fplot3 函数用于对三维显函数曲线进行作图. 对于例 7.6，在命令行窗口输入代码 7.8，运行结果如图 7.13 所示.

代码 7.8　用 fplot3 函数绘制三维螺旋曲线

```
1  >> fplot3(@(t)cos(t), @(t)sin(t), @(t)5*t, [0, 10*pi]);
2  >> xlabel('x'); ylabel('y'); zlabel('z');
```

```
3  >> grid on;
```

7.2.2 绘制三维曲面

1. 基本的三维曲面绘制

在 MATLAB 中,可用 mesh 函数绘制三维网格曲面,用 surf 函数绘制三维曲面.

例 7.7　绘制马鞍面：$z = x^2 - 2y^2$.

解　在命令行窗口输入代码 7.9,运行结果如图 7.14 所示.

微课：三维曲面

代码 7.9　绘制马鞍面

```
1  >> t = -10 : 1 : 10;
2  >> [X, Y] = meshgrid(t);
3  >> Z = X.^2 - 2*Y.^2;
4  >> subplot(2, 2, 1);  mesh(X, Y, Z);    % 画三维网格曲面
5  >> subplot(2, 2, 2);  meshc(X, Y, Z);   % 画带等高线的三维网格曲面
6  >> subplot(2, 2, 3);  meshz(X, Y, Z);   % 画带水帘的三维网格曲面
7  >> subplot(2, 2, 4);  surf(X, Y, Z);    % 画彩色三维曲面
```

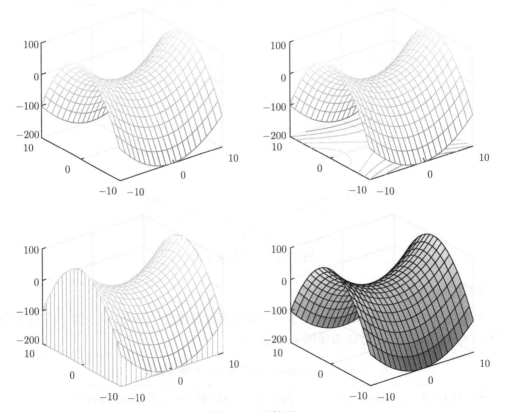

图 7.14　马鞍面

在代码 7.9 中, 第 2 行的 meshgrid 函数用于生成矩形定义域中的网格数据点矩阵, 常见用法为 "[X, Y] = meshgrid(x, y)". 若 "x" 与 "y" 相等, 还可以写成 "[X, Y] = meshgrid(x)". 示例如下.

代码 7.10 meshgrid 函数应用举例

```
1  >> x = [1 2 3];  y = [10 11];
2  >> [X, Y] = meshgrid(x, y)
3  X =
4        1     2     3
5        1     2     3
6  Y =
7       10    10    10
8       11    11    11
```

从代码 7.10 可以看出, x 包含 3 个数据, y 包含 2 个数据, 通过组合可以构成 6 个数据的矩形网格点, 分别为 (1,10)、(1,11)、(2,10)、(2,11)、(3,10)、(3,11).

用 surf 函数画出的图形默认是带网格的, 如果要去掉网格, 可以用 shading flat 命令.

2. 三维曲面的等高线

如果二元函数 $z = f(x,y)$ 在平面数集 D 上有定义, 则空间曲线

$$\begin{cases} z = c, \\ f(x,y) = c \end{cases}$$

微课: 等高线、
热度图

为函数 $f(x,y)$ 的等高线.

在 MATLAB 中, 可用 contour 函数绘制曲面的等高线. 另外, 在 MATLAB 中, 还可以用不同颜色来表示曲面的变化情况.

例 7.8 画出曲面 $z = xe^{-x^2-y^2}$, $-2 \leqslant x \leqslant 2$, $-2 \leqslant y \leqslant 3$, 并画出曲面的等高线.

解 在命令行窗口输入代码 7.11, 运行结果如图 7.15 所示.

代码 7.11 等高线的绘制

```
1  >> X = -2 : 0.1 : 2;
2  >> Y = -2 : 0.1 : 3;
3  >> [X, Y] = meshgrid(X, Y);
4  >> Z = X.*exp(-X.^2 - Y.^2);
5  >> figure(1);
6  >> surf(X, Y, Z);              % 如图 7.15 (a) 所示
7  >> ylim([-2, 3]);
8  >> figure(2);
9  >> contour(X, Y, Z, 10);       % x0y 平面上的等高线, 如图 7.15 (b) 所示
```

```
10  >> figure(3);
11  >> contour3(X, Y, Z, 10);        % 空间三维等高线, 如图 7.15 (c) 所示
12  >> figure(4);
13  >> surface(X, Y, Z);             % xOy 平面上的热度图, 如图 7.15 (d) 所示
```

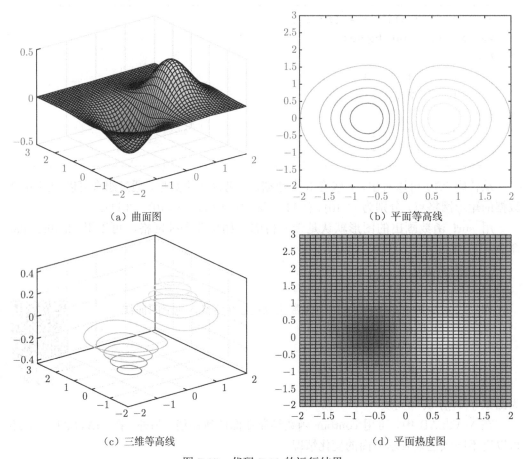

（a）曲面图 　　　　　　　　　　　　　　（b）平面等高线

（c）三维等高线 　　　　　　　　　　　　（d）平面热度图

图 7.15　代码 7.11 的运行结果

3. 三维曲面的法线

MATLAB 提供了 surfnorm 函数用于实现曲面及其法线的绘制.

例 7.9　画出曲线 $x = 2\sin\arccos z$ 绕 z 轴旋转得到的曲面, 其中 $z \in [-1, 0]$, 并画出该曲面的法线.

微课：法线

解　在命令行窗口输入代码 7.12.

代码 7.12　法线的绘制

```
1  >> z = -1 : 0.1 : 0;
2  >> dist2z = 2*sin(acos(z));       % 计算旋转半径
3  >> [X, Y, Z] = cylinder(dist2z, 30);   % 生成旋转曲面数据点（绕 z 轴）
```

```
 4  >> Z = Z - 1;                              % 图像向下平移 1 个单位
 5  >> subplot(1, 2, 1)
 6  >> surf(X, Y, Z)                           % 只绘制曲面
 7  >> xlabel('x'); ylabel('y'); zlabel('z');
 8  >> subplot(1,2,2)
 9  >> surfnorm(X, Y, Z)                       % 绘制曲面及法线
10  >> xlabel('x'); ylabel('y'); zlabel('z');
11  >> zlim([-1,0]); xlim([-2,2]); ylim([-2,2]);
```

代码 7.12 中的第 2 行用来计算旋转半径. 需要说明的是, 第 3 行中的 cylinder 函数只能绕 z 轴旋转, 并且不管 dist2z 中有多少个数据点, 该函数都会将它们对应到 $z \in [0,1]$ 上. 由于题目要求 $z \in [-1,0]$, 因此需要将图形向 z 轴负方向平移 1 个单位 (见第 4 行代码), 运行结果如图 7.16 所示.

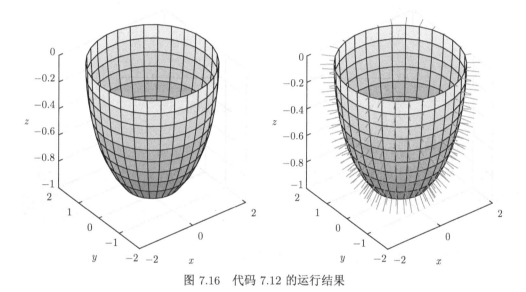

图 7.16　代码 7.12 的运行结果

4. 计算并绘制三维曲面的梯度向量

MATLAB 提供了 gradient 和 quiver 函数, 它们分别用于计算和绘制曲面的梯度向量.

例 7.10　绘制例 7.8 中曲面的平面等高线及梯度向量.

解　在命令行窗口输入代码 7.13, 运行结果如图 7.17 所示.

微课: 梯度

代码 7.13　用 gradient 和 quiver 函数计算并绘制曲面的梯度向量

```
 1  >> x = -2 : 0.2 : 2;
 2  >> y = -2 : 0.2 : 3;
 3  >> [x, y] = meshgrid(x, y);
 4  >> z = x .* exp(-x.^2 - y.^2);
 5  >> contour(x, y, z);                       % 绘制平面等高线
```

```
6  >> [px, py] = gradient(z);       % 计算梯度向量
7  >> hold on
8  >> quiver(x, y, px, py)          % 绘制梯度向量
9  >> hold off
```

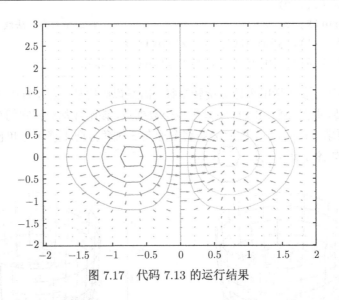

图 7.17 代码 7.13 的运行结果

5. 隐函数确定的三维曲面的绘制

MATLAB 提供了 fimplicit3 函数用于绘制三元隐函数的曲面, 该函数的调用方式与 fimplicit 函数类似.

微课: 隐函数曲面

例 7.11 画出曲面 $f(x, y, z) = x\sin(y + z^2) = 0$, 关注的区域为 $x, y, z \in [-1, 1]$.

解 在命令行窗口输入代码 7.14, 运行结果如图 7.18 所示.

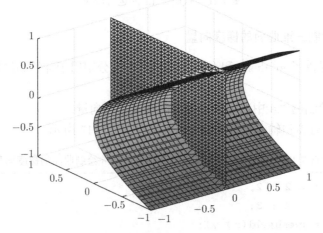

图 7.18 用 fimplicit3 函数绘制三元隐函数确定的曲面

代码 7.14　用 fimplicit3 函数绘制由三元隐函数确定的曲面

```
1  >> fimplicit3(@(x,y,z)x.*sin(y+z.^2), [-1, 1, -1, 1, -1, 1]);
```

7.2.3　三维坐标系的视角与图形的旋转

1. 三维坐标系视角的设置

MATLAB 提供了 "view(az, el)" 函数用于设置三维坐标系的视角. 其中, "az" 表示方位角（Azimuth Angle）, 是人眼到坐标系原点之间的连线在 xOy 平面上的投影与 y 轴的负半轴之间的夹角, "el" 表示仰角（Elevation Angle）, 是人眼到坐标系原点之间的连线与 xOy 平面之间的夹角, 这两个角的单位为度（°）, 如图 7.19 所示.

微课：视角

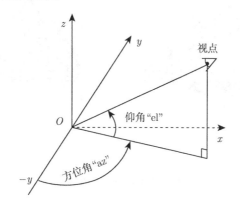

图 7.19　视角示例

例 7.12　在同一窗口绘制三维曲面 $z = (x^2 - 2x)\mathrm{e}^{-x^2-y^2-xy}$ 的三视图.

解　在命令行窗口输入代码 7.15, 运行结果如图 7.20 所示.

代码 7.15　绘制三视图

```
1  >> t = -2 : 0.1 : 2;
2  >> [X, Y] = meshgrid(t);
3  >> Z = (X.^2-2*X).*exp(-X.^2 - Y.^2 - X.*Y);
4  >> subplot(2, 2, 1);
5  >> surf(X, Y, Z);                      % 原图
6  >> xlabel('x'); ylabel('y'); zlabel('z');
7  >> subplot(2, 2, 2);
8  >> surf(X, Y, Z);  view(0, 90);        % 俯视图：从 z 轴正向向负向看
9  >> xlabel('x'); ylabel('y'); zlabel('z');
10 >> subplot(2, 2, 3);
11 >> surf(X, Y, Z);  view(90, 0);        % 侧视图：从 x 轴正向向负向看
12 >> xlabel('x'); ylabel('y'); zlabel('z');
13 >> subplot(2, 2, 4);
14 >> surf(X, Y, Z);  view(0, 0);         % 正视图：从 y 轴负向向正向看
```

```
15  >> xlabel('x'); ylabel('y'); zlabel('z');
```

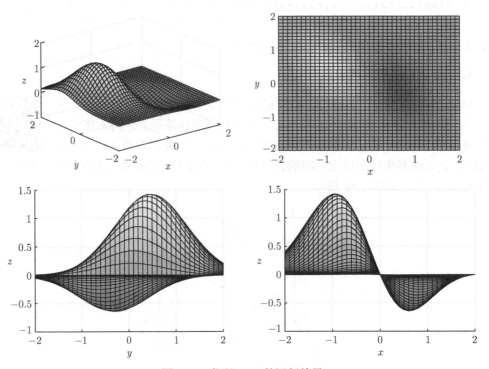

图 7.20 代码 7.15 的运行结果

2. 图形的旋转

view 函数只是通过重新设置视角来调整观察角度，不能改变图形本身．为此，MATLAB 提供了对图形进行旋转的"rotate(h, v, a)"函数．其中，"h"为曲面的句柄，由绘图函数（如 plot3、surf 等）返回，"v"是三维向量，表示三维空间的一个点，该点和坐标系原点所确定的直线就是曲面旋转的基线，"a"是旋转角度（单位为"度"）．

例 7.13 将例 7.6 绘制的三维螺旋曲线绕 z 轴进行旋转．

解 编写脚本文件，并输入代码 7.16.

代码 7.16 三维曲线的旋转

微课：旋转

```
1  t = 0 : 0.05 : 10*pi;
2  x = cos(t); y = sin(t); z = 5*t;
3  h = plot3(x, y, z);                    % 获取曲线的句柄
4  xlabel('x'); ylabel('y'); zlabel('z');
5  grid on;
6  for i = 0 : 20 : 360
7      rotate(h, [0 0 1], 20)             % 绕 z 轴旋转 20 度
8      pause(0.5);                        % 暂停 0.5 s
9  end
```

说明

（1）rotate 函数只能对由数据生成的图形（由 plot3、surf 等函数绘制）进行旋转，不能对由表达式生成的图形（由 fplot3、fimplicit3 等函数绘制）进行旋转.

（2）rotate 函数不仅可以对三维曲线进行旋转，还可以对二维曲线、空间曲面进行旋转.

例 7.14 绘制椭球面 $x^2 + y^2 + z^2 = 1$，并令该曲面绕 z 轴旋转.

解 编写脚本文件，并输入代码 7.17，运行结果如图 7.21 所示.

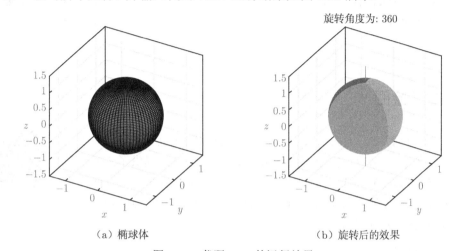

（a）椭球体 　　　　　　　　　　（b）旋转后的效果

图 7.21　代码 7.17 的运行结果

代码 7.17　三维曲面的旋转

```
1  [X, Y, Z] = sphere(71);                          % 生成单位球数据矩阵
2  [m, n] = size(X); n1 = round(n/3); n2 = n1*2;
3  C = zeros(m, n, 3);                              % 设置曲面颜色
4  C(:, 1:n1, 1)   = 1; C(:,n1+1:n2,2)   = 1; C(:,n2+1:end,3) = 1;
5
6  figure(1);
7  surf(X, Y, Z, C);                                % 如图 7.21（a）所示
8  xlabel('x'); ylabel('y'); zlabel('z'); view(30, 30);
9  axis([-1.5 1.5 -1.5 1.5 -1.5 1.5]);              % 设置坐标轴范围
10 axis square;                                      % 设置坐标系为正方形
11 box on;
12
13 figure(2);
14 h = surf(X, Y, Z, C);                            % h 为图形句柄
15 shading flat                                      % 去掉图形上的网格线
16 hold on;
17 plot3([0 0], [0 0], [-2 2], 'LineWidth', 2);     % 绘制 z 轴
18 view(30, 30); xlabel('x'); ylabel('y'); zlabel('z');
```

```
19   axis([-1.5 1.5 -1.5 1.5 -1.5 1.5]);                % 设置坐标轴范围
20   grid on; box on;
21   axis square;                                        % 设置坐标系为正方形
22   % 将第二个图形绕 z 轴旋转，每转 k 度，暂停 0.5 s
23   k = 10;                                             % 每次旋转 k 度
24   for i = 0 : k : 360                                 % 一共旋转 360 度
25       title(['旋转角度为: ' num2str(i)]);
26       rotate(h, [0 0 1], k)                           % 绕 z 轴旋转 k 度
27       pause(0.5);                                     % 暂停 0.5 s
28   end
```

7.3   四维绘图

对于二元函数 $z = f(x, y)$，可以在三维空间里画出其图形. 而对于三元函数 $v = f(x, y, z)$，无法直接绘制四维图形. MATLAB 提供了三元函数的体视化（Volume Visualization）方法. 该方法用自变量在三维空间的不同位置被赋予不同颜色来表示第四维 v 的大小. 除此之外，MATLAB 还提供了 slice 函数用于绘制切面.

微课：四维图形

1. 用颜色表现第四维特征

例 7.15   已知三元函数 $v = \sqrt{0.3x + 0.2y + 0.5z + 1}$ 的定义域为单位圆 $I : x^2 + y^2 + z^2 = 1$，请在 I 上用颜色表示该函数的值.

解   编写脚本文件，并输入代码 7.18，运行结果如图 7.22 所示，本书仅显示黑白效果.

代码 7.18   用色彩表示三维曲面的第四维特征

```
1    [X, Y, Z] = sphere(30);                             % 生成单位球数据矩阵
2    V = sqrt(0.3*X + 0.2*Y + 0.5*Z + 1);                % 生成第四维数据
3
4    subplot(1, 2, 1); surf(X, Y, Z);
5    colorbar('southoutside');                           % 在图形下方显示色彩条形图
6    xlabel('x'); ylabel('y'); zlabel('z');
7    axis([-1.2 1.2 -1.2 1.2 -1.2 1.2]);                 % 设置坐标轴范围
8    axis square;                                        % 设置坐标系为正方形
9
10   subplot(1, 2, 2);
11   surf(X, Y, Z, V);                                   % 绘制带第四维特征的定义域
12   colorbar('southoutside');                           % 在图形下方显示色彩条形图
13   xlabel('x'); ylabel('y'); zlabel('z');
14   axis([-1.2 1.2 -1.2 1.2 -1.2 1.2]);                 % 设置坐标轴范围
```

15 `axis square;`   % 设置坐标系为正方形

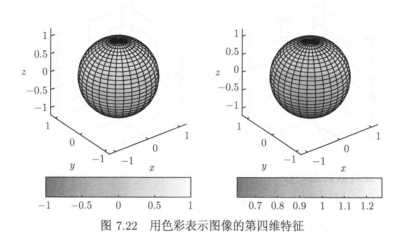

图 7.22   用色彩表示图像的第四维特征

例 7.16   绘制曲面 $z = (x^2 - 2x)\mathrm{e}^{-x^2 - y^2 - xy}$，并用不同颜色表示曲面上不同位置的梯度的模.

解   编写脚本文件，并输入代码 7.19，运行结果如图 7.23 所示.

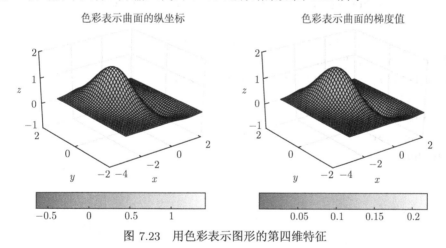

图 7.23   用色彩表示图形的第四维特征

代码 7.19   用色彩表示三维曲面的第四维特征

```
1  [x, y] = meshgrid(-3:0.1:2, -2:0.1:2);
2  z = (x.^2 - 2*x).*exp(-x.^2 - y.^2 - x.*y);
3
4  subplot(1, 2, 1);
5  surf(x, y, z);
6  xlabel('x'); ylabel('y'); zlabel('z'); grid on;
7  camproj perspective
8  colorbar('southoutside')    % 在图形下方显示色彩条形图
```

```
 9   title('色彩表示曲面的纵坐标')
10
11   subplot(1, 2, 2);
12   [dzx, dzy] = gradient(z);
13   gdz = sqrt(dzx.^2 + dzy.^2);
14   surf(x, y, z, gdz);          % 用 gdz 表示曲面的颜色，mesh 函数也有类似功能
15   xlabel('x'); ylabel('y'); zlabel('z'); grid on;
16   camproj perspective          % 显示透视效果
17   colorbar('southoutside')      % 在图形下方显示色彩条形图
18   title('色彩表示曲面的梯度值')
```

2. 用切片表现第四维特征

例 7.17   用 slice 函数绘制函数 $v = 2\sqrt{x^2 + y^2 + z^2}$ $(x, y, z \in [-2, 2])$ 在切片 $x = 2, 1, 0, -1.5$ 和 $y = 0$ 处的图形.

解   编写脚本文件，并输入代码 7.20，运行结果如图 7.24 所示.

代码 7.20   用切片表现三维曲面的第四维特征

```
1   [X, Y, Z] = meshgrid(-2:0.2:2, -2:0.2:2, -2:0.2:2);
2   V = 2*sqrt(X.^2 + Y.^2 + Z.^2);
3   sx = [2, 1, 0, -1.5];    sy = [0];    sz = [];
4   slice(X, Y, Z, V, sx, sy, sz);
5   xlabel('x');   ylabel('y');   zlabel('z');
6   view([-38, 38]);
7   shading interp;
8   colormap jet;
9   colorbar;
```

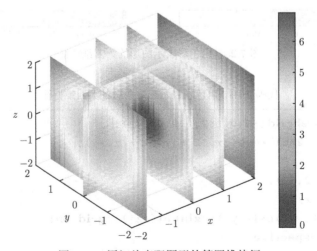

图 7.24   用切片表现图形的第四维特征

7.4 图形的保存与复制

在 MATLAB 中，绘制好的图形可以被保存为图形文件. 在绘图窗口中单击 "文件" 菜单，然后选择 "保存"，在弹出的保存窗口中选择存放位置和保存类型，并输入文件名，最后单击 "保存" 按钮即可将图形文件保存到指定目录下. MATLAB 支持的图形文件类型很多，包括常见的 .bmp、.jpg、.png、.pdf 等. MATLAB 还可以将图形文件保存为 .fig 类型，即 MATLAB 图形文件. 用户可以通过双击 .fig 类型文件的文件名再次打开 MATLAB 图形界面并显示相应图形，而其他类型的文件不可以.

微课: 图形的保存与复制

在实际中，用户还经常需要在 Word 或其他文本编辑软件中显示 MATLAB 图形. 一种比较简单的方法是利用这类软件的插入功能将已保存好的图形文件插入指定位置，但图形的显示效果不佳. 另一种方法是在 MATLAB 的绘图窗口中单击 "编辑" 菜单，然后选择 "复制图窗" 命令并到文本编辑软件中粘贴. 由于第二种方法插入的图形是矢量图，不会失真，因此显示效果要优于第一种方法.

如果使用 TeX 软件进行排版，需要把图形另存为 ".eps" 类型的文件，然后用 "\includegraphics" 命令加载该文件即可，详细用法请查阅相关文献.

第2部分　MATLAB在高等数学中的应用

第 8 章　极限与微分

本章介绍用 MATLAB 解决高等数学中极限与微分的相关计算，包括一元函数的极限、多元函数的极限（累次极限）及函数导数的计算．

8.1　极限

在 MATLAB 中，函数极限的计算都是用符号运算来实现的．函数极限主要包括一元函数的极限和多元函数的极限．而数列极限，可以通过函数的极限来运算．因此，本节只讲函数极限的计算．

微课：极限

8.1.1　一元函数的极限

MATLAB 提供了 limit 函数用于计算函数的极限，用法如下．

```
limit(F, x, a)              % F 是 x 的函数，计算 x →a 时 F 的极限
limit(F, a)                 % 计算 symvar(F)→a 时 F 的极限
limit(F)                    % 计算 symvar(F)→0 时 F 的极限
limit(F, x, a, 'left')      % 计算 x→a- 时 F 的极限
limit(F, x, a, 'right')     % 计算 x→a+ 时 F 的极限
```

说明

（1）参数"F"可以是符号函数或符号表达式．

（2）参数"a"可以是无穷大（inf 或 -inf）．

（3）函数"symvar(F)"用来从表达式"F"中寻找默认的符号变量，即在字母表里离"x"最近的字母．

例 8.1　用 limit 函数求下列极限：

（1）$\lim\limits_{x\to 0}\dfrac{\cos x-1}{x}$；　（2）$\lim\limits_{x\to a}\dfrac{1}{x^2}$；　（3）$\lim\limits_{x\to 0}\dfrac{\sin x}{x}$；　（4）$\lim\limits_{x\to \frac{\pi}{2}}\tan x$；

（5）$\lim\limits_{x\to \frac{\pi}{2}^-}\tan x$；　（6）$\lim\limits_{x\to \frac{\pi}{2}^+}\tan x$；　（7）$\lim\limits_{x\to +\infty}\dfrac{1}{x}$；　（8）$\lim\limits_{x\to -\infty}\mathrm{e}^x$．

解　在命令行窗口输入代码并运行，如代码 8.1 所示，以计算上述极限．

代码 8.1　计算极限

```
1  >> syms x a f(x)
```

```
 2  >> D1 = limit((cos(x) - 1)/x)              % 第 (1) 小题
 3  D1 =
 4  0
 5  >> D2 = limit(1/x^2, x, a)                 % 第 (2) 小题
 6  D2 =
 7  1/a^2
 8  >> D3 = limit(sin(x)/x, x, 0)              % 第 (3) 小题
 9  D3 =
10  1
11  >> D4 = limit(tan(x), x, pi/2)             % 第 (4) 小题
12  D4 =
13  NaN
14  >> D5 = limit(tan(x), x, pi/2, 'left')     % 第 (5) 小题
15  D5 =
16  Inf
17  >> D6 = limit(tan(x), x, pi/2, 'right')    % 第 (6) 小题
18  D6 =
19  -Inf
20  >> D7 = limit(1/x, x, inf)                 % 第 (7) 小题
21  D7 =
22  0
23  >> D8 = limit(exp(x), x, -inf)             % 第 (8) 小题
24  D8 =
25  0
```

8.1.2 多元函数的极限

在 MATLAB 中，可以用嵌套的 limit 函数求多元函数的极限. 本小节以二元函数为例介绍多元函数极限的计算方法. 需要说明的是，MATLAB 求二元函数的极限是按"二次极限"来计算的，而不能求二重极限. 由数学知识：若二元函数的二重极限存在，则二次极限也一定存在. 三元或三元以上的函数也有类似的结论.

例 8.2 用 limit 函数求 $\lim\limits_{\substack{x \to 0 \\ y \to 3}} \dfrac{\sin xy}{x}$.

解 在命令行窗口输入代码并运行，如代码 8.2 所示，以计算上述极限.

代码 8.2 计算极限

```
1  >> syms x y
2  >> F = sin(x*y)/x;
3  >> A1 = limit(limit(F, x, 0), y, 3)       % 先 x 后 y
4  A1 =
5  3
6  >> A2 = limit(limit(F, y, 3), x, 0)       % 先 y 后 x
```

```
7  A2 =
8  3
```

说明：本例是二重极限，根据高等数学相关知识，如果 $\lim\limits_{\substack{x\to 0\\y\to 3}}\dfrac{\sin xy}{x}$ 存在，则

$$\lim_{\substack{x\to 0\\y\to 3}}\frac{\sin xy}{x}=\lim_{y\to 3}\lim_{x\to 0}\frac{\sin xy}{x}=\lim_{x\to 0}\lim_{y\to 3}\frac{\sin xy}{x}.$$

因此，该极限可以被转化为二次极限，如代码 8.2 所示. 但是，不是所有二重极限都可以用二次极限来求解. 如 $\lim\limits_{\substack{x\to 0\\y\to 0}}\dfrac{xy}{x^2+y^2}$ 是不存在的，这是因为，令 x 和 y 沿着 $y=kx$ 趋向于 $(0,0)$ 时，

$$\lim_{\substack{x\to 0\\y\to 0}}\frac{xy}{x^2+y^2}=\lim_{x\to 0}\frac{kx^2}{(1+k^2)x^2}=\frac{k}{(1+k^2)},$$

与 k 有关，故极限不存在，但它的两个二次极限却都是存在的.

8.2 导数

本节介绍用 MATLAB 求函数的导数（derivative），包括求（偏）导、隐函数求导、参数方程求导. 需要说明的是，在 MATLAB 中，函数的导数或偏导数的计算都是通过符号运算来实现的.

微课：导数的计算

8.2.1 求（偏）导

MATLAB 用 diff 函数计算函数的导数，语法格式如下.

```
diff(F)          % 计算函数 F 关于 symvar(F) 的导数或偏导数
diff(F, n)       % 计算函数 F 关于 symvar(F) 的 n 阶导数或偏导数
diff(F, x)       % 计算 F 关于 x 的导数或偏导数
diff(F, x, n)    % 计算 F 关于 x 的 n 阶导数或偏导数
```

说明：参数"F"可以是匿名函数、符号函数，也可以是符号型表达式.

例 8.3 用 diff 函数求下列导数或偏导数：

（1）$\dfrac{\mathrm{d}\tan x}{\mathrm{d}x}$；   （2）$\dfrac{\mathrm{d}e^y}{\mathrm{d}y}$；   （3）$\dfrac{\partial^2}{\partial x\partial y}\left[x^2\sin^2(2y)\right]$；

（4）$\dfrac{\partial^2}{\partial y\partial x}\left[x^2\sin^2(2y)\right]$； （5）$\dfrac{\partial^2}{\partial y\partial x}\left[x^2\sin^2(2y)\right]\Big|_{\substack{x=1\\y=5}}$； （6）$\dfrac{\partial}{\partial y}\left[\dfrac{\partial^2}{\partial x^2}\left(y^2\sin x^2\right)\right]$.

解 在命令行窗口输入代码并运行，如代码 8.3 所示，各小题的运算结果如"D1"，$\cdots$，"D6"所示.

代码 8.3 用 diff 函数求导

```
1  >> syms x y
```

```
2  >> D1 = diff(tan(x))                        % 对 x 求导
3  D1 =
4  tan(x)^2 + 1
5  >> D2 = diff(exp(y))                         % 对 y 求导
6  D2 =
7  exp(y)
8  >> D3 = diff(diff(x^2*sin(2*y)^2, x), y)     % 先对 x 求导, 再对 y 求导
9  D3 =
10 8*x*cos(2*y)*sin(2*y)
11 >> D4 = diff(diff(x^2*sin(2*y)^2, y), x)     % 先对 y 求导, 再对 x 求导
12 D4 =
13 8*x*cos(2*y)*sin(2*y)
14 >> D5 = subs(D4, [x y], [1 5])               % 求导函数值: 用 1 和 5 代替 x 和 y
15 D5 =
16 8*cos(10)*sin(10)
17 >> D5val = eval(D5)
18 D5val =
19     3.6518
20 >> z = y^2*sin(x^2)
21 >> D6 = diff(diff(z, x, 2), y, 1)    % 先对 x 求二阶导, 再对 y 求一阶导
22 D6 =
23 4*y*cos(x^2) - 8*x^2*y*sin(x^2)
```

8.2.2　隐函数求导

由高等数学知识知, 若函数 $y = f(x)$ 是由隐函数 $F(x,y) = 0$ 确定的, 则

$$\frac{\mathrm{d}y}{\mathrm{d}x} = -\frac{F_x}{F_y}.$$

因此, 我们仍然用 diff 函数求隐函数的导数.

例 8.4　用 diff 函数求下列隐函数的导数:

（1）$F_1(x,y) = \mathrm{e}^{xy} + x + y$;　　　　（2）$F_2(x,y) = \left(x^2 - 2x\right)\mathrm{e}^{-x^2-y^2-xy}$.

解　在命令行窗口输入代码并运行, 如代码 8.4 所示, 各小题的运算结果分别如 "D1" 和 "D2" 所示.

代码 8.4　用 diff 函数求隐函数的导数

```
1  >> syms x y
2  >> F1 = exp(x*y)+x+y                         % 用符号对象定义函数表达式
3  F1 =
4  x + y + exp(x*y)
5  >> D1 = -diff(F1, x)/diff(F1, y)             % F1 也可以是匿名函数
6  D1 =
```

```
7   -(y*exp(x*y) + 1)/(x*exp(x*y) + 1)
8   >> F2 = (x^2 - 2*x) * exp(-x^2 - y^2 - x*y)
9   F2 =
10  -exp(- x^2 - x*y - y^2)*(- x^2 + 2*x)
11  >> D2 = -diff(F2, x)/diff(F2, y);          % 不显示
12  >> D2 = simplify(D2)                        % 化简
13  D2 =
14  (2*x+2*x*y-x^2*y+4*x^2-2*x^3-2)/(x*(x+2*y)*(x-2))
```

8.2.3　参数方程求导

由高等数学知识，若函数 $y = f(x)$ 由参数方程 $y = u(t)$，$x = v(t)$ 给定，其中 t 为参数，则

$$f'(x) = \frac{dy}{dx} = \frac{u'(t)}{v'(t)}, \quad f''(x) = \frac{d^2 y}{dx^2} = \frac{\left[\frac{u'(t)}{v'(t)}\right]'_t}{v'(t)}.$$

因此，仍然可以用 diff 函数求这类函数的导数.

例 8.5　用 diff 函数求由下列参数方程确定的函数 $y = f(x)$ 的导数：

（1）$x = \sqrt{1+t}$，$y = \sqrt{1-t}$；　　　　（2）$x = \dfrac{\sin t}{(t+1)^3}$，$y = \dfrac{\cos t}{(t+1)^3}$.

解　在命令行窗口输入代码并运行，如代码 8.5 所示，各小题的运算结果分别如"D1"和"D2"所示.

代码 8.5　用 diff 函数对参数方程求导

```
1   >> syms t
2   >> x1 = sqrt(1+t), y1 = sqrt(1-t)
3   x1 =
4   (t + 1)^(1/2)
5   y1 =
6   (1 - t)^(1/2)
7   >> D1 = diff(y1, t)/diff(x1, t)
8   D1 =
9   -(t + 1)^(1/2)/(1 - t)^(1/2)
10  >> x2 = sin(t)/(t+1)^3, y2 = cos(t)/(t+1)^3
11  x2 =
12  sin(t)/(t + 1)^3
13  y2 =
14  cos(t)/(t + 1)^3
15  >> D2 = diff(y2, t)/diff(x2, t);
16  >> D2 = collect(D2)
17  D2 =
18  ((-sin(t))*t-3*cos(t)-sin(t))/(cos(t)*t+cos(t)-3*sin(t))
```

第9章 函数的零点问题

对于给定的函数 $y = f(x)$，满足 $f(x) = 0$ 的 x 即为函数 $f(x)$ 的零点. 本章先介绍多项式函数的零点问题，再介绍一般函数的零点问题，最后介绍多个函数（方程组）的零点问题.

9.1 多项式函数的零点问题

对于给定的多项式 $P_n(x) = a_n x^n + a_{n-1} x^{n-1} + \cdots + a_1 x + a_0$，求 $P_n(x) = 0$ 的实根和复根就是多项式函数的零点问题. 在 MATLAB 中，使用 roots 函数对该问题进行求解，语法格式如下.

微课：多项式函数的零点问题

```
roots(p)                % 求多项式 p 的所有实根和复根
```
说明

（1）roots 函数只能计算一个多项式方程的根，不能计算方程组的根.

（2）参数"p"是多项式 $P_n(x)$ 从高次项到常数项的系数组成的向量，即"p"为 $[a_n, a_{n-1}, \cdots, a_1, a_0]$，缺少的次项用 0 填补.

例 9.1 用 roots 函数计算方程 $x^5 - 50x^3 + 200x - 60 = 0$ 的根.

解 在命令行窗口输入代码并运行，如代码 9.1 所示，运算结果如变量"R"所示.

代码 9.1 用 roots 函数求多项式函数的根

```
1  >> p = [1 0 -50 0 200 -60];      % 定义多项式系数向量
2  >> pstr = poly2str(p, 'x')       % 根据系数向量生成多项式
3  pstr =
4  'x^5 - 50 x^3 + 200 x - 60'
5  >> R = roots(p)                  % 求多项式的零点
6  R =
7       -6.7378
8        6.7697
9       -2.2457
10       1.9065
11       0.3072
12  >> fval = polyval(p, R)         % 验证：计算多项式 p 在点 R 处的值
13  fval =
14      1.0e-11 *
15       0.9500
16       0.9052
```

```
17        -0.1116
18        -0.0384
19         0.0007
20  >> % 下面的代码是要画出多项式曲线，观察根的情况，运行结果如图 9.1 所示
21  >> pfunc = poly2sym(p)              % 由多项式系数生成符号表达式
22  pfunc =
23  x^5 - 50*x^3 + 200*x - 60
24  >> f = matlabFunction(pfunc)        % 由符号表达式生成匿名函数
25  f =
26      包含以下值的 function_handle:
27      @(x)x.*2.0e+2-x.^3.*5.0e+1+x.^5-6.0e+1
28  >> xx = -7 : 0.01 : 7;              % 设定自变量的范围
29  >> y = f(xx);                      % 计算因变量
30  >> plot(xx, y);                    % 绘制多项式函数的图像
31  >> grid on, hold on;
32  >> refline(0, 0)                   % 绘制直线 y = 0
```

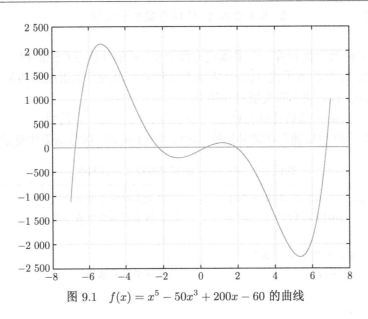

图 9.1 $f(x) = x^5 - 50x^3 + 200x - 60$ 的曲线

9.2 一般函数的零点问题

求解一般函数 $f(x) = 0$ 的实根和复根就是一般函数 $f(x)$ 的零点问题. MATLAB 用 fzero 函数对该问题进行求解, 语法格式如下.

```
fzero(F, x0)          % 求函数 F 在 x0 附近的根
fzero(F, x0, options) % options 为可选项, 用 optimset 函数进行设置
[x, fval] = fzero(…)% fval 为函数 F 在 x 点处的函数值
```

说明

（1）如果"x0"是标量，则 fzero 在"x0"附近寻找最优解；如果"x0"为区间，则 fzero 在该区间范围内求解，此时要求函数"F"在区间的两个端点处的函数值是异号的.

（2）参数"F"可以是 M 文件函数、匿名函数、内联函数、符号函数，也可以是字符串形式的函数表达式.

（3）fzero 每次只能求解函数的一个零点，在使用前需要知道函数零点的大致位置或范围，这需要使用绘图函数绘制函数曲线，从图上估计出函数零点的近似解.

（4）"options"为结构体变量，是可选项，用来设置 fzero 的求解方法，如果不写，则采用 MATLAB 默认设置. 关于"options"的常见设置如表 9.1 所示.

表 9.1　fzero 函数的 options 选项

选项	说明
'Display' 或 'Disp'	设置显示方式，其值可以以下 4 种. ① 'off'：不显示计算过程. ② 'iter'：显示每次迭代的过程. ③ 'final'：仅显示最后的结果. ④ 'notify'：（默认）当函数不收敛时显示提示信息
'FunValCheck'	检验目标函数在零点处的值是否合法，其值可以为以下两种. 'on'：当目标函数返回复数、Inf 或 NaN 时显示错误提示. 'off'：（默认）不显示错误提示
'TolX'	标量，当计算误差不大于 TolX 时停止迭代，默认值是 eps

例 9.2　用 fzero 函数计算方程 $f(x) = \mathrm{e}^x - \sin \dfrac{\pi x}{3} - 10$ 的零点.

解　在命令行窗口输入代码并运行，如代码 9.2 所示，运算结果如变量"x"所示，对应的函数值如"fval"所示.

代码 9.2　用 fzero 函数求方程的零点

```
1  >> f = @(x)exp(x) - sin(pi*x/3) - 10;
2  >> fplot(f, [0, 3]), grid on; % 绘图，如图 9.2 所示
3  >> refline(0, 0);              % 绘制参考线 y = 0
4  >> [tt, yy] = ginput(1)        % 由图可知，解是唯一的，用鼠标获取解的近似值
5  tt =
6      2.35369
7  yy =
8      0
9  >> options = optimset('Disp', 'iter');  % 设置 'Disp' 字段的值为 'iter'
10 >> [x, fval] = fzero(f, tt, options)
11 围绕 2.35369 搜索包含符号变换的区间:
12 Func-count   a          f(a)         b           f(b)        Procedure
13    1          2.35369    -0.102018    2.35369     -0.102018   initial
              interval
```

| 14 | 3 | 2.28711 | -0.832614 | 2.42026 | 0.678281 | search |

15 在区间 [2.28711, 2.42026] 中搜索零:

16	Func-count	x	f(x)		Procedure
17	3	2.42026	0.678281		initial
18	4	2.36049	-0.0246398		interpolation
19	5	2.36258	-0.000693647		interpolation
20	6	2.36264	2.92567e-08		interpolation
21	7	2.36264	-8.75744e-13		interpolation
22	8	2.36264	-3.55271e-15		interpolation
23	9	2.36264	-3.55271e-15		interpolation

24 在区间 [2.28711, 2.42026] 中发现零

25 x =

26   2.3626

27 fval =

28   -3.5527e-15

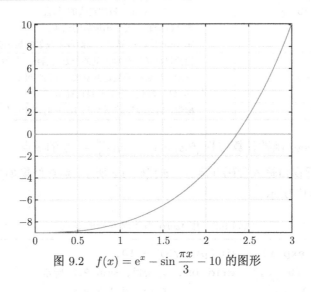

图 9.2 $f(x) = \mathrm{e}^x - \sin \dfrac{\pi x}{3} - 10$ 的图形

9.3 方程组的求解

MATLAB 提供了 solve 函数和 fsolve 函数用来求非线性方程组的解析解或数值解.

1. solve 函数

solve 函数的调用方式如下.

```
solve(eq)           % 求方程 eq = 0 的根, 默认未知量由 symvar(eq) 确定
solve(eq, var)      % 求方程 eq = 0 的根, 未知量为 var
solve(eq1, eq2, …, eqn)   % 求方程组 eqi = 0 (i = 1, 2, …, n) 的根
solve(eq1, eq2, …, eqn, var1, var2, …, varn)
```

说明

（1）该函数可以用于求解方程组的解析解或数值解.

（2）当方程组不存在解析解或精确解时，该函数输出方程组的数字形式的符号解或数值解.

例 9.3 用 solve 函数求方程 $ax^2 + bx + c = 0$ 的解.

解 在命令行窗口输入代码并运行，如代码 9.3 所示，运算结果如变量"x1"和"b1"所示.

代码 9.3 用 solve 函数求 $ax^2 + bx + c = 0$ 的解

```
1  >> syms a b c x
2  >> x1 = solve(a*x^2+b*x+c, x)          % 求 ax² + bx + c = 0 关于 x 的解
3  x1 =
4   -(b + (b^2 - 4*a*c)^(1/2))/(2*a)
5   -(b - (b^2 - 4*a*c)^(1/2))/(2*a)
6  >> b1 = solve(a*x^2+b*x+c, b)          % 求 ax² + bx + c = 0 关于 b 的解
7  b1 =
8  -(a*x^2 + c)/x
```

例 9.4 用 solve 函数求方程组 $x + y^2 = 1$，$x^2 - y = 1$ 的解.

解 在命令行窗口输入代码并运行，如代码 9.4 所示，运算结果如"x1"和"y1"所示.

代码 9.4 用 solve 函数求非线性方程组的解析解

```
1  >> syms x y
2  >> [x1, y1] = solve(x+y^2-1, x^2-y-1, x, y)
3  x1 =
4                      1
5                      0
6    5^(1/2)/2 - 1/2
7   - 5^(1/2)/2 - 1/2
8  y1 =
9                      0
10                    -1
11  1/2 - 5^(1/2)/2
12  5^(1/2)/2 + 1/2
```

例 9.5 用 solve 函数求方程组 $x + y^2 = e^x$，$x^2 - \sqrt{-y} = 1$ 的解.

解 在命令行窗口输入代码并运行，如代码 9.5 所示，运算结果如变量"xs"和"ys"所示.

代码 9.5 用 solve 函数求非线性方程组的数值解

```
1  >> syms x y
```

```
2  >> [xs, ys] = solve(x+y^2-exp(x), x^2-sqrt(-y)-1, x, y)
3  警告: Cannot solve symbolically. Returning a numeric approximation
4  instead.
5  > In solve (line 303)
6  xs =
7  26.085000733636666980690074727015
8  ys =
9  -461621.40607976012739948181744336
10 >> [xs + ys^2 - exp(xs), xs^2 - sqrt(-ys) - 1]    % 验证解的正确性
11 ans =
12 [ 0 , 0 ]                                          % 误差
```

代码 9.5 中的第 3 行和第 4 行的警告信息说明该方程组太复杂，solve 函数无法求出符号解，只能返回数值解.

2. fsolve 函数

fsolve 函数用来求解非线性方程组 $f(x) = 0$ 的数值解，x 可以是向量或矩阵，方程组可以是代数方程或超越方程. 该函数的调用方式如下.

```
x = fsolve('fun', x0)           % 参数 fun 为 M 函数文件的名称，x0 为初始点
x = fsolve('fun', x0, options)  % 用 optimset 函数设置可选项 options
[x, fval] = fsolve(···)         % 返回值 fval = fun(x)
```

例 9.6 用 fsolve 函数求下列非线性方程组的解，初始点为 $x_1 = -5$，$x_2 = -5$.

$$\begin{cases} 2x_1 - x_2 = e^{-x_1}, \\ -x_1 + 2x_2 = e^{-x_2}. \end{cases}$$

解 首先，编写 M 函数文件，如代码 9.6 所示.

代码 9.6 M 函数文件的代码（文件名为 fun_p2c9f1.m）

```
1  function y = fun_p2c9f1(x)
2      y(1) = 2*x(1) - x(2) - exp(-x(1));
3      y(2) = -x(1) + 2*x(2) - exp(-x(2));
4  end
```

其次，在命令行窗口输入代码并运行，如代码 9.7 所示，计算结果如变量"x"所示，误差见变量"fval".

代码 9.7 用 fsolve 函数求非线性方程组的解

```
1  >> x0 = [-5; -5];
2  >> [x, fval] = fsolve('fun_p1c9f1', x0)
3  x =
4      0.5671
```

```
5      0.5671
6  fval =
7      1.0e-06 *
8      -0.4059    -0.4059
```

例 9.7   用 fsolve 函数求下列非线性方程的解，初始解 $x_0 = \begin{bmatrix} 1 & 1 \\ 1 & 1 \end{bmatrix}$.

$$x^3 = \begin{bmatrix} 1 & 2 \\ 2 & 1 \end{bmatrix}$$

解   首先，编写 M 函数文件，如代码 9.8 所示.

代码 9.8   M 函数文件的代码（文件名为 fun_p1c9f2.m）

```
1  function y = fun_p1c9f2(x)
2      y = x^3 - [1 2; 2 1];
3  end
```

其次，在命令行窗口输入代码并运行，如代码 9.9 所示，计算结果如变量 "x" 所示，误差如变量 "fval" 所示.

代码 9.9   用 fsolve 函数求非线性方程的解

```
1  >> x0 = [1 1; 1 1];
2  >> option = optimset('Display', 'iter');
3  >> % 在下行代码中，可以用 @文件名 代替 '文件名'，且 @ 不能省略
4  >> [x, fval] = fsolve(@fun_p1c9f2, x0, option)
5                                   Norm of    First-order    Trust-region
6   Iteration  Func-count      f(x)      step     optimality        radius
7      0          5          26                      30               1
8      1         10       1.9396    0.416667        3.65              1
9      2         15    0.0167972    1.04167        0.411            1.04
10     3         20   1.10107e-05  0.0347511      0.00688            2.6
11     4         25   1.24091e-11  0.00108797     5.42e-06           2.6
12     5         30   1.73352e-23  1.17414e-06    6.26e-12           2.6
13
14  Equation solved.
15
16  fsolve completed because the vector of function values is near zero
17  as measured by the default value of the function tolerance, and
18  the problem appears regular as measured by the gradient.
19
20  <stopping criteria details>
21
```

```
22  x =
23       0.2211      1.2211
24       1.2211      0.2211
25
26  fval =
27       1.0e-11 *
28      -0.2079      0.2085
29       0.2085     -0.2079
```

除了上述方法，MATLAB 还提供了几种求解线性方程组的数值解法，如共轭梯度法（bicg）、松弛迭代法（lsqr）、最小残差法（minres）、标准最小残差法（qmr）、广义最小残差法（gmres）等，这些函数的使用方法大同小异，感兴趣的读者请查阅帮助文档.

第 10 章　积分

在高等数学中，常见的积分（integral）主要有不定积分、定积分、重积分、曲线积分和曲面积分. 这些积分的计算都比较烦琐，而利用 MATLAB 可以较方便地进行求解. 在 MATLAB 中，积分的计算可以分为符号求解和数值求解两种，本章分别对其进行介绍.

10.1　符号积分

MATLAB 用 int 函数对积分进行符号求解，即解析解，可以使用 vpa 或 eval 函数把解析解转换为数值解. int 函数的使用方法如下.

微课：积分
的计算

```
int(F)          % 计算函数 F 关于默认变量 symvar(F) 的不定积分
int(F, v)       % 计算函数 F 关于指定变量 v 的不定积分
int(F, a, b)    % 计算函数 F 关于默认变量 symvar(F) 在区间 [a, b]
                  上的定积分
int(F, v, a, b) % 计算函数 F 关于指定变量 v 在区间 [a, b] 上的定积分
```

说明：参数 “a” 或 “b” 可以是无穷大（inf 或 -inf），表示无穷积分；参数 “F” 表示被积函数，在区间 $[a, b]$ 上可以有瑕点，表示瑕积分. 另外，“F” 可以是符号型表达式，也可以是匿名函数，但在计算不定积分时，“F” 只能是符号型表达式.

例 10.1　用 int 函数求下列一元函数的积分：

（1）$\int x\sin x \, \mathrm{d}x$；（2）$\int \arcsin x \, \mathrm{d}x$；（3）$\int \dfrac{\mathrm{d}x}{5-a\cos x}$；　（4）$\int \dfrac{\sqrt{t-1}}{t} \, \mathrm{d}t$；

（5）$\int_{-1}^{\sqrt{2}} \dfrac{\mathrm{d}x}{1+x^2}$；（6）$\int_{-\infty}^{0} \dfrac{\mathrm{d}x}{1+x^2}$；（7）$\int_{-\infty}^{+\infty} \dfrac{\mathrm{d}x}{x^2+2x+2}$；（8）$\int_{0}^{+\infty} \dfrac{\mathrm{d}x}{\sqrt{x(x+1)^3}}$.

解　在命令行窗口输入代码并运行，如代码 10.1 所示，以计算上述积分.

代码 10.1　用 int 函数计算积分

```
1  >> syms x t a
2  >> D1 = int(x*sin(x))                    % 第 (1) 小题
3  D1 =
4  sin(x) - x*cos(x)
5  >> D2 = int(asin(x))                     % 第 (2) 小题
6  D2 =
7  x*asin(x) + (1 - x^2)^(1/2)
8  >> D3 = int(1/(5-a*cos(x)), x)           % 第 (3) 小题
9  D3 =
10 -(2*atanh((tan(x/2)*(a+5)^(1/2))/(a-5)^(1/2)))/((a-5)^(1/2)*(a+5)
     ^(1/2))
```

```
11   >> pretty(D3)                              % 以有理式形式显示
12           /    / x \                 \
13           | tan| - | sqrt(a + 5) |
14           |    \ 2 /              |
15     atanh| ------------------- | 2
16           \         sqrt(a - 5)    /
17   - -----------------------------
18           sqrt(a - 5) sqrt(a + 5)
19   >> D4 = int(sqrt(t-1)/t, t)                % 第 (4) 小题
20   D4 =
21   2*(t - 1)^(1/2) - 2*atan((t - 1)^(1/2))
22   >> D5 = int(1/(1+x^2), -1, sqrt(2))        % 第 (5) 小题
23   D5 =
24   pi/4 + atan(2^(1/2))
25   >> D6 = int(1/(1+x^2), -inf, 0)            % 第 (6) 小题，无穷限积分
26   D6 =
27   pi/2
28   >> D7 = int(1/(2+2*x+x^2), -inf, inf)      % 第 (7) 小题，无穷限积分
29   D7 =
30   pi
31   >> F = 1/sqrt(x*(x+1)^3)
32   F =
33   1/(x*(x + 1)^3)^(1/2)
34   >> D8 = int(F, 0, inf)                     % 第 (8) 小题，无穷限并带瑕点
35   D8 =
36   2
```

说明

（1）在 MATLAB 中，用 int 函数计算不定积分时，不会在解函数中加入常数 C.

（2）在实际中，并不是所有积分的解析解都可以用 int 函数求出，如 $\int_0^{+\infty} \dfrac{\sin x}{\sqrt{x^3}}\, dx$，若看成不定积分，则无法求出解析解（见代码 10.2）.

代码 10.2　用 int 函数计算积分

```
1   >> syms x;
2   >> int(sin(x)/x^(3/2), x)           % 看成不定积分，无法求出解析解
3   ans =
4   int(sin(x)/x^(3/2), x)
5   >> int(sin(x)/x^(3/2), x, 0, inf)   % 直接求广义积分，可以求出解
6   ans =
7   2^(1/2)*pi^(1/2)
```

例 10.2 用 int 函数计算下列重积分：

（1）$\displaystyle\int_0^1\int_0^1 xy\sin(x+y)\,\mathrm{d}x\mathrm{d}y$；　（2）$\displaystyle\int_0^1\mathrm{d}x\int_0^x\ln(x+y)\,\mathrm{d}y$；

（3）$\displaystyle\int_0^1\mathrm{d}x\int_0^{\frac{1-x}{2}}\mathrm{d}y\int_0^{1-x-2y}x\,\mathrm{d}z$.

解 在 MATLAB 中，重积分是通过嵌套调用 int 函数来实现的. 在命令行窗口输入代码并运行，如代码 10.3 所示，运行结果如变量"I1""I2""I3"所示.

代码 10.3　用 int 函数计算重积分

```
1  >> syms x y z
2  >> I1 = int(int(x*y*sin(x+y), x, 0, 1), y, 0, 1)
3  I1 =
4  2*cos(1) - 2*cos(2) - 2*sin(1)
5  >> I2 = int(int(log(x+y), y, 0, x), x, 0, 1)
6  I2 =
7  log(2) - 3/4
8  >> I3 = int(int(int(x, z, 0, 1-x-2*y), y, 0, (1-x)/2), x, 0, 1)
9  I3 =
10 1/48
```

例 10.3 计算 $I=\displaystyle\iint\limits_D \mathrm{e}^{-x^2-y^2}\,\mathrm{d}x\mathrm{d}y$，其中 D 是由圆心在原点、半径为 a 的圆周围成的闭区域.

解 在极坐标系中，闭区域 D 可以表示为 $0\leqslant\rho\leqslant a$，$0\leqslant\theta\leqslant 2\pi$. 这样

$$I=\iint\limits_D \mathrm{e}^{-\rho^2}\rho\,\mathrm{d}\rho\mathrm{d}\theta=\int_0^{2\pi}\mathrm{d}\theta\int_0^a \mathrm{e}^{-\rho^2}\rho\,\mathrm{d}\rho.$$

在 MATLAB 的命令行窗口输入代码并运行，如代码 10.4 所示，以计算上述积分.

代码 10.4　用 int 函数计算重积分

```
1  >> syms p s a
2  >> I = int(int(exp(-p^2)*p, p, 0, a), s, 0, 2*pi)
3  I =
4  -pi*(exp(-a^2) - 1)
```

从运行结果可知（见第 4 行），计算结果为 $-\pi(\mathrm{e}^{-a^2}-1)$.

说明：对于极坐标系下的二重积分、柱面坐标系或球面坐标系下的三重积分，都需要先转换成累次积分，然后再用 int 函数进行计算. 特别地，曲线积分和曲面积分的计算，也是按上述方法进行的.

例 10.4 用柱面坐标计算三重积分 $I=\displaystyle\iiint\limits_\Omega z\,\mathrm{d}x\mathrm{d}y\mathrm{d}z$，其中 Ω 是由曲面 $z=x^2+y^2$ 与平面 $z=4$ 所围成的闭区域.

解　闭区域 Ω 如图 10.1（a）所示. 把 Ω 投影到 xOy 平面上, 得半径为 2 的圆形闭区域 $D_{xy} = \{(\rho, \theta) \,|\, 0 \leqslant \rho \leqslant 2, 0 \leqslant \theta \leqslant 2\pi\}$, 如图 10.1（b）所示.

在 D_{xy} 内任取一点 (ρ, θ), 过此点作一条平行于 z 轴的直线, 则此直线通过曲面 $z = x^2 + y^2$ 进入 Ω 内部, 然后通过平面 $z = 4$ 穿出 Ω 外, 因此, 闭区域 Ω 可以表示为

$$0 \leqslant \rho \leqslant 2, \quad 0 \leqslant \theta \leqslant 2\pi, \quad \rho^2 \leqslant z \leqslant 4.$$

于是,

$$I = \iiint\limits_{\Omega} z\rho \,\mathrm{d}\rho \mathrm{d}\theta \mathrm{d}z = \int_0^{2\pi} \mathrm{d}\theta \int_0^2 \rho \,\mathrm{d}\rho \int_{\rho^2}^4 z \,\mathrm{d}z.$$

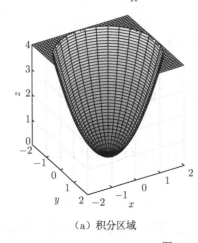

（a）积分区域

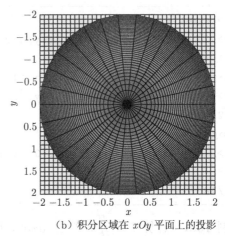

（b）积分区域在 xOy 平面上的投影

图 10.1　积分区域及其投影

在 MATLAB 的命令行窗口输入代码并运行, 如代码 10.5 所示, 以绘制积分区域及其在 xOy 平面上的投影, 并计算上述积分.

代码 10.5　积分区域的绘制及积分的计算

```
1  >> % 第一步: 绘制抛物面
2  >> t = 0 : 0.1 : 4;
3  >> r = sqrt(t);
4  >> [X1, Y1, Z1] = cylinder(r, 30);
5  >> Z1 = 4*Z1;
6  >> surf(X1, Y1, Z1);                    % 绘制曲面 z = x² + y²
7  >> % 第二步: 绘制抛物面上部的平面
8  >> hold on;
9  >> x = -2 : 0.1 : 2;
10 >> y = -2 : 0.1 : 2;
11 >> [X2, Y2] = meshgrid(x, y);
12 >> Z2 = 4 + zeros(length(y), length(x));
13 >> surf(X2, Y2, Z2);                    % 绘制平面 z = 4
14 >> xlabel('x'); ylabel('y'); zlabel('z');
15 >> axis square
```

```
16  >> view(30, -30)                              % 如图 10.1 (a) 所示
17  >> view(0, -90)                               % 如图 10.1 (b) 所示
18  >> % 第三步: 计算积分
19  >> syms p s z
20  >> I = int(int(int(z, z, p^2, 4)*p, p, 0, 2), s, 0, 2*pi)
21  I =
22  (64*pi)/3
```

由运行结果可知, 原三重积分的计算结果为 $\dfrac{64\pi}{3}$ (见第 22 行).

例 10.5 用球面坐标计算半径为 a 的球面与半顶角为 α 的内接圆锥所围成的立体的体积.

解 设球面过原点 O, 球心在 z 轴的正半轴上, 内接圆锥的顶点在原点 O, 其轴与 z 轴重合, 如图 10.2 所示. 那么, 球面方程为 $r = 2a\cos\varphi$, 锥面方程为 $\varphi = \alpha$. 这样, 所要计算的空间闭区域 Ω 可以用不等式

$$0 \leqslant r \leqslant 2a\cos\varphi, \quad 0 \leqslant \varphi \leqslant \alpha, \quad 0 \leqslant \theta \leqslant 2\pi$$

来表示. 所以,

$$V = \iiint\limits_{\Omega} r^2 \sin\varphi \, \mathrm{d}r\mathrm{d}\varphi\mathrm{d}\theta = \int_0^{2\pi} \mathrm{d}\theta \int_0^{\alpha} \mathrm{d}\varphi \int_0^{2a\cos\varphi} r^2 \sin\varphi \, \mathrm{d}r.$$

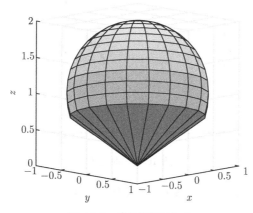

图 10.2　空间闭区域 Ω

在 MATLAB 的命令行窗口输入代码并运行, 如代码 10.6 所示, 以绘制积分区域并计算上述积分.

代码 10.6　积分区域的绘制及积分的计算

```
1  >> % 第一步: 绘制球面
2  >> [X, Y, Z] = sphere(20);
3  >> surf(X(9:end,:), Y(9:end,:), 1+Z(9:end,:))
4  >> % 第二步: 绘制锥面
5  >> mX = max(X(9,:));   mZ = min(Z(9,:))+1;
```

```
 6  >> hold on;
 7  >> [X, Y, Z] = cylinder([0, 1], 20);
 8  >> surf(mX*X, mX*Y, mZ*Z);
 9  >> xlabel('x'); ylabel('y'); zlabel('z');
10  >> axis square
11  >> view(45, -10)                % 如图 10.2 所示
12  >> % 第三步：计算积分
13  >> syms a alpha r phi theta
14  >> F = r^2*sin(phi);
15  >> V = int(int(int(F, r, 0, 2*a*cos(phi)), phi, 0, alpha), theta
       , 0, 2*pi)
16  V =
17  -2*a^3*pi*((2*cos(alpha)^4)/3 - 2/3)
```

由运行结果可知，所求立体的体积为 $-2\pi a^3\left(\dfrac{2\cos^4\alpha}{3} - \dfrac{2}{3}\right)$（见第 17 行）.

例 10.6   计算第一类曲线积分（对弧长的曲线积分）$\displaystyle\int_L \sqrt{y}\,\mathrm{d}s$，其中 L 是抛物线 $y = x^2$ 上点 $O(0,0)$ 与点 $B(1,1)$ 之间的一段弧（见图 10.3）.

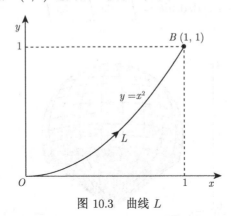

图 10.3   曲线 L

解   由于 L 由方程 $y = x^2\ (0 \leqslant x \leqslant 1)$ 给出，因此

$$\int_L \sqrt{y}\,\mathrm{d}s = \int_0^1 \sqrt{x^2}\sqrt{1 + [(x^2)']^2}\,\mathrm{d}x = \int_0^1 x\sqrt{1 + 4x^2}\,\mathrm{d}x.$$

在 MATLAB 的命令行窗口输入代码并运行，如代码 10.7 所示，以绘制曲线 L 并计算上述积分.

代码 10.7   曲线 L 的绘制及积分的计算

```
1  >> % 第 1 步：绘制图形，如图 10.3 所示
2  >> x = 0 : 0.02 : 1;   y = x.^2;
3  >> plot(x, y, '-k', 'LineWidth', 1.5);              % 绘制抛物线
4  >> hold on;
```

```
5  >> plot(1, 1, '-ko', 'MarkerFaceColor', [0,0,0]);     % 绘制实心圆点
6  >> plot([1 1], [0 1], '--k', [0 1], [1 1], '--k');    % 绘制虚线
7  >> xlim([0, 1.2]);  xticks([1]);                      % 设置 x 轴范围及其刻度
8  >> ylim([0, 1.2]);  yticks([1]);                      % 设置 y 轴范围及其刻度
9  >> annotation('arrow', [0.5520 0.5550], [0.4005 0.4050])% 绘制箭头
10 >> text(0.6,0.3,'\it L','FontSize',20,'FontName','Times')% 添加文本 L
11 >> text(0.91,1.08,'\it B\rm(1, 1)','FontSize',20,'FontName','Times')
12 >> text(0.6,0.7,'\it y\rm=\itx^{\rm2}','FontSize',20,'FontName','Times
      ')
13 >> text(-0.05,-0.05,'\it O','FontSize',20,'FontName','Times')
14 >> annotation('arrow', [0.15 0.92], [0.11 0.11]) % 绘制 x 轴
15 >> annotation('arrow', [0.13 0.13], [0.11 0.95]) % 绘制 y 轴
16 >> text(1.15, -0.04, '\it x', 'FontSize', 20, 'FontName', 'Times')
17 >> text(-0.07, 1.15, '\it y', 'FontSize', 20, 'FontName', 'Times')
18 >> set(gca, 'FontSize', 20, 'FontName', 'Times');
19 >> hold off; box off;
20 >> % 第 2 步: 计算积分
21 >> syms x
22 >> I = int(x*sqrt(1+4*x^2), x, 0, 1)
23 I =
24 (5*5^(1/2))/12 - 1/12
```

由运行结果可知, 原曲线积分的计算结果为 $\dfrac{5\sqrt{5}-1}{12}$ (见第 24 行).

例 10.7　计算第二类曲线积分 (对坐标的曲线积分) $\displaystyle\int_{L} 2xy\,\mathrm{d}x + x^2\,\mathrm{d}y$, 其中 L 是抛物线 $x = y^2$ 上从点 $O(0,0)$ 到点 $B(1,1)$ 之间的一段弧.

解　将原曲线积分化为对 y 的定积分. $L: x = y^2$, y 从 0 变到 1. 所以

$$\int_{L} 2xy\,\mathrm{d}x + x^2\,\mathrm{d}y = \int_{0}^{1} (2y^2 \cdot y \cdot 2y + y^4)\,\mathrm{d}y = 5\int_{0}^{1} y^4\,\mathrm{d}y.$$

在 MATLAB 的命令行窗口输入代码并运行, 如代码 10.8 所示, 以计算上述积分.

代码 10.8　用 int 函数计算积分

```
1  >> syms y
2  >> I = 5*int(y^4, y, 0, 1)
3  I =
4  1
```

由运行结果可知, 原曲线积分计算结果为 1 (见第 4 行).

例 10.8　计算第一类曲面积分 (对面积的曲面积分) $\displaystyle\oiint_{\Sigma} xyz\,\mathrm{d}S$, 其中 Σ 是由 $x = 0$、$y = 0$、$z = 0$ 和 $x + y + z = 1$ 所围成的四面体的整个边界曲面.

解　将 Σ 在 $x=0$、$y=0$、$z=0$ 和 $x+y+z=1$ 上的部分依次记为 Σ_1、Σ_2、Σ_3 和 Σ_4，则

$$\oiint\limits_{\Sigma} xyz\,\mathrm{d}S = \oiint\limits_{\Sigma_1} xyz\,\mathrm{d}S + \oiint\limits_{\Sigma_2} xyz\,\mathrm{d}S + \oiint\limits_{\Sigma_3} xyz\,\mathrm{d}S + \oiint\limits_{\Sigma_4} xyz\,\mathrm{d}S.$$

由于在 Σ_1、Σ_2 和 Σ_3 上，被积函数 $f(x,y,z)=xyz$ 均为零，所以

$$\oiint\limits_{\Sigma_1} xyz\,\mathrm{d}S = \oiint\limits_{\Sigma_2} xyz\,\mathrm{d}S = \oiint\limits_{\Sigma_3} xyz\,\mathrm{d}S = 0.$$

在 Σ_4 上，$z=1-x-y$，所以

$$\sqrt{1+z_x^2+z_y^2} = \sqrt{1+(-1)^2+(-1)^2} = \sqrt{3},$$

因此，

$$\oiint\limits_{\Sigma} xyz\,\mathrm{d}S = \oiint\limits_{\Sigma_4} xyz\,\mathrm{d}S = \iint\limits_{D_{xy}} \sqrt{3}xy(1-x-y)\,\mathrm{d}x\mathrm{d}y$$

$$= \sqrt{3}\int_0^1 x\,\mathrm{d}x \int_0^{1-x} y(1-x-y)\,\mathrm{d}y.$$

在 MATLAB 的命令行窗口输入代码并运行，如代码 10.9 所示，以计算上述积分.

代码 10.9　用 int 函数计算积分

```
1  >> syms x y
2  >> I = sqrt(3)*int(x.*int(y.*(1-x-y), y, 0, 1-x), x, 0, 1)
3  I =
4  3^(1/2)/120
```

由运行结果可知，原曲面积分的计算结果为 $\dfrac{\sqrt{3}}{120}$（见第 4 行）.

例 10.9　计算第二类曲面积分（对坐标的曲面积分）$\displaystyle\iint\limits_{\Sigma} xyz\,\mathrm{d}x\mathrm{d}y$，其中 Σ 是 $x^2+y^2+z^2=1$ 外侧在 $x \geqslant 0$ 和 $y \geqslant 0$ 的部分.

解　将 Σ 分为两部分，一部分为 Σ_1：$z_1 = -\sqrt{1-x^2-y^2}$，另一部分为 Σ_2：$z_2 = \sqrt{1-x^2-y^2}$，则

$$\iint\limits_{\Sigma} xyz\,\mathrm{d}x\mathrm{d}y = \iint\limits_{\Sigma_1} xyz\,\mathrm{d}x\mathrm{d}y + \iint\limits_{\Sigma_2} xyz\,\mathrm{d}x\mathrm{d}y.$$

上式右端第一个积分的积分曲面 Σ_1 取下侧，第二个积分的积分曲面 Σ_2 取上侧，因此

$$\iint\limits_{\Sigma} xyz\,\mathrm{d}x\mathrm{d}y$$

$$= -\iint\limits_{D_{xy}} xy(-\sqrt{1-x^2-y^2})\,\mathrm{d}x\mathrm{d}y + \iint\limits_{D_{xy}} xy\sqrt{1-x^2-y^2}\,\mathrm{d}x\mathrm{d}y$$

$$= 2 \iint\limits_{D_{xy}} xy\sqrt{1-x^2-y^2}\, \mathrm{d}x\mathrm{d}y$$

$$= 2\int_0^1 \mathrm{d}x \int_0^{\sqrt{1-x^2}} xy\sqrt{1-x^2-y^2}\, \mathrm{d}y.$$

在 MATLAB 的命令行窗口输入代码并运行, 如代码 10.10 所示, 以计算上述积分

代码 10.10　用 int 函数计算积分

```
1  >> syms x y
2  >> I = 2*int(int(x*y*sqrt(1-x^2-y^2), y, 0, sqrt(1-x^2)), x, 0, 1)
3  I =
4  2/15
```

从运行结果可以看出, 原曲面积分的计算结果为 $\dfrac{2}{15}$（见第 4 行）.

10.2　数值积分

在实际中, 有些函数的表达式十分复杂, 求其原函数非常困难, 还有一些函数（如 $\sin x/x$、e^{x^2} 等）无法用初等函数表示其原函数. 但在理论上它们的定积分是存在的, 这时需要用到定积分的近似计算（数值积分）. 本节介绍 MATLAB 自带的一些求数值积分的函数.

微课: 数值积分的计算

1. rsums 函数

rsums 函数能够在图形化界面下以交互式形式近似计算函数 $f(x)$ 在指定区间（默认为 $[0,1]$）上的定积分. 该命令的使用方法如下.

```
rsums(f)              % 计算函数 f 在 [0, 1] 上的定积分近似值
rsums(f, a, b)        % 计算函数 f 在 [a, b] 上的定积分近似值
rsums(f, [a, b])      % 同上
```

例 10.10　计算定积分 $\displaystyle\int_0^{0.5} \mathrm{e}^{-5x^2}\, \mathrm{d}x$ 的近似值.

解　在 MATLAB 的命令行窗口输入代码 10.11 计算上述定积分. 在图 10.4 中, 默认用 10 个小矩形的面积之和表示积分的值, 用户可以拖曳下方的滑块增加（或减少）小矩形的个数（不超过 128 个）. 由高等数学知识可知, 小矩形个数越多, 近似效果越好.

代码 10.11　用 rsums 函数近似计算定积分

```
1  >> syms x
2  >> rsums(exp(-5*x^2), [0, 0.5])       % 如图 10.4 所示
```

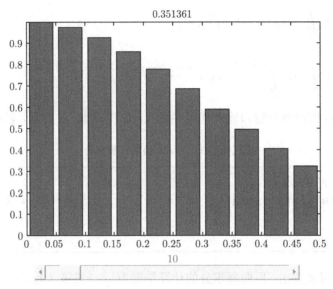

图 10.4　用 rsums 函数近似计算定积分

2. integral 函数

integral 函数的使用方法如下.

integral(f, a, b)　　　　% 计算函数 f 在 [a, b] 上的数值积分
integral(f, a, b, Name, Value)% 按要求计算函数 f 在 [a, b] 上的数值积分

例 10.11　用 integral 函数计算例 10.10 中的定积分.

解　在 MATLAB 的命令行窗口输入代码并运行，如代码 10.12 所示，以计算该积分.

代码 10.12　用 integral 函数近似计算定积分

```
1  >> syms x
2  >> f = @(x)exp(-5*x.^2);
3  >> format long
4  >> I = integral(f, 0, 0.5, 'RelTol', 1e-8, 'AbsTol', 1e-13)
5  I =
6     0.351211715698483
7  >> % 除了可以计算正常数值积分，该函数还可以计算一些特殊积分，如下:
8  >> I1 = integral(f, 0, inf)                % 积分区间是无穷
9  I1 =
10    0.396332729760601
11 >> g = @(x)log(x);
12 % 计算瑕积分
13 >> I2 = integral(g, 0, 1, 'RelTol', 0, 'AbsTol', 1e-12)
14 I2 =
15   -1.000000000000010
```

```
16  >> I3 = integral(f, 0, 1+1i)                    % 在复数域上进行积分
17  I3 =
18    0.414326319632822 - 0.067960087248386i
```

3. integral2 函数

integral2 函数的使用方法如下.

```
integral2(f, a, b, c, d) % 计算二元函数 f 在 [a,b] × [c,d] 上的数值积分
integral2(f , a, b, c, d, Name, Value)     % 按要求计算数值积分
```

例 10.12 用 integral2 函数计算二重积分 $\int_0^1 \mathrm{d}x \int_0^{1-x} \dfrac{\mathrm{d}y}{\sqrt{x+y}(1+x+y)^2}$.

解 在 MATLAB 的命令行窗口输入代码并运行，如代码 10.13 所示，以计算上述二重积分.

代码 10.13 用 integral2 函数计算二重数值积分

```
1  >> syms x y
2  >> f = @(x,y) 1./(sqrt(x + y) .* (1 + x + y).^2 )
3  >> ymax = @(x) 1 - x;
4  >> q = integral2(f, 0, 1, 0, ymax)
5  q =
6      0.2854
```

4. quad2d 函数

quad2d 函数的使用方法与 integral2 函数类似. 对于例 10.12 中的二重积分, 也可用 quad2d 函数进行计算, 如代码 10.14 所示.

代码 10.14 用 quad2d 函数计算二重数值积分

```
1  >> syms x y
2  >> f = @(x,y) 1./(sqrt(x + y) .* (1 + x + y).^2 )
3  >> ymax = @(x) 1 - x;
4  >> q = quad2d(f, 0, 1, 0, ymax)
5  q =
6      0.2854
```

5. integral3 函数

integral3 函数的使用方法与 integral2 函数和 integral 函数类似，这里不再详述.

例 10.13 用 integral3 函数计算三重积分 $\int_{-\infty}^0 \mathrm{d}x \int_{-100}^0 \mathrm{d}y \int_{-100}^0 \dfrac{10\,\mathrm{d}z}{x^2+y^2+z^2+2}$.

解 在 MATLAB 的命令行窗口输入代码并运行，如代码 10.15 所示，以计算上述三重积分.

代码 10.15　用 integral3 函数计算三重数值积分

```
1  >> syms x y z
2  >> f = @(x,y,z) 10./(x.^2 + y.^2 + z.^2 + 2);
3  >> q = integral3(f, -Inf, 0, -100, 0, -100, 0)
4  q =
5     2.7342e+03
```

第11章　级数

级数是高等数学中的重要组成部分，主要包括泰勒（Taylor）级数和傅里叶（Fourier）级数，其计算过程都比较繁杂. 本章将用 MATLAB 中的相关函数来实现无穷级数的展开与求和.

11.1　泰勒级数

MATLAB 提供了 taylor 函数用于实现函数的泰勒展开，其调用方式如下.

taylor(F, v, a) % 计算函数 F 关于变量 v 在 a 点处的 5 阶泰勒展开

taylor(F, v)　　% 计算函数 F 关于变量 v 在 0 点处的 5 阶泰勒展开

taylor(F)　　　% 计算函数 F 关于变量 symvar(F) 在 0 点处的 5 阶泰勒展开

taylor(F, v, a, 'Order', n)% 计算 F 关于变量 v 在 a 点处的 n 阶泰勒展开

说明：参数 "F" 可以是符号型表达式，也可以是匿名函数，但不能是内联函数或 M 文件函数.

例 11.1　用 taylor 函数求 $y = \sin x$ 在 $x = 0$ 处的 $4, 8, 12$ 阶泰勒展开，并画出它们的图形.

微课：泰勒级数

解　新建脚本文件，并输入代码 11.1，运行结果如图 11.1 所示.

代码 11.1　计算泰勒展开

```
1  x0 = -2*pi : 0.1 : 2*pi;
2  y0 = sin(x0);
3  plot(x0, y0, 'b-.o')      % 绘制原图
4  hold on
5  syms x
6  y1 = taylor(sin(x), x, 0, 'Order', 4);
7  y1 = subs(y1, x, x0);
8  plot(x0, y1, 'k--*')      % 绘制 4 阶泰勒展开曲线
9  y2 = taylor(sin(x), x, 0, 'Order', 8);
10 y2 = subs(y2, x, x0);
11 plot(x0, y2, 'r-p')       % 绘制 8 阶泰勒展开曲线
12 y3 = taylor(sin(x), x, 0, 'Order', 12);
13 y3 = subs(y3, x, x0);
14 plot(x0, y3, 'g--h')      % 绘制 12 阶泰勒展开曲线
15 xlabel('x'); ylabel('y'); ylim([-2, 2]); grid on;
16 legend('y = sin(x)', '4 阶泰勒展开', '8 阶泰勒展开', '12 阶泰勒展开')
```

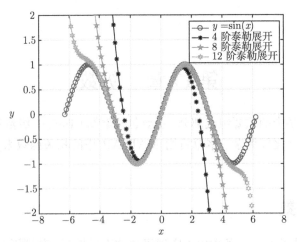

图 11.1　代码 11.1 的运行结果

例 11.2　用 taylor 函数，按要求计算下列函数的泰勒展开：

（1）$y = e^x$ 在 $x = 1$ 处的 4 阶泰勒展开；

（2）$y = \ln(1 + x)$ 在 $x = a$ 处的 3 阶泰勒展开；

（3）$f(x, y) = e^{x^2 + y}$ 关于 $x = a$，$y = b$ 的 2 阶泰勒展开.

　　解　在命令行窗口输入代码并运行，如代码 11.2 所示，运行结果如变量"T1""T2""T3"所示.

代码 11.2　计算泰勒展开

```
1  >> syms x y a b
2  >> T1 = taylor(exp(x), x, 1, 'Order', 4)
3  T1 =
4  exp(1) + exp(1)*(x-1) + (exp(1)*(x-1)^2)/2 +(exp(1)*(x-1)^3)/6
5  >> vpa(T1, 4)
6  ans =
7  2.718*x + 1.359*(x - 1.0)^2 + 0.453*(x - 1.0)^3
8  >> T2 = taylor(log(1+x), x, a, 'Order', 3)
9  T2 =
10 log(a + 1) - (a - x)/(a + 1) - (a - x)^2/(2*(a + 1)^2)
11 >> T3 = taylor(exp(x^2+y), [x, y], [a, b], 'Order', 2)
12 T3 =
13 exp(a^2 + b) - exp(a^2 + b)*(b - y) - 2*a*exp(a^2 + b)*(a - x)
```

　　除了用 taylor 函数，MATLAB 还提供了一个带有图形化界面的泰勒级数计算器，其调用方式如下.

```
taylortool    % 生成计算泰勒级数的图形化界面，默认显示 f(x) = x cos x 在
              % 区间 [−2π, 2π] 内的图形（实线）及其泰勒多项式级数函数的
              % 图形（虚线，在 a = 0 附近的 N = 7 阶展开），如图 11.2
```

% 所示. 用户可以直接在图 11.2 所示界面中修改 f(x)、N、a
% 和 x 的上下界, 然后按回车键后即可看到计算结果.
taylortool('f') % 对函数 f, 用图形化界面显示其泰勒展开式.

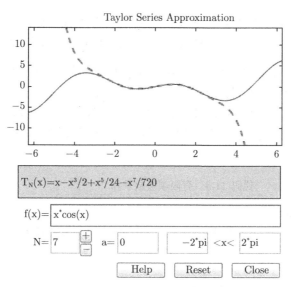

图 11.2　泰勒级数计算器

例 11.3　用 taylortool 函数计算 $f(x) = x^3 \mathrm{e}^x$ 的泰勒展开.

解　在命令行窗口直接输入

```
>> taylortool('x^3*exp(x)')
```

即可. 运行结果如图 11.3 所示.

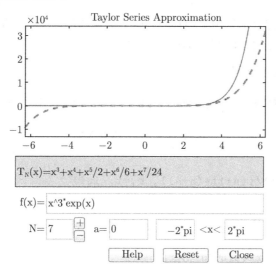

图 11.3　$f(x) = x^3 \mathrm{e}^x$ 的泰勒展开

11.2 级数求和

MATLAB 提供了 symsum 函数用于实现已知通项的有穷或无穷级数的求和 $\sum\limits_{k=k_0}^{k_n} f_k$，其调用方式如下.

```
symsum(fk, k, k0, kn) % 其中 fk 为通项，k为级数的自变量，k0 和 kn 分别为
                       % k 的起始值和终止值（都可以为无穷）.
```

说明：如果"fk"中只有一个变量，则在调用时可以省略该变量.

例 11.4 计算有限项级数 $2^0 + 2^1 + \cdots + 2^{64}$ 的和.

微课：级数
求和

解 这是一个有限项级数求和问题，可以采用多种方法进行求解. 在命令行窗口输入代码并运行，如代码 11.3 所示，运行结果如变量"S1""S2""S3"所示.

代码 11.3 有限项级数求和

```
1  >> format long
2  >> S1 = sum(2.^[0 : 64])        % 用sum 函数进行数值计算求和
3  S1 =
4        3.689348814741910e+19
5  >> S2 = sum(sym(2).^[0 : 64])   % 用sum 函数进行符号运算求和
6  S2 =
7  36893488147419103231
8  >> syms k;
9  >> S3 = symsum(2^k, k, 0, 64)   % 用symsum 函数直接计算
10 S3 =
11 36893488147419103231
```

说明：由于第 1 种方法采用数值计算，每个数默认都是双精度型，最多能保留 16 位有效数字，所以结果有舍入误差. 后两种方法采用符号运算，运行结果没有误差.

例 11.5 计算无穷级数的和：$S = \sum\limits_{n=1}^{+\infty} \dfrac{1}{(n+1)(n+4)}$.

解 在命令行窗口输入代码并运行，如代码 11.4 所示，运行结果如变量"S"所示.

代码 11.4 无穷级数求和

```
1  >> syms n
2  >> S = symsum(1/((n+1)*(n+4)), n, 1, inf)
3  S =
4  13/36
```

例 11.6 计算函数级数的和：$S(x) = -\sum\limits_{n=1}^{+\infty} \dfrac{x^{n+1}}{n}$.

解 在命令行窗口输入代码并运行，如代码 11.5 所示，运行结果如变量"Sx"所示.

代码 11.5　函数级数求和

```
1  >> syms x n
2  >> Sx = symsum(-x^(n+1)/n, n, 1, inf)
3  Sx =
4  piecewise(x == 1, -Inf, abs(x) <= 1 & x ~= 1, x*log(1 - x))
```

说明：第 4 行代码里的 piecewise 函数是"带有条件的符号对象"，类似于数学中的分段函数，更详细的说明请查阅帮助文档. 从"Sx"的表达式中可以发现，当 $x=1$ 时，级数的和为 $-\infty$；当 x 的绝对值小于等于 1 且 x 不为 1 时，即 $-1 \leqslant x < 1$ 时，$S(x) = x\ln(1-x)$.

另外，并不是所有的级数 MATLAB 都能计算出结果，当它求不出级数和时会给出求和形式解.

例 11.7　计算：$S = \sum\limits_{n=1}^{+\infty} (-1)^n \dfrac{\sin n}{n^2+1}$.

解　在命令行窗口输入代码并运行，如代码 11.6 所示，运行结果如变量"S"所示.

代码 11.6　无穷级数的极限

```
1  >> syms n
2  >> S = symsum((-1)^n*sin(n)/(n^2+1), n, 1, inf)
3  S =
4  symsum(((-1)^n*sin(n))/(n^2 + 1), n, 1, Inf)
```

例 11.8　计算：$L = \lim\limits_{n \to +\infty} \left[2^{\frac{1}{3}} \times 4^{\frac{1}{9}} \times 8^{\frac{1}{27}} \times \cdots \times (2^n)^{\frac{1}{3^n}} \right]$.

解　记 $f(n) = 2^{\frac{1}{3}} \times 4^{\frac{1}{9}} \times 8^{\frac{1}{27}} \times \cdots \times (2^n)^{\frac{1}{3^n}} = 2^{\frac{1}{3} + \frac{2}{3^2} + \cdots + \frac{n}{3^n}}$. 因此，

$$L = \lim_{n \to +\infty} f(n) = 2^{\lim\limits_{n \to +\infty} \left[\frac{1}{3} + \frac{2}{3^2} + \cdots + \frac{n}{3^n} \right]}.$$

在命令行窗口输入代码并运行，如代码 11.7 所示，运行结果如变量"L"所示.

代码 11.7　无穷级数的极限

```
1  >> syms k n
2  >> L = 2^limit(symsum(k/3^k, k, 1, n), n, inf)
3  L =
4  2^(3/4)
```

11.3　傅里叶级数

　　MATLAB 中没有现成的傅里叶级数展开函数，但可以根据傅里叶级数的定义编写一个函数来实现该算法. 设周期为 $2l$ 的周期函数 $f(x)$ 满足收敛定理的条件（即狄利克雷条件），则它的傅里叶级数展开式为

微课：傅里叶级数

$$f(x) = \frac{a_0}{2} + \sum_{n=1}^{+\infty} \left(a_n \cos \frac{n\pi}{l}x + b_n \sin \frac{n\pi}{l}x \right) \quad (x \in C),$$

其中，

$$a_n = \frac{1}{l}\int_{-l}^{l} f(x)\cos\frac{n\pi x}{l}\mathrm{d}x \qquad (n = 0, 1, 2, \cdots),$$

$$b_n = \frac{1}{l}\int_{-l}^{l} f(x)\sin\frac{n\pi x}{l}\mathrm{d}x \qquad (n = 1, 2, 3, \cdots),$$

$$C = \left\{ x \,\middle|\, f(x) = \frac{1}{2}\left[f(x^-) + f(x^+)\right] \right\}.$$

如果 $f(x)$ 仅在区间 $[a, b]$ 上有定义，我们令 $l = (b - a)/2$，并引入新变量 $\hat{x}$，使 $x = \hat{x} + l + a$，代入 $f(x)$ 中得 $h(\hat{x})$，则 $h(\hat{x})$ 为区间 $[-l, l]$ 上的函数；然后对 $h(\hat{x})$ 进行周期性拓延，使其在其他区间也有定义，且 $h(\hat{x}) = h(kT + \hat{x})$，其中 $T = 2l$，k 为任意整数；最后对 $h(\hat{x})$ 进行傅里叶展开，并通过 $\hat{x} = x - l - a$ 将 $h(\hat{x})$ 替换为 $f(x)$ 即可.

基于以上分析，我们编写代码 11.8 所示的求解傅里叶展开的函数（文件名为 myFourier.m），并将该文件保存到 MATLAB 的搜索目录下.

代码 11.8　求解傅里叶级数

```
1   function [A0, A, B, F] = myFourier(f, x, p, a, b)
2   % 功能: 求解函数 f(x) 在区间 [a, b] 上的 p 阶傅里叶展开
3   % 输入参数:
4   %       (1) f: 只能是符号函数或符号表达式
5   %       (2) x: 自变量, 符号标量
6   % 输出参数:
7   %       (1) A0: 第 0 项系数, 标量
8   %       (2) A: 余弦项系数, 向量
9   %       (3) B: 正弦项系数, 向量
10  %       (4) F: 傅里叶展开式 (符号表达式)
11
12      if nargin == 3                          % 默认在 [-pi, pi] 上展开
13          a = -pi;
14          b = pi;
15      end
16
17      if p < 0 || a >= b
18          error('参数错误! ');
19      end
20
21      L = (b - a)/2;                          % 计算半周期
22
23      if abs(a + b) > 1e-5                     % 将 f 平移到区间 [-L, L] 上
24          f = subs(f, x, x + L + a);
25      end
26
```

```
27        A0 = int(f, x, -L, L)/L;                % 用定积分计算 A0
28        A = zeros(1, p);  B = zeros(1, p);       % 为系数向量 A 和 B 预分配空间
29        F = A0/2;
30
31        for n = 1 : p
32            A(n) = int(f*cos(n*pi*x/L), x, -L, L)/L;
33            B(n) = int(f*sin(n*pi*x/L), x, -L, L)/L;
34            F = F + A(n)*cos(n*pi*x/L) + B(n)*sin(n*pi*x/L);
35        end
36
37        if abs(a + b) > 1e-5                     % 将 F 再平移到区间 [a, b] 上
38            F = subs(F, x, x - L - a);
39        end
40  end
```

例 11.9　计算 $f(x) = x^3 + x^2$ 在区间 $[-\pi, \pi]$ 上的 $1, 3, 5$ 阶傅里叶展开.

解　新建脚本文件，如代码 11.9 所示，运行该脚本文件，结果如图 11.4 所示.

代码 11.9　$f(x) = x^3 + x^2$ 的傅里叶展开

```
1   clear
2   syms x
3   f = x^3 + x^2;
4   [a0, a, b, F1] = myFourier(f, x, 1);
5   [a0, a, b, F3] = myFourier(f, x, 3);
6   [a0, a, b, F5] = myFourier(f, x, 5);
7   xx = -pi : pi/10 : pi;
8   Y = subs(f, x, xx);
9   Y1 = subs(F1, x, xx);
10  Y3 = subs(F3, x, xx);
11  Y5 = subs(F5, x, xx);
12  plot(xx, Y, 'r--h')
13  hold on
14  plot(xx, Y1, 'b-.p')
15  plot(xx, Y3, 'k-o')
16  plot(xx, Y5, 'm-+')
17  grid on;
18  legend('原函数', '1阶傅里叶展开', '3阶傅里叶展开', '5阶傅里叶展开', ...
19          'Location', 'NW');
```

例 11.10　对函数

$$f(x) = \begin{cases} -1, & 0 \leqslant x < 1, \\ 1, & 1 \leqslant x < 2 \end{cases}$$

进行傅里叶展开，并画出拟合效果图.

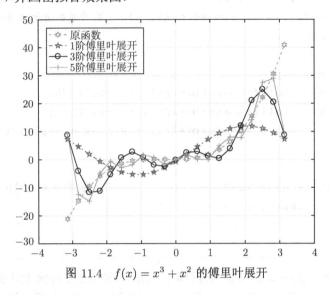

图 11.4　$f(x) = x^3 + x^2$ 的傅里叶展开

解　新建脚本文件，如代码 11.10 所示，运行该脚本文件，结果如图 11.5 所示.

代码 11.10　例 11.10 中 $f(x)$ 的傅里叶展开

```
1  clear
2  syms x
3  a = 0;
4  b = 2;
5  c = 1;
6  f = piecewise(x >= a & x < c, -1, x >= c & x < b, 1);
7
8  XX = a : (b-a)/200 : b;
9  Y = subs(f, x, XX);
10 figure;
11 plot(XX, Y);
12 hold on;
13
14 for n = 2 : 2 : 20
15    [~, ~, ~, F] = myFourier(f, x, n, a, b); % 波浪号表示不接收返回的参数
16    Y = subs(F, x, XX);
17    plot(XX, Y);
18 end
19 grid on;
20 hold off;
```

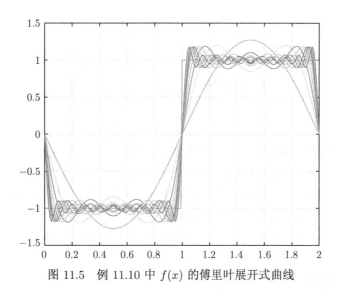

图 11.5　例 11.10 中 $f(x)$ 的傅里叶展开式曲线

第 12 章 优 化 问 题

优化问题在实际工作中非常普遍，如成本最低、利润最大、效益最高、方案最佳等．最优化问题已经成为应用数学的一个重要分支．它的一般提法为：给定一个函数（也叫**目标函数**），在指定的解空间里寻找满足一定条件（也叫**约束条件**）的解，使该函数的值最小（或最大）．其中，目标函数可以是线性的，也可以是非线性的；解空间可以是连续的区域，也可以是离散的集合；约束条件可以是等式，也可以是不等式，可以有 0 个、1 个或多个．MATLAB 对不同类型的优化问题用不同的函数去求解．

12.1 线性规划

线性规划（linear programming）是优化问题里的一个重要分支，其理论和算法都比较成熟．线性规划要求目标函数与约束条件均是线性的，其标准的数学形式如下．

$$\min_{\boldsymbol{x}} f(\boldsymbol{x}) = \sum_{j=1}^{n} c_j x_j \tag{12.1}$$

$$\text{s.t.} \begin{cases} \boldsymbol{A} \cdot \boldsymbol{x} \leqslant \boldsymbol{b}, & \text{（线性不等式约束）} \\ \boldsymbol{Aeq} \cdot \boldsymbol{x} = \boldsymbol{beq}, & \text{（线性等式约束）} \\ \boldsymbol{lb} \leqslant \boldsymbol{x} \leqslant \boldsymbol{ub}. & \text{（上下界约束）．} \end{cases} \tag{12.2}$$

其中，未知量 $\boldsymbol{x} = [x_1, x_2, \cdots, x_n]^{\mathrm{T}}$ 为**决策变量**，函数 $f(\boldsymbol{x})$ 为**目标函数**，(12.2) 式为 3 类**约束条件**．这里的 "s.t." 可以看成 "subject to" 的缩写，表示 "受限于"，也可以看成 "such that" 的缩写，表示 "满足 $\cdots$ 条件"．

12.1.1 一般线性规划

MATLAB 提供了 linprog 函数用于求解 (12.1) 式和 (12.2) 式的线性规划问题．其调用方式如下．

```
x = linprog(f, A, b, Aeq, beq, lb, ub, x0, options)
[x, fval, exitflag, output, lambda] = linprog(···)
```

微课：一般线性规划

说明：参数 "f" "A" "b" 为必选项，其他参数为可选项．参数 "Aeq" "beq" "lb" 和 "ub" 的含义见 (12.2) 式．参数 "x0" 表示初始值，"options" 为优化设置，详细说明请查阅帮助系统．返回值 "x" 为最优解，"fval" 为函数在最优解处的函数值，"exitflag" 为终止迭代的条件，其值及含义如表 12.1 所示，"output" 表示优化的一些信息，是一个结构体变量，各成员及说明如表 12.2 所示，"lambda" 为各约束条件对应的拉格朗日乘子，也是一个结构体变量，各成员及说明如表 12.3 所示．

表 12.1　"exitflag"的取值及对应的说明

值	说明	值	说明
1	函数正常收敛到解"x"	0	达到最大迭代次数
-2	没有找到可行解	3	所求问题是无界的
-4	求解过程中遇到了 NaN	-5	原问题和对偶问题都是不可行的
-7	求解方向使目标函数下降很少		

表 12.2　"output"的成员及对应的说明

成员	说明	成员	说明
iterations	实际迭代次数	algorithm	所使用的算法
cgiterations	共轭梯度迭代次数	message	算法退出时的一些信息

表 12.3　"lambda"的成员及对应的说明

成员	说明	成员	说明
lower	下界"lb"对应的拉格朗日乘子	upper	上界"ub"对应的拉格朗日乘子
ineqlin	不等式条件对应的拉格朗日乘子	eqlin	等式条件对应的拉格朗日乘子

例 12.1　某饲养场饲养动物出售,设每头动物每天至少需要 700g 蛋白质、30g 矿物质和 100mg 维生素. 现有 5 种饲料可供选用,各种饲料每千克的营养成分及单价如表 12.4 所示. 请给出既能满足动物生长的营养需要,又使费用最省的方案.

表 12.4　5 种饲料的营养成分及价格

饲料	蛋白质/g	矿物质/g	维生素/mg	价格/(元/kg)
1	3	1	0.5	0.2
2	2	0.5	1	0.7
3	1	0.2	0.2	0.4
4	6	2	2	0.3
5	18	0.5	0.8	0.8

解　用变量 x_i $(i = 1, 2, \cdots, 5)$ 表示选用第 i 种饲料的数量,根据题意可建立如下的线性规划模型.

$$\min_{\boldsymbol{x}} f(\boldsymbol{x}) = 0.2x_1 + 0.7x_2 + 0.4x_3 + 0.3x_4 + 0.8x_5$$

$$\text{s.t.} \begin{cases} 3x_1 + 2x_2 + x_3 + 6x_4 + 18x_5 \geqslant 700, \\ x_1 + 0.5x_2 + 0.2x_3 + 2x_4 + 0.5x_5 \geqslant 30, \\ 0.5x_1 + x_2 + 0.2x_3 + 2x_4 + 0.8x_5 \geqslant 100, \\ x_i \geqslant 0, \ i = 1, 2, \cdots, 5. \end{cases}$$

把上述线性规划模型转换为标准形式,如下所示.

$$\min_{\boldsymbol{x}} f(\boldsymbol{x}) = 0.2x_1 + 0.7x_2 + 0.4x_3 + 0.3x_4 + 0.8x_5$$

$$\text{s.t.} \begin{cases} -3x_1 - 2x_2 - x_3 - 6x_4 - 18x_5 \leqslant -700, \\ -x_1 - 0.5x_2 - 0.2x_3 - 2x_4 - 0.5x_5 \leqslant -30, \\ -0.5x_1 - x_2 - 0.2x_3 - 2x_4 - 0.8x_5 \leqslant -100, \\ 0 \leqslant x_i, \ i = 1, 2, \cdots, 5. \end{cases}$$

在命令行窗口输入代码并运行，如代码 12.1 所示，以求解上述线性规划问题.

代码 12.1　用 linprog 函数求线性规划问题

```
1  >> f = [0.2, 0.7, 0.4, 0.3, 0.8];
2  >> A = -[3, 2, 1, 6, 18; 1, 0.5, 0.2, 2, 0.5; 0.5, 1, 0.2, 2, 0.8];
3  >> b = -[700; 30; 100];
4  >> Aeq = [ ];  beq = [ ];    % 等式约束为空
5  >> lb = zeros(5, 1);
6  >> ub = [ ];
7  >> [x, fval] = linprog(f, A, b, Aeq, beq, lb, ub)
8  Optimization terminated.
9  x =
10     0.0000
11     0.0000
12     0.0000
13    39.7436
14    25.6410
15  fval =
16    32.4359
```

运行结果表明，最佳方案是选用第 4 种和第 5 种饲料，选用量分别为 39.743 6 kg 和 25.641 0 kg.

例 12.2　求解以下线性规划问题.

$$\max_{\boldsymbol{x}} f(\boldsymbol{x}) = 11x_1 + 14x_2 + 21x_3 + 24x_4 + 6x_5 + 15x_6$$

$$\text{s.t.} \begin{cases} 3x_1 + 8x_2 + 5x_3 + 3x_4 + x_5 + 4x_6 \leqslant 5, \\ 11x_1 + 14x_2 + 21x_3 + 24x_4 + 6x_5 + 15x_6 \geqslant 12.5, \\ x_1 + 3x_2 + 9x_3 + 8x_4 + 0.5x_5 + 1.5x_6 \leqslant 3.5, \\ 16x_2 + 30x_3 + 24x_4 + 2x_5 + 4x_6 \geqslant 10, \\ x_1 + x_2 + x_3 + x_4 + x_5 + x_6 = 1, \\ x_i \geqslant 0, \ i = 1, 2, \cdots, 6. \end{cases}$$

解　首先，把上述线性规划模型转化为如下的标准形式.

$$\min_{\boldsymbol{x}} -f(\boldsymbol{x}) = -11x_1 - 14x_2 - 21x_3 - 24x_4 - 6x_5 - 15x_6$$

$$\text{s.t.} \begin{cases} 3x_1 + 8x_2 + 5x_3 + 3x_4 + x_5 + 4x_6 \leqslant 5, \\ -11x_1 - 14x_2 - 21x_3 - 24x_4 - 6x_5 - 15x_6 \leqslant -12.5, \\ x_1 + 3x_2 + 9x_3 + 8x_4 + 0.5x_5 + 1.5x_6 \leqslant 3.5, \\ -16x_2 - 30x_3 - 24x_4 - 2x_5 - 4x_6 \leqslant -10, \\ x_1 + x_2 + x_3 + x_4 + x_5 + x_6 = 1, \\ 0 \leqslant x_i, \ i = 1, 2, \cdots, 6. \end{cases}$$

在命令行窗口输入代码并运行，如代码 12.2 所示，以求解上述线性规划问题.

代码 12.2　用 linprog 函数求解线性规划问题

```
1  >> f = [-11, -14, -21, -24, -6, -15];
2  >> A = [ 3,    8,    5,    3,    1,    4;
3          -11, -14, -21, -24,   -6, -15;
4            1,    3,    9,    8,  0.5,  1.5;
5            0, -16, -30, -24,   -2,   -4];
6  >> b = [5, -12.5, 3.5, -10]';
7  >> Aeq = ones(1, 6);   beq = 1;
8  >> lb = zeros(6, 1);   ub = [ ];
9  >> [x, fval, exitflag, output, lambda] = linprog(f, A, b, Aeq,
10                                          beq, lb, ub)
11 Optimization terminated.
12 x =
13     0.0000
14     0.0000
15     0.0000
16     0.3077
17     0.0000
18     0.6923
19 fval =
20    -17.7692
21 exitflag =
22        1
23 output =
24   包含以下字段的 struct:
25         iterations: 8
26          algorithm: 'interior-point-legacy'
27        cgiterations: 0
28            message: 'Optimization␣terminated.'
29     constrviolation: 1.5543e-15
30       firstorderopt: 3.5527e-15
31 lambda =
```

```
32      包含以下字段的 struct:
33        ineqlin: [4×1 double]
34          eqlin: 12.9231
35          upper: [6×1 double]
36          lower: [6×1 double]
```

从运行结果上可以看出，该线性规划问题有最优解 $x = [0, 0, 0, 0.307\,7, 0, 0.692\,3]^{\mathrm{T}}$，对应的目标函数值为 $17.769\,2$.

12.1.2　整数规划和 0-1 规划

线性规划有两种比较特殊的情况，即整数规划（integer programming）和 0-1 规划（binary programming）. 整数规划要求决策变量（部分或全部）限制为整数，其求解方法很多，如分支定界法、割平面法、隐枚举法、匈牙利法、蒙特卡洛法等. 如果进一步要求决策变量只能取 0 或 1，此时的线性规划就是 0-1 规划.

微课：整数规划和 0-1规划

曾几何时，MATLAB 不能直接求解这两种特殊的规划，虽然后来提供了 bintprog 函数用来求 0-1 整数规划，但求解过程比较麻烦. 目前，MATLAB 已经遗弃了这个函数，同时提供了一个比较新的、专用于求解整数规划和 0-1 整数规划的函数，即 intlinprog 函数. 该函数的使用方法与 linprog 函数类似，其调用方式如下.

x = intlinprog(f, intcon, A, b, Aeq, beq, lb, ub, options)

[x, fval, exitflag, output] = intlinprog($\cdots$)

说明：从形式上看，函数 intlinprog 比 linprog 多了一个参数 intcon，用来表示哪些决策变量取整数. 其他参数与 linprog 函数相同.

例 12.3　对于例 12.2，将等式约束改为 $x_1 + x_2 + x_3 + x_4 + x_5 + x_6 = 2$，并要求 x_1、x_3、x_5 只能取整数，重新求最优解.

解　在命令行窗口输入代码并运行，如代码 12.3 所示，以求解上述整数规划问题.

代码 12.3　用 intlinprog 函数求解整数规划问题

```
1  >> f = [-11, -14, -21, -24, -6, -15];
2  >> A = [ 3,    8,    5,    3,    1,    4;
3          -11, -14, -21, -24,   -6, -15;
4            1,    3,    9,    8, 0.5, 1.5;
5            0, -16, -30, -24,   -2,  -4];
6  >> b = [5, -12.5, 3.5, -10]';
7  >> Aeq = ones(1, 6);
8  >> beq = 2;
9  >> lb = zeros(6, 1);  ub = [ ];
10 >> intcon = [1 3 5];        % 要求第 1、第 3、第 5 个变量只能取整数
11 >> [x, fval, exitflag] = intlinprog(f, intcon, A, b,
12                                     Aeq, beq, lb, ub)
```

```
13  LP:                    Optimal objective value is -23.634146.
14
15  Optimal solution found.
16
17  Intlinprog stopped at the root node because the
18  objective value is within a gap tolerance of the optimal value,
19  options.AbsoluteGapTolerance = 0 (the default value). The intcon
20  variables are integer within tolerance, options.IntegerTolerance
21  = 1e-05 (the default value).
22
23  x =
24            0
25            0
26            0
27      0.2308
28      1.0000
29      0.7692
30  fval =
31    -23.0769
32  exitflag =
33        1
```

运行结果表明, 当要求第 1、第 3、第 5 个变量取整数时, 最优解 $x = [0, 0, 0, 0.230\,8,$ $1.000\,0, 0.769\,2]^{\mathrm{T}}$, 对应的目标函数值为 23.076 9.

例 12.4 求解以下 0-1 规划问题.

$$\min_{x} f(x) = -3x_1 - 2x_2 - x_3$$

$$\text{s.t.} \begin{cases} x_1 + x_2 + x_3 \leqslant 7, \\ 4x_1 + 2x_2 + x_3 = 12, \\ x_1, x_2 \geqslant 0, \quad x_3 = 0 \text{ 或 } x_3 = 1. \end{cases}$$

解 在命令行窗口输入代码并运行, 如代码 12.4 所示, 以求解上述 0-1 规划问题.

代码 12.4 用 intlinprog 函数求解 0-1 规划问题

```
1  >> f = [-3; -2; -1];
2  >> A = [1, 1, 1];       b = 7;
3  >> Aeq = [4, 2, 1];     beq = 12;
4  >> lb = zeros(3, 1);   ub = [Inf; Inf; 1];    % 限制 x3 的范围为[0, 1]
5  >> intcon = 3;                                 % 限制 x3 只能取整数
6  >> options = optimoptions('intlinprog', 'Display', 'off');
7  >> x = intlinprog(f, intcon, A, b, Aeq, beq, lb, ub, options)
```

```
 8   x =
 9            0
10       5.5000
11       1.0000
```

代码 12.4 中的第 4 行限制了 x_3 的范围为 $[0,1]$，第 5 行限制 x_3 只能取整数，因此，x_3 只能取 0 或 1. 第 6 行代码设置参数，表示不显示提示信息，详细说明请查阅有关帮助信息.

12.2 无约束优化

无约束优化问题属于典型的极值问题，在高等数学中已经有所研究. 若目标函数 $f(x)$ 是可导的，假设该函数的最优解为 x^*，则 $f'(x^*)=0$，但是反过来不一定成立. 在实际中，如果目标函数比较简单，可以先求出所有驻点，然后再逐个检验每个驻点处的函数值是否为极值，这就是驻点法.

微课：无约束优化

例 12.5 求函数 $f(x,y)=xe^{-x^2-y^2}$ 的最值.

解 在命令行窗口输入代码并运行，如代码 12.5 所示，以求函数的最值.

代码 12.5 求函数的最值

```
 1   >> % 第一步: 定义函数
 2   >> syms x y
 3   >> f = @(x,y)x.*exp(-x.^2-y.^2);
 4   >> % 第二步: 画出曲面图形
 5   >> [X , Y] = meshgrid([-2 : 0.1 : 2]);
 6   >> Z = f(X, Y);
 7   >> surf(X, Y, Z) % 如图 12.1 所示, 发现有两个极值, 可以通过驻点法求函数的极值
 8   >> xlabel('x'); ylabel('y'); zlabel('z');
 9   >> % 第三步: 求偏导数
10   >> dfx = diff(f, x);
11   >> dfy = diff(f, y);
12   >> % 第四步: 令偏导数为 0, 并求驻点
13   >> [x0, y0] = solve(dfx, dfy)
14   x0 =
15     -2^(1/2)/2
16      2^(1/2)/2
17   y0 =
18     0
19     0
20   >> % 第五步: 求在驻点处的函数值, 即最值
21   >> fval = f(x0, y0)
```

```
22  fval =
23    -(2^(1/2)*exp(-1/2))/2
24     (2^(1/2)*exp(-1/2))/2
25  >> eval(fval)
26  ans =
27      -0.4289
28       0.4289
```

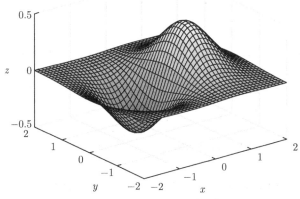

图 12.1　曲面 $f(x,y) = x\mathrm{e}^{-x^2-y^2}$ 的图形

从运行结果可以发现，函数 $f(x,y)$ 的最小值为 $f_{\min}\left(-\dfrac{\sqrt{2}}{2}, 0\right) = -\dfrac{\sqrt{2}}{2}\mathrm{e}^{-0.5} \approx$ $-0.428\,9$，最大值为 $f_{\max}\left(\dfrac{\sqrt{2}}{2}, 0\right) = \dfrac{\sqrt{2}}{2}\mathrm{e}^{-0.5} \approx 0.428\,9$.

以上方法对于简单的一元或二元函数可以求出解析解，但是对复杂的函数或者三元及以上的函数无法求出. 为此，MATLAB 提供了 fminsearch 函数和 fminunc 函数用于求解无约束优化问题的数值解.

1. fminsearch 函数

fminsearch 函数的调用方式如下.

`[x, fval, exitflag, output] = fminsearch(f, x0, options)`

说明：参数 "f" 和 "x0" 为必选项，"options" 为可选项，其他参数的含义请查阅帮助文档.

微课：用 fminsearch
函数求无约束优化问题

例 12.6　对于例 12.5，用 fminsearch 函数求最小值.

解　在命令行窗口输入代码并运行，如代码 12.6 所示，以计算最小值.

代码 12.6　用 fminsearch 函数求最小值

```
1  >> f = @(x)x(1).*exp(-x(1).^2 - x(2).^2);
2  >> x0 = [0, 0];
```

```
 3  >> [x, fval] = fminsearch(f, x0)
 4  x =
 5     -0.7071    0.0000
 6  fval =
 7     -0.4289
 8  >> % 显示求解过程
 9  >> options = optimset('Display','iter','PlotFcns',@optimplotfval);
10  >> [x, fval] = fminsearch(f, x0, options)
11
12    Iteration    Func-count        min f(x)         Procedure
13       0             1                0
14       1             3                0             initial simplex
15       2             5             -0.0005          expand
16      ...          % 中间结果略
17      64            125           -0.428882         contract outside
18      65            127           -0.428882         contract inside
19
20  优化已终止: 当前的 x 满足使用 1.000000e-04 的 OPTIONS.TolX 的终止条件,
21
22  F(X) 满足使用 1.000000e-04 的 OPTIONS.TolFun 的收敛条件
23
24  x =
25     -0.7071    0.0000
26  fval =
27     -0.4289
```

运行结果与代码 12.5 相同. 需要说明的是, 代码 12.6 中的第 1 行还可以用 M 文件来写. 另外, 函数 fminsearch 只能求解极小值问题, 返回值一定是实数.

2. fminunc 函数

fminunc 函数也是用来求解极小值问题的. 与 fminsearch 函数不同的是, fminunc 函数既可以处理实函数, 又可以处理复数函数. 其调用方式如下.

[x, fval, exitflag, output, grad, hassian] = fminunc(f, x0, options)

说明: 参数 "f" 和 "x0" 为必选项, "options" 为可选项, "grad" 为目标函数在解 "x" 处的梯度值, "hassian" 为目标函数在解 "x" 处的 Hessian 矩阵, 其他参数的具体含义请查阅帮助文档.

例 12.7 求函数 $f(x_1, x_2) = 3x_1^2 + 2x_1x_2 + x_2^2 - 4x_1 + 5x_2$ 的最小值.

解 在命令行窗口输入代码并运行, 如代码 12.7 所示, 以计算上述函数的最小值.

微课: 用 fminunc 函数
求无约束优化问题

代码 12.7　用 fminunc 函数求最小值

```
1  >> f = @(x)3*x(1)^2 + 2*x(1)*x(2) + x(2)^2 - 4*x(1) + 5*x(2);
2  >> x0 = [1 , 1];
3  >> [x, fval] = fminunc(f, x0)
4  Local minimum found.
5
6  Optimization completed because the size of the gradient is less than
7  the default value of the optimality tolerance.
8
9  <stopping criteria details>
10
11  x =
12      2.2500   -4.7500
13  fval =
14    -16.3750
```

说明：代码 12.7 中的第 1 行也可以用 M 文件来写，如果能在 M 文件中给出目标函数的梯度，则 fminunc 函数的收敛速度会更快．

例 12.8　求函数 $f(\boldsymbol{x}) = 100(x_2 - x_1^2)^2 + (1 - x_1)^2$ 的最小值．

解　首先，建立 M 函数（文件名为 Eg_fun_12_08.m），如代码 12.8 所示．

代码 12.8　目标函数及其梯度

```
1  function [f, g] = Eg_fun_12_08(x)
2      f = 100*(x(2) - x(1)^2)^2 + (1-x(1))^2;        % 目标函数
3      if nargout > 1                                  % 计算梯度
4          g = [-400*(x(2)-x(1)^2)*x(1)-2*(1-x(1)); 200*(x(2)-x(1)^2)];
5      end
6  end
```

其次，在命令行窗口输入代码并运行，如代码 12.9 所示，以计算所给函数的最小值．

代码 12.9　用 fminunc 函数求最小值

```
1  >> options = optimoptions(@fminunc, 'Display', 'iter', 'Algorithm',
2                            'quasi-newton');
3  >> x0 = [-1, 2];
4  >> [x, fval] = fminunc(@Eg_fun_12_08, x0, options)
5                                                              First-order
6   Iteration  Func-count       f(x)        Step-size      optimality
7       0          3            104                            396
8       1          9          5.56119     0.000894962          12
9      ...    % 求解过程略
10      39        150        1.2266e-10        1           0.000311
```

```
11
12  Local minimum found.
13
14  Optimization completed because the size of the gradient is lessthan
15   the default value of the optimality tolerance.
16
17  <stopping criteria details>
18
19  x =
20      1.0000    1.0000
21  fval =
22      1.2266e-10
```

12.3 约束优化

在实际问题中, 很多优化问题包含不同的约束条件, 这些条件可能是线性的, 也可能是非线性的, 这就是带约束的优化问题.

12.3.1 单变量约束优化

单变量约束优化问题的标准形式如下.

$$\min_x f(x), \quad \text{s.t. } a < x < b.$$

即求一元函数 $f(x)$ 在 $x \in (a,b)$ 的极小值. MATLAB 提供了 fminbnd 函数用于求单变量约束优化问题. 其完整的调用方式如下.

微课: 单变量约束优化

[x, fval, exitflag, output] = fminbnd(f, a, b, options)

说明: 参数 "f" "a" "b" 为必选项, "options" 为可选项, 各参数的具体含义请查阅帮助文档.

例 12.9 求函数 $f(x) = x^5 - \alpha x^3 + \beta x - 60$ 分别在区间 $[1,2]$ 和 $[4,6]$ 上的最小值, 已知 $\alpha = 50, \beta = 200$.

解 在命令行窗口输入代码并运行, 如代码 12.10 所示, 以求解该单变量约束优化问题.

代码 12.10 用 fminbnd 函数求解单变量约束优化问题

```
1  >> f = @(x, a, b)x^5 - a*x^3 + b*x - 60;
2  >> [x1, fval1] = fminbnd(@(x)f(x, 50, 200), 1, 2)
3  x1 =
4      1.9999
5  fval1 =
6    -27.9788
```

```
7   >> [x2, fval2] = fminbnd(@(x)f(x, 50, 200), 4, 6)
8   x2 =
9        5.3480
10  fval2 =
11      -2.2635e+03
```

运行结果表明，x 在区间 $[1,2]$ 和 $[4,6]$ 上分别取 1.999 9 和 5.348 0 时，函数 $f(x)$ 可取到最小值 $-27.978\ 8$ 和 $-2\ 263.5$.

12.3.2　多变量约束优化

多变量约束优化问题的标准形式如下.

$$\min_{\boldsymbol{x}} f(\boldsymbol{x}). \tag{12.3}$$

$$\text{s.t.} \begin{cases} \boldsymbol{A} \cdot \boldsymbol{x} \leqslant \boldsymbol{b}, & \text{(线性不等式约束)} \\ \boldsymbol{Aeq} \cdot \boldsymbol{x} = \boldsymbol{beq}, & \text{(线性等式约束)} \\ \boldsymbol{C}(\boldsymbol{x}) \leqslant \boldsymbol{0}, & \text{(非线性不等式约束)} \\ \boldsymbol{Ceq}(\boldsymbol{x}) = \boldsymbol{0}, & \text{(非线性等式约束)} \\ \boldsymbol{lb} \leqslant \boldsymbol{x} \leqslant \boldsymbol{ub}. & \text{(上下界约束)} \end{cases} \tag{12.4}$$

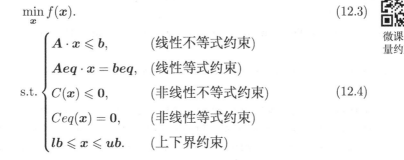

微课: 多变
量约束优化

MATLAB 提供了 fmincon 函数用于求解多变量约束优化问题. 其调用方式如下.

`x = fmincon(f, x0, A, b, Aeq, beq, lb, ub, nonlcon, options)`

`[x, fval, exitflag, output, lambda, grad, hessian] = fmincon(···)`

说明：参数 "f" 和 "x0" 为必选项，其他为可选项，其中 "nonlcon" 是非线性不等式约束和非线性等式约束，一般通过 M 函数文件来描述. 其他参数的详细说明请查阅帮助文档.

例 12.10　求下列优化问题的最优解.

$$\min_{\boldsymbol{x}} f(\boldsymbol{x}) = -x_1 x_2 x_3.$$

$$\text{s.t.} \begin{cases} x_1 x_2 + 2x_2 x_3 + 3x_1 x_3 \leqslant 18, \\ 2x_1^2 + 3x_2^2 + 5x_3^2 \geqslant 20, \\ x_1,\ x_2,\ x_3 \geqslant 0. \end{cases}$$

解　首先，建立 M 函数（文件名为 Eg_con_12_10.m），如代码 12.11 所示.

代码 12.11　非线性约束条件

```
1   function [C, Ceq] = Eg_con_12_10(x)
2   % 参数 C 和 Ceq 分别为非线性不等式和非线性等式约束
3       C(1) = x(1)*x(2) + 2*x(2)*x(3) + 3*x(1)*x(3) - 18;
4       C(2) = 20 - 2*x(1)^2 - 3*x(2)^2 - 5*x(3)^2;
```

```
5        Ceq = [ ];    % 空矩阵表示没有非线性等式约束
6   end
```

其次，在命令行窗口输入代码并运行，如代码 12.12 所示，以求解该多变量约束优化问题.

代码 12.12　用 fmincon 函数求解多变量约束优化问题

```
1   >> f = @(x)-x(1)*x(2)*x(3);    % 目标函数, 也可以用 M 文件写, 如例 12.8 所示
2   >> A = [ ]; b = [ ];           % 线性不等式约束
3   >> Aeq = [ ]; beq = [ ];       % 线性等式约束
4   >> lb = [0; 0; 0]; ub = [ ];   % 上下界约束
5   >> nonlcon = @Eg_con_12_10;    % 非线性约束
6   >> x0 = [1 2 2];               % 初始点
7   >> [x, fval] = fmincon(f, x0, A, b, Aeq, beq, lb, ub, nonlcon)
8
9   Local minimum found that satisfies the constraints.
10
11  Optimization completed because the objective function is
12  non-decreasing in feasible directions, to within the default value
13  of the optimality tolerance, and constraints are satisfied to
14  within the default value of the constraint tolerance.
15
16  <stopping criteria details>
17
18  x =
19       2.0000    3.0000    1.0000
20  fval =
21      -6.0000
```

从提示信息中可以发现（见第 9 行），当前优化问题有最优解，即当 $\boldsymbol{x}^* = [2, 3, 1]^{\mathrm{T}}$ 时，$f_{\min}(\boldsymbol{x}^*) = -6$.

12.3.3　最大最小优化

最大最小优化问题的约束条件与多变量约束优化问题一样，如 (12.4) 式所示. 所不同的是，最大最小优化问题目标函数的标准形式为

$$\min_{\boldsymbol{x}} \max_{f_i} \{f_1(\boldsymbol{x}), f_2(\boldsymbol{x}), \cdots, f_n(\boldsymbol{x})\},$$

表示对于一组目标函数 $f_i(\boldsymbol{x})$ $(i = 1, 2, \cdots, n)$，确定这些目标函数中的最大者，然后将该函数作为最终目标函数，求使其达到最小值的决策变量 $\boldsymbol{x}$.

MATLAB 提供了 fminimax 函数用来求解最大最小优化问题，其调用方式如下.

```
x = fminimax(f, x0, A, b, Aeq, beq, lb, ub, nonlcon, options)
```

```
[x, fval, maxfval, exitflag, output, lambda] = fminimax(···)
```

说明：参数"f"和"x0"为必选项，其他为可选项，输出参数"maxfval"是"fval"中的最大值. 各参数的详细说明请查阅帮助文档.

例 12.11　求以下最大最小优化问题的最优解.

$$\min_{\boldsymbol{x}} \max_{f_i} \{f_1(\boldsymbol{x}), f_2(\boldsymbol{x}), f_3(\boldsymbol{x}), f_4(\boldsymbol{x}), f_5(\boldsymbol{x})\}.$$

$$\text{s.t.} \begin{cases} x_1 + x_2 \leqslant 3, \\ x_1^2 + x_2^2 \geqslant 1, \\ -3 \leqslant x_1 \leqslant 3, \\ -2 \leqslant x_2 \leqslant 2. \end{cases}$$

其中，

$$\begin{cases} f_1(\boldsymbol{x}) = 2x_1^2 + x_2^2 - 48x_1 - 40x_2 + 304, \\ f_2(\boldsymbol{x}) = -x_1^2 - 3x_2^2, \\ f_3(\boldsymbol{x}) = x_1 + 3x_2 - 18, \\ f_4(\boldsymbol{x}) = -x_1 - x_2, \\ f_5(\boldsymbol{x}) = x_1 + x_2 - 8. \end{cases}$$

解　首先，建立目标函数：新建 M 文件，文件名为 Eg_fun_12_11.m，并输入代码 12.13.

代码 12.13　建立目标函数

```
1  function f = Eg_fun_12_11(x)          % 目标函数
2      f(1)= 2*x(1)^2 + x(2)^2 - 48*x(1) - 40*x(2) + 304;
3      f(2)= -x(1)^2 - 3*x(2)^2;
4      f(3)= x(1) + 3*x(2) - 18;
5      f(4)= -x(1)- x(2);
6      f(5)= x(1) + x(2)  - 8;
7  end
```

其次，建立非线性约束条件：新建 M 文件，文件名为 Eg_con_12_11.m，并输入代码 12.14.

代码 12.14　建立非线性约束条件

```
1  function [C, Ceq] = Eg_con_12_11(x)
2      C = 1 - x(1)^2 - x(2)^2;
3      Ceq = [ ];
4  end
```

最后，在命令行窗口输入代码并运行，如代码 12.15 所示，以求解该最大最小优化问题.

代码 12.15　用 fminimax 函数求解最大最小优化问题

```
1  >> A = [1 1]; b = [3];              % 线性不等式约束
2  >> Aeq = [ ]; beq = [ ];            % 线性等式约束
3  >> lb = [-3; -2]; ub = [3; 2];      % 上下界约束
4  >> nonlcon = @Eg_con_12_11;         % 非线性约束
5  >> x0 = [1; 1];                     % 初始点
6  >> f = @Eg_fun_12_11;               % 目标函数
7  >> [x, fval] = fminimax(f, x0, A, b, Aeq, beq, lb, ub, nonlcon)
8
9  Local minimum possible.  Constraints satisfied.
10
11 fminimax stopped because the size of the current search directionis less
12  than twice the default value of the step size toleranceand constraints are
13  satisfied to within the default value of theconstraint tolerance.
14
15 <stopping criteria details>
16
17 x =
18      2.3333
19      0.6667
20 fval =
21   176.6667    -6.7778   -13.6667    -3.0000    -5.0000
```

根据提示信息（见第 9 行），当前优化问题有最优解，即当 $\boldsymbol{x}^* = [2.333\,3, 0.666\,7]^{\mathrm{T}}$ 时，$f_1(\boldsymbol{x}^*) = 176.666\,7$.

12.3.4　二次规划

二次规划（quadratic programming）是一类比较简单的带约束的非线性规划问题，在证券投资、交通规划等领域具有广泛的应用. 二次规划的目标函数是二次函数，约束条件与线性规划相同，如下所示.

$$\min_{\boldsymbol{x}} \frac{1}{2}\boldsymbol{x}^{\mathrm{T}}\boldsymbol{H}\boldsymbol{x} + \boldsymbol{f}^{\mathrm{T}}\boldsymbol{x}. \tag{12.5}$$

$$\text{s.t.} \begin{cases} \boldsymbol{A} \cdot \boldsymbol{x} \leqslant \boldsymbol{b}, \\ \boldsymbol{Aeq} \cdot \boldsymbol{x} = \boldsymbol{beq}, \\ \boldsymbol{lb} \leqslant \boldsymbol{x} \leqslant \boldsymbol{ub}. \end{cases} \tag{12.6}$$

其中 $\boldsymbol{H}$ 为对称矩阵.

MATLAB 提供了 quadprog 函数用于求解二次规划问题，其调用方式如下.

```
x = quadprog(H, f, A, b, Aeq, beq, lb, ub, x0, options)
[x, fval, maxfval, exitflag, output, lambda] = quadprog(···)
```

说明：参数 "H" 和 "f" 为必选项，其他为可选项. 各参数的详细说明请查阅帮助文档.

例 12.12 求以下二次规划问题.

$$\min_{\boldsymbol{x}} g(\boldsymbol{x}) = \frac{1}{2}x_1^2 + x_2^2 - x_1 x_2 - 2x_1 - 6x_2.$$

$$\text{s.t.} \begin{cases} x_1 + x_2 \leqslant 2, \\ -x_1 + 2x_2 \leqslant 2, \\ 2x_1 + x_2 \leqslant 3, \\ x_1, x_2 \geqslant 0. \end{cases}$$

解 首先，将目标函数化为如下标准形式.

$$g(\boldsymbol{x}) = \frac{1}{2}\begin{bmatrix} x_1 & x_2 \end{bmatrix}\begin{bmatrix} 1 & -1 \\ -1 & 2 \end{bmatrix}\begin{bmatrix} x_1 \\ x_2 \end{bmatrix} + \begin{bmatrix} -2 & -6 \end{bmatrix}\begin{bmatrix} x_1 \\ x_2 \end{bmatrix} = \frac{1}{2}\boldsymbol{x}^{\mathrm{T}}\boldsymbol{H}\boldsymbol{x} + \boldsymbol{f}^{\mathrm{T}}\boldsymbol{x},$$

其中

$$\boldsymbol{x} = \begin{bmatrix} x_1 \\ x_2 \end{bmatrix}, \quad \boldsymbol{H} = \begin{bmatrix} 1 & -1 \\ -1 & 2 \end{bmatrix}, \quad \boldsymbol{f} = \begin{bmatrix} -2 \\ -6 \end{bmatrix}.$$

其次，在命令行窗口输入代码并运行，如代码 12.16 所示，以求解该二次规划问题.

代码 12.16 用 quadprog 函数求解二次规划问题

```
1  >> H = [1 -1; -1 2];
2  >> f = [-2; -6];
3  >> A = [1, 1; -1, 2; 2, 1];
4  >> b = [2; 2; 3];
5  >> Aeq = [ ];  beq = [ ];
6  >> lb = zeros(2, 1);  ub = [ ];
7  >> x0 = [ ];
8  >> options = optimoptions('quadprog', ...
9            'Algorithm', 'interior-point-convex', 'Display', 'off');
10 >> [x, fval, exitflag] = quadprog(H, f, A, b, Aeq, beq, lb, ub, x0,
11                                  options)
12 x =
13      0.6667
14      1.3333
15 fval =
16      -8.2222
17 exitflag =
18      1
```

从运行结果可以看出，该二次规划问题存在最优解 $\boldsymbol{x}^* = [0.666\ 7, 1.333\ 3]^{\mathrm{T}}$，此时 $f_{\min}(\boldsymbol{x}^*) = -8.222\ 2$.

12.4 多目标规划

顾名思义，多目标规划是指有多个目标函数的优化问题. 这类问题在实际中应用较多，如某生产商希望能获得较高利润的同时生产成本最小. 多目标规划问题的解法较多，有理想解法、线性加权法、目标规划法、最大最小法等.

例 12.13 某工厂需要采购某种生产原料，该原料市场上有 A、B、C 3 种，单价分别为 3 元/kg、2 元/kg、4 元/kg. 现要求所花的总费用不超过 400 元，所购得的原料总质量不少于 150kg，其中 A 原料不得少于 40kg，B 原料不得少于 50kg，C 原料不得少于 20kg. 请确定最佳采购方案，即花最少的钱采购最多数量的原料.

解 设原材料 A、B、C 的最佳采购量分别为 x_1 kg、x_2 kg 和 x_3 kg，则采购原料所需的总费用为 $f_1(\boldsymbol{x}) = 3x_1 + 2x_2 + 4x_3$，原料总量为 $f_2(\boldsymbol{x}) = x_1 + x_2 + x_3$. 根据题意，总目标应为 $f_1(\boldsymbol{x})$ 最小的同时最大化 $f_2(\boldsymbol{x})$，其中 $\boldsymbol{x} = [x_1, x_2, x_3]^{\mathrm{T}}$.

另一方面，所花费的总额不超过 400 元，即 $3x_1 + 2x_2 + 4x_3 \leqslant 400$；原料总量不少于 150kg，即 $x_1 + x_2 + x_3 \geqslant 150$；$A$、$B$、$C$ 3 种原料分别不少于 40kg、50kg、20kg，即 $x_1 \geqslant 40$、$x_2 \geqslant 50$、$x_3 \geqslant 20$. 由以上分析得出最终的数学模型如下.

$$\min_{\boldsymbol{x}} f_1(\boldsymbol{x}) = 3x_1 + 2x_2 + 4x_3,$$
$$\max_{\boldsymbol{x}} f_2(\boldsymbol{x}) = x_1 + x_2 + x_3.$$
$$\text{s.t.} \begin{cases} 3x_1 + 2x_2 + 4x_3 \leqslant 400, \\ x_1 + x_2 + x_3 \geqslant 150, \\ x_1 \geqslant 40, \quad x_2 \geqslant 50, \quad x_3 \geqslant 20. \end{cases}$$

将上述模型化为标准形式，得

$$\min_{\boldsymbol{x}} f_1(\boldsymbol{x}) = 3x_1 + 2x_2 + 4x_3,$$
$$\min_{\boldsymbol{x}} -f_2(\boldsymbol{x}) = -x_1 - x_2 - x_3.$$
$$\text{s.t.} \begin{cases} 3x_1 + 2x_2 + 4x_3 \leqslant 400, \\ -x_1 - x_2 - x_3 \leqslant -150, \\ x_1 \geqslant 40, \quad x_2 \geqslant 50, \quad x_3 \geqslant 20. \end{cases}$$

解法 1 用理想解法求解. 该方法的基本思路是先对每一个目标函数求约束优化问题，找到每一个目标函数的理想值. 如果它们取到理想值时对应的决策变量是相等的，则多目标优化问题求解结束，否则建立新的目标函数，其表达式为每一个目标函数与其理想值之间的距离和，再求新目标函数最小时对应的决策变量. 例 12.13 的理想解法如代码 12.17 所示.

代码 12.17　用理想解法求解多目标规划问题

```
1   >> % 首先，设置参数
2   >> A = [3, 2, 4; -1, -1, -1];  b = [400; -150];
3   >> Aeq = [];  beq = [];
4   >> lb = [40; 50; 20];  ub = [];
5   >> % 其次，计算每一个目标函数的最优值（理想值）
6   >> f1 = [3; 2; 4];      % 第一个目标函数
7   >> [x1, fval1] = linprog(f1, A, b, Aeq, beq, lb, ub)
8   Optimization terminated.
9   x1 =
10      40.0000
11      90.0000
12      20.0000
13  fval1 =
14    380.0000
15  >> f2 = [-1; -1; -1];   % 第二个目标函数
16  >> [x2, fval2] = linprog(f2, A, b, Aeq, beq, lb, ub);
17  Optimization terminated.
18  x2 =
19      40.0000
20     100.0000
21      20.0000
22  fval2 =
23   -160.0000
24  % 两个目标函数的最优值对应的 x 不一致. 为此，求两个目标函数达到最优的 x
25  >> h1 = @(x)(f1'*x - fval1)^2 + (f2'*x - fval2)^2;
26  >> h1x0 = fmincon(h1, x1, A, b, Aeq, beq, lb, ub)
27  h1x0 =
28      40.0000
29      92.0000
30      20.0000
31  >> fval = [f1'; f2']*h1x0
32  fval =
33    384.0000
34   -152.0000
```

从运行结果可以看到，两个目标函数的理想值分别为 380 和 −160，对应的决策变量分别为 $[40, 90, 20]^T$ 和 $[40, 100, 20]^T$. 由于决策变量不一致，因此建立新的目标函数 "h1"，并最小化该目标函数求得最终决策变量为 $[40, 92, 20]^T$，对应的目标函数值分别为 384 和 −152. 这说明，A、B、C 3 种原料的采购量分别为 40kg、92kg 和 20kg 时，可以花最少的钱 384 元采购到最多数量的原料 152kg.

解法 2 用线性加权法求解. 该方法的基本思路是将两个目标函数按一定的权重合并为一个目标函数，然后再求单目标函数的最优化问题. 在命令行窗口中输入代码并运行，如代码 12.18 所示，以求解该多目标规划问题.

代码 12.18 用线性加权法求解多目标规划问题

```
1  >> % 首先, 设置参数
2  >> A = [3, 2, 4; -1, -1, -1];  b = [400; -150];
3  >> Aeq = [];  beq = [];
4  >> lb = [40; 50; 20];  ub = [];
5  >> f1 = [3; 2; 4]; f2 = [-1; -1; -1];
6  >> x0 = [50; 50; 50];
7  >> alpha = 0.5;
8  >> % 其次, 将双目标函数合并为单目标函数 (权重相等)
9  >> h2 = @(x)alpha*f1'*x + (1-alpha)*f2'*x;
10 >> % 最后, 求单目标函数的优化问题
11 >> h2x0 = fmincon(h2, x0, A, b, Aeq, beq, lb, ub)
12 h2x0 =
13    40.0000
14    90.0000
15    20.0000
```

从运行结果可以看到，A、B、C 3 种原料的最佳采购量分别为 40kg、90kg 和 20kg.

解法 3 用目标规划法求解. MATLAB 求解多目标规划问题的标准形式如下.

$$\min_{\boldsymbol{x}, \lambda} \lambda \tag{12.7}$$

$$\text{s.t.} \begin{cases} \boldsymbol{F}(\boldsymbol{x}) - \lambda \cdot \boldsymbol{w} \leqslant \boldsymbol{g}, \\ \boldsymbol{A} \cdot \boldsymbol{x} \leqslant \boldsymbol{b}, \\ \boldsymbol{Aeq} \cdot \boldsymbol{x} = \boldsymbol{beq}, \\ \boldsymbol{C}(\boldsymbol{x}) \leqslant \boldsymbol{0}, \\ \boldsymbol{Ceq}(\boldsymbol{x}) = \boldsymbol{0}, \\ \boldsymbol{lb} \leqslant \boldsymbol{x} \leqslant \boldsymbol{ub}. \end{cases} \tag{12.8}$$

其中，$\boldsymbol{F}(x) = [f_1(x), \cdots, f_n(x)]^{\mathrm{T}}$ 为目标函数向量，$\boldsymbol{g} = [g_1, \cdots, g_n]^{\mathrm{T}}$ 为目标函数想要达到的值，$\boldsymbol{w}$ 为权重向量，一般取为 $\boldsymbol{g}$ 的绝对值，其他参数与约束规划相同. MATLAB 提供了 fgoalattain 函数用于求解多目标规划问题，其调用方式如下.

```
x = fgoalattain(F, x0, g, w, A, b, Aeq, beq, lb, ub, nonlcon, options)
[x, fval, attainfactor, exitflag, output, lambda] = fgoalattain(···)
```

说明

（1）参数"F""x0""g""w"为必选项，其他为可选项.

（2）参数"F"为目标函数向量，"x0"为初始值，"g"为"F"中各函数的期望值，其大小与"F"相等，"w"为权重向量，一般取"w = abs(g)"，其他参数的详细说明请查阅帮助文档.

（3）"attainfactor"为目标达到因子，若为负数，表明目标函数值超过了目标值，若为正数，说明还未达到目标值.

用目标规划法求解例 12.13，如代码 12.19 和代码 12.20 所示.

代码 12.19　定义目标函数向量（文件名为 Eg_fun_12_13.m）

```
1  function f = Eg_fun_12_13(x)
2      f(1) = [3, 2, 4]*x;
3      f(2) = [-1, -1, -1]*x;
4  end
```

代码 12.20　用目标规划法法求解多目标规划问题

```
1  >> % 首先, 设置参数
2  >> A = [3, 2, 4; -1, -1, -1];  b = [400; -150];
3  >> Aeq = [];  beq = [];
4  >> lb = [40; 50; 20];  ub = [];
5  >> x0 = [50; 50; 50];
6  >> goal = [380; -160];
7  >> weight = abs(goal);        % 求 goal 的绝对值
8  % 然后, 用目标规划法求解多目标规划问题
9  >> [x,fval,attainfactor,exitflag] = fgoalattain('Eg_fun_12_13', x0
10                      goal, weight, A, b, Aeq, beq, lb, ub)
11 Local minimum possible.  Constraints satisfied.
12
13 fgoalattain stopped because the size of the current searchdirection is less
14  than twice the default value of the step sizetolerance and constraints are
15  satisfied to within the defaultvalue of the constraint tolerance.
16
17 <stopping criteria details>
18
19 x =
20     40.0000
21     95.4286
22     20.0000
23 fval =
24    390.8571 -155.4286
25 attainfactor =                  % 相当于 norm(fval - goal')/norm(goal)
```

```
26        0.0286
27  exitflag =
28        4
```

从运行结果可以看到，A、B、C 3 种原料的最佳采购量分别为 40kg、95.4286kg 和 20kg，此时的函数向量与目标向量之间的相对距离还差 2.86%.

12.5 最小二乘优化

最小二乘优化是一类非常特殊的优化，在曲线拟合、线性方程组近似求解等问题中较为常见. 最小二乘优化问题的目标函数一般为若干函数的平方和，即

$$\min_{\boldsymbol{x}} \boldsymbol{F}(\boldsymbol{x}) \triangleq \sum_{i=1}^{n} f_i^2(\boldsymbol{x}), \quad \boldsymbol{x} \in \mathbb{R}^n. \tag{12.9}$$

对于 (12.9) 式，有时也把 $\boldsymbol{F}(\boldsymbol{x})$ 当作向量函数，即 $\boldsymbol{F}(\boldsymbol{x}) = [f_1(\boldsymbol{x}), f_2(\boldsymbol{x}), \cdots, f_n(\boldsymbol{x})]^{\mathrm{T}}$，此时最小二乘优化还可以写成

$$\min_{\boldsymbol{x}} \frac{1}{2} \|\boldsymbol{F}(\boldsymbol{x})\|_2^2. \tag{12.10}$$

12.5.1 线性最小二乘优化

若 (12.9) 式或 (12.10) 式中的 $f_i(\boldsymbol{x})$ 是关于 $\boldsymbol{x}$ 的线性函数，则称这类问题为线性最小二乘优化问题. 事实上，这类问题相当于一个二次规划，但因为目标函数的特殊性，使它还有更加简单的解法. MATLAB 提供了 lsqlin 和 lsqnonneg 函数用于求解线性最小二乘优化问题.

1. lsqlin 函数

lsqin 函数用来求解含有线性约束的线性最小二乘优化问题，其数学模型如下.

$$\min_{\boldsymbol{x}} \frac{1}{2} \|\boldsymbol{C} \cdot \boldsymbol{x} - \boldsymbol{d}\|_2^2. \tag{12.11}$$

$$\text{s.t.} \begin{cases} \boldsymbol{A} \cdot \boldsymbol{x} \leqslant \boldsymbol{b}, \\ \boldsymbol{Aeq} \cdot \boldsymbol{x} = \boldsymbol{beq}, \\ \boldsymbol{lb} \leqslant \boldsymbol{x} \leqslant \boldsymbol{ub}. \end{cases} \tag{12.12}$$

lsqin 函数的调用方式如下.

```
x = lsqlin(C, d, A, b, Aeq, beq, lb, ub, x0, options)
[x, resnorm, residual, exitflag, output, lambda] = lsqlin(···)
```

说明：参数 "C" "d" "A" 和 "b" 为必选项，其他为可选项；resnorm 为最优解对应的残差向量的 2-范数的平方，即 resnorm$= \|\boldsymbol{C} \cdot \boldsymbol{x} - \boldsymbol{d}\|_2^2$；residual 为残差向量，即 residual$= \boldsymbol{C} \cdot \boldsymbol{x} - \boldsymbol{d}$. 其他参数的详细说明请查阅帮助文档.

例 12.14   求线性最小二乘优化问题 (12.11) 式和 (12.12) 式的最优解, 其中

$$C = \begin{bmatrix} 9.5 & 7.6 & 6.2 & 4.1 \\ 2.3 & 4.6 & 7.9 & 9.4 \\ 6.1 & 0.2 & 9.2 & 9.2 \end{bmatrix}, \quad d = \begin{bmatrix} 0.6 \\ 3.5 \\ 8.1 \end{bmatrix}, \quad A = \begin{bmatrix} 2.0 & 2.7 & 7.5 & 4.7 \\ 2.0 & 2.0 & 4.5 & 4.2 \end{bmatrix}, \quad b = \begin{bmatrix} 5.3 \\ 2.0 \end{bmatrix},$$

$$Aeq = \begin{bmatrix} 3 & 5 & 7 & 9 \end{bmatrix}, \quad beq = 4, \quad lb = -\begin{bmatrix} 0.1 & 0.1 & 0.1 & 0.1 \end{bmatrix}^{\mathrm{T}}, \quad ub = \begin{bmatrix} 2 & 2 & 2 & 2 \end{bmatrix}^{\mathrm{T}}.$$

解   在命令行窗口输入代码并运行, 如代码 12.21 所示, 以求解该线性最小二乘优化问题.

代码 12.21   用 lsqlin 函数求解含有线性约束的最小二乘优化问题

```
1  >> C = [9.5, 7.6, 6.2, 4.1; 2.3, 4.6, 7.9, 9.4; 6.1, 0.2, 9.2, 9.2];
2  >> d = [0.6; 3.5; 8.1];
3  >> A = [2.0, 2.7, 7.5, 4.7; 2.0, 2.0, 4.5, 4.2];
4  >> b = [5.3; 2.0];
5  >> Aeq = [3 5 7 9];   beq = 4;
6  >> lb = -0.1*ones(4, 1);   ub = 2*ones(4,1);
7  >> opts = optimoptions('lsqlin','Algorithm','interior-point',
8                         'Display','off');
9  >> x0 = [];
10 >> [x,resnorm,residual,exitflag]=lsqlin(C,d,A,b,Aeq,beq,lb,ub,x0,opts)
11 x =
12      0.0299
13     -0.1000
14      0.0665
15      0.4383
16 resnorm =
17     12.6995
18 residual =
19      1.1335
20      0.7543
21     -3.2933
22 exitflag =
23      1
```

从运行结果可以看出, 最优解为 $x^* = [0.029\ 9, -0.100\ 0, 0.066\ 5, 0.438\ 3]^{\mathrm{T}}$, 此时目标函数的值为 $12.699\ 5 \div 2 = 6.349\ 7$.

2. lsqnonneg 函数

lsqnonneg 函数用来求解含非负约束的线性最小二乘优化问题, 其数学模型为

$$\min_{x} \frac{1}{2}\|C \cdot x - d\|_2^2, \quad \text{s.t. } x \geqslant 0. \tag{12.13}$$

该函数的调用方式如下.

```
x = lsqnonneg(C, d, options)
[x, resnorm, residual, exitflag, output, lambda] = lsqnonneg(···)
```

说明：参数"C"和"d"是必选项，其他为可选项. 各参数的详细说明请查阅帮助文档.

例 12.15 求含非负约束的线性最小二乘优化问题 (12.13) 式的最优解，其中 C 和 d 同例 12.14.

解 在命令行窗口输入代码并运行，如代码 12.22 所示，以求解该含非负约束的线性最小二乘优化问题.

代码 12.22 用 lsqnonneg 函数求解含非负约束的线性最小二乘优化问题

```
1  >> C = [9.5, 7.6, 6.2, 4.1; 2.3, 4.6, 7.9, 9.4; 6.1, 0.2, 9.2, 9.2];
2  >> d = [0.6; 3.5; 8.1];
3  >> x = lsqnonneg(C, d)
4  x =
5          0
6          0
7          0
8     0.5789
```

请读者自己分析运行结果.

12.5.2 非线性最小二乘优化

如果 (12.9) 式或 (12.10) 式中的 $f_i(x)$ 不是 x 的线性函数，则这种问题为非线性最小二乘优化问题. 其数学模型为

$$\min_{x} \frac{1}{2}\|F(x)\|_2^2, \quad \text{s.t.} \ lb \leqslant x \leqslant ub. \tag{12.14}$$

MATLAB 提供了 lsqnonlin 函数用于求解非线性最小二乘优化问题. 其调用方式如下.

```
x = lsqnonlin(F, x0, lb, ub, options)
[x,resnorm,residual,exitflag,output,lambda,jacobian]=lsqnonlin(···)
```

说明：参数"F"和"x0"是必选项，其他为可选项，"jacobian"为最优解处的雅克比矩阵，其第 i 行、第 j 列元素为 $f_i(x)$ 关于 x_j 的偏导数在最优解处的函数值. 其他参数的详细说明请查阅帮助文档.

例 12.16 给定平面上的点集 $\{(1.5, 428.6), (19.8, 67.3), (28.2, 28.1), (60.3, -0.4), (81.3, -1.5)\}$ 和一个简单指数衰减（Exponential Decay）模型 $f(x) = a \cdot e^{bx}$. 请计算最佳参数 a 和 b，使给定点到曲线 $f(x)$ 的距离最小.

解 设点集为 $\{(x_i, y_i)|i = 1, 2, \cdots, 5\}$，建立函数 $f_i(a, b) = y_i - f(x_i)$，则原问题就是要确定最佳参数 a 和 b，使 $\|F(a,b)\|_2^2 = f_1^2(a,b) + f_2^2(a,b) + \cdots + f_5^2(a,b)$ 最小.

在命令行窗口输入代码并运行,如代码 12.23 所示,以求解该非线性最小二乘优化问题.

代码 12.23 用 lsqnonlin 函数求解非线性最小二乘优化问题

```
1  >> xdata = [1.5    19.8  28.2   60.3    81.3];
2  >> ydata = [428.6  67.3  28.1   -0.4    -1.5];
3  >> F = @(x)x(1)*exp(x(2)*xdata) - ydata; % x(1) 和 x(2) 分别表示 a 和 b
4  >> x0 = [100, -1];                        % 初始值
5  >> x = lsqnonlin(F, x0)
6  x =
7    499.0885    -0.1015
8  >> plot(xdata, ydata, 'ko');              % 绘制数据点
9  >> hold on
10 >> t = linspace(xdata(1), xdata(end));
11 >> plot(t, x(1)*exp(x(2)*t), 'b-');       % 绘制最佳拟合曲线
12 >> xlabel('xdata')
13 >> ylabel('ydata')
14 >> title('拟合效果图')
15 >> legend('数据点', '最佳拟合曲线')
16 >> grid on
```

由运行结果可以看出,参数 a 和 b 分别取 499.088 5 和 -0.101 5 时拟合效果最佳,如图 12.2 所示.

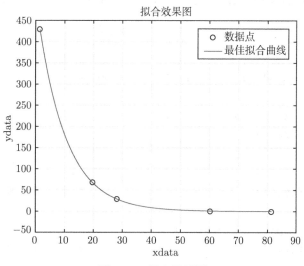

图 12.2 拟合效果图

第13章 常微分方程（组）

本章介绍用 MATLAB 求解常微分方程（组）的一般方法. 需要说明的是, 能求出解析解的常微分方程（组）是非常有限的. 因此, 人们常常用 MATLAB 求常微分方程（组）的满足一定精度要求的数值解.

13.1 常微分方程（组）的符号求解

在 MATLAB 中, 我们用 dsolve 函数求常微分方程（组）含初值条件和不含初值条件的解析解. 其调用方式如下.

```
dsolve(Eqns, Conds, v)      % 返回微分方程（组）Eqns 关于变量 v 的、
                            % 初值条件为 Conds 的解析解
```

说明

（1）Eqns 为必选项, 符号函数, 表示待求解的微分方程（组）.

（2）Conds 为可选项, 表示初值条件.

（3）v 为可选项, 默认为符号函数 Eqns 中的自变量.

微课: 常微分方程
（组）的符号求解

例 13.1 用 dsolve 函数求解 $y'' - y' = e^x$, 并验证解的正确性.

解 在命令行窗口输入代码并运行, 如代码 13.1 所示, 以求解该常微分方程.

代码 13.1 求解常微分方程

```
1  >> syms f(x);                          % 定义符号函数
2  >> y = dsolve(diff(f,2) - diff(f) == exp(x))
3  y =
4  C2*exp(x) + exp(x)*(x + C1*exp(-x))
5  >> y = simplify(y)                      % 化简
6  y =
7  C1 + C2*exp(x) + x*exp(x)
8  >> Y1 = diff(y, 1)                      % 求 y 的一阶导数
9  Y1 =
10 exp(x) + C2*exp(x) + x*exp(x)
11 >> Y2 = diff(y, 2)                      % 求 y 的二阶导数
12 Y2 =
13 2*exp(x) + C2*exp(x) + x*exp(x)
14 >> Y2 - Y1                              % 验证
15 ans =
16 exp(x)
```

说明：在以前的 MATLAB 中，代码 13.1 中的第 2 行还可以写成"y = dsolve('D2y - D1y = exp(x)', 'x')"，其中"D2y"和"D1y"分别表示 y 对 x 的二阶和一阶导数. 但是，在今后的 MATLAB 版本中，这种用法将被淘汰.

例 13.2 在例 13.1 中加入初值条件 $y(0) = 1$ 和 $y'(0) = 0$ 再求解.

解 在命令行窗口输入代码并运行，如代码 13.2 所示，以求解加入初值条件后的常微分方程.

代码 13.2 求解含初值条件的常微分方程

```
1  >> syms f(x);                              % 定义符号函数
2  >> eqn   = diff(f,2) - diff(f) == exp(x);  % 定义微分方程
3  >> d1f   = diff(f,1);
4  >> conds = [f(0) == 1, d1f(0) == 0];       % 定义初值条件
5  >> y = dsolve(eqn, conds)                  % 求解带初值条件的常微分方程
6  y =
7  x*exp(x) - exp(x) + 2
```

例 13.3 求常微分方程组 $\begin{cases} u'(x) = u(x) + v(x), \\ v'(x) = u(x) - v(x) \end{cases}$ 在初值条件为 $u(0) = 1$ 和 $v(0) = 2$ 时的解 $u(x)$ 与 $v(x)$.

解 在命令行窗口输入代码并运行，如代码 13.3 所示，以求解该常微分方程组.

代码 13.3 求解含初值条件的常微分方程组

```
1  >> syms u(x) v(x);
2  >> eqns  = [diff(u) == u + v,  diff(v) == u - v];  % 定义常微分方程组
3  >> conds = [u(0) == 1,  v(0) == 2];                % 定义初值条件
4  >> [u, v] = dsolve(eqns, conds)
5  u =
6  - exp(2^(1/2)*x)*(2^(1/2)/4 - 1)*(2^(1/2) + 1) - …
7  (2^(1/2)*exp(-2^(1/2)*x)*(2*2^(1/2) + 1)*(2^(1/2) - 1))/4
8  v =
9  (2^(1/2)*exp(-2^(1/2)*x)*(2*2^(1/2) + 1))/4 - …
10 exp(2^(1/2)*x)*(2^(1/2)/4 - 1)
```

13.2 常微分方程（组）的数值解

实际上很多微分方程（组）是不能求出解析解的，本节给出求常微分方程（组）数值解的一般方法.

13.2.1 解题步骤

根据实际问题，我们先列出需要求解的常微分方程

微课：常微分方程（组）的数值解

$$\begin{cases} F[t, y, y', y'', \cdots, y^{(n-1)}, y^{(n)}] = 0, \\ y(t_0) = y_0, y'(t_0) = y_1, \cdots, y^{(n-1)}(t_0) = y_{n-1}. \end{cases} \tag{13.1}$$

其中，t 是自变量，t_0 是初值点，$y_0, y_1, y_2, \cdots, y_{n-1}$ 为函数 $y = y(t)$ 在 t_0 点的零阶、一阶、二阶直至 $n-1$ 阶的导数值（即初值）.

在 (13.1) 式中，若 $F[t, y, y', y'', \cdots, y^{(n-1)}, y^{(n)}] = 0$ 可以写成 $y^{(n)} = F_1[t, y, y', y'', \cdots, y^{(n-1)}]$ 形式，则称该微分方程是**显式的**；否则，称之为**隐式的**. 在 MATLAB 中，求解显式常微分方程数值解和求解隐式常微分方程数值解的步骤是一样的，但是调用的函数不同，后面会通过例题来说明这一点.

一般而言，如果函数 $y = y(t)$ 的解析式很难求出，那么我们可以用数值解法来求常微分方程（组）的解，即给出自变量 t 的一些取值 $\{t_i\}_{i=1}^{k}$，求出在这些点处的近似函数值 $\{y(t_i)\}_{i=1}^{k}$，然后通过描点法"画"出 $y = y(t)$ 的曲线. 接下来，我们给出用 MATLAB 求解常微分方程数值解的一般步骤.

步骤 1：令

$$\boldsymbol{Z} = \left[y, y', y'', \cdots, y^{(n-1)}\right]^{\mathrm{T}}, \tag{13.2}$$

则

$$\boldsymbol{Z}' = \left[y', y'', y''', \cdots, y^{(n)}\right]^{\mathrm{T}}. \tag{13.3}$$

下面分两种情况讨论.

（1）若 (13.1) 式中的 $y^{(n)}$ 可以写成如下的线性形式

$$y^{(n)} = a_0 y + a_1 y' + a_2 y'' + \cdots + a_{n-2} y^{(n-2)} + a_{n-1} y^{(n-1)} + g(t), \tag{13.4}$$

则 $\boldsymbol{Z}'$ 可以重写成

$$\boldsymbol{Z}' = f(t, z) = \boldsymbol{A}\boldsymbol{Z} + \boldsymbol{G}(t), \tag{13.5}$$

其中，

$$\boldsymbol{A} = \begin{bmatrix} 0 & 1 & 0 & \cdots & 0 & 0 \\ 0 & 0 & 1 & \cdots & 0 & 0 \\ \vdots & \vdots & \vdots & \ddots & \vdots & \vdots \\ 0 & 0 & 0 & \cdots & 1 & 0 \\ 0 & 0 & 0 & \cdots & 0 & 1 \\ a_0 & a_1 & a_2 & \cdots & a_{n-2} & a_{n-1} \end{bmatrix}_{n \times n}, \quad \boldsymbol{G}(t) = \begin{bmatrix} 0 \\ 0 \\ \vdots \\ 0 \\ 0 \\ g(t) \end{bmatrix}_{n \times 1}. \tag{13.6}$$

编写以下形式的 M 函数文件.

```
1  function dZ = fname(t, Z) % Z 为列向量
2      % 第 1 步：定义 A，读者自己完成
3      % 第 2 步：定义 G，读者自己完成
4      dZ = A*Z + G; % 第 3 步
5  end
```

（2）若（13.1）式中的 $y^{(n)}$ 不能写成（13.4）式的线性形式，则按以下方式编写 M 函数文件.

```
1  function dZ = fname(t, Z) % Z 为列向量
2      % 第 1 步: 根据 (13.1) 式定义 yn
3      % 其中 y 为 Z(1), y' 为 Z(2), 以此类推. (读者完成)
4      % 第 2 步: 定义 dZ
5      dZ = [Z(2:end); yn];
6  end
```

不难发现, 第一种情况是第二种情况的一个特例. 因此, 第一种情况也可以按第二种情况来编写 M 函数文件.

步骤 2: 确定求解范围. 常见的范围设置方式有以下 2 种, 可以根据实际情况选择其中一个.

```
1  tspan = [t0, T];        % (1) 区间形式, MATLAB 默认取点
2  tspan = t0 : dt : T;    % (2) 向量形式, 按向量中的点, dt 为增量
```

其中, t0 是待求方程的初值点, T 可以大于 t0, 也可以小于 t0.

步骤 3: 求解并输出结果. 一般按以下 4 步进行求解并输出结果.

```
1  Y0 = [y0, y1, …, yn_1];    % (1) 设置初值, 其中 yi 为初值, 详见 (13.1)式
2  [t, y] = solver('fname', tspan, Y0); % (2) 求解, solver 是一个公式化的名字
3  disp([t, y(:, 1)]); % (3) 输出结果: 第一列为自变量取值, 第二列为对应的数值解
4  plot(t, y(:, 1));    % (4) 绘制图形: 画出 y = y(t) 的曲线
```

说明: 步骤 3 中的第 2 行代码会返回一个列向量 t 和一个矩阵 y. 其中, t 是自变量在 "tspan" 上的取值, y 的第 1 列 [即 "y(:, 1)"] 为与 t 对应的函数值, 第 2 列 [即 "y(:, 2)"] 为与 t 对应的一阶导数值, 第 3 列 [即 y(:, 3)] 为与 t 对应的二阶导数值, 以此类推, 直到 $n - 1$ 阶导数值. 因此, 在第 3 步中, 我们用 "y(:, 1)" 表示取自变量 t 处的函数值. 读者可以根据需要输出或画出函数的其他阶导数值.

13.2.2 求常微分方程（组）数值解的系列函数

在上一节步骤 3 的第 2 行代码里有一个 solver 函数. 注意, 这不是一个真正的 MATLAB 函数, 而是一个公式化的名字, 其包含了一系列以 ode 开头的函数, 分别介绍如下.

（1）ode45 函数: 高阶（4~5）的显式单步龙格 - 库塔法求解常微分方程.

（2）ode23 函数: 低阶（2~3）的显式单步龙格 - 库塔法求解常微分方程.

（3）ode113 函数: 可变阶（1~13）的多步 Adams-Bsahforth-Moulton PECE 法求解常微分方程组.

（4）ode15s 函数: 可变阶（1~5）的隐式多步法求解常微分方程组.

（5）ode15i 函数: 可变阶（1~5）的隐式法求解常微分方程组.

（6）ode23s 函数: 修正的隐式单步 Rosenbrock 二步法求解微分方程组.

（7）ode23t 函数: 低阶的梯形法求解微分方程.

（8）ode23tb 函数: 低阶梯形法求解刚性微分方程.

上述函数中, 除 ode15i 外, 其他函数的调用方式如下.

```
1  [t, Y] = solver(odeFuncName, tspan, Y0);
2  [t, Y] = solver(odeFuncName, tspan, Y0, options);
3  [t, Y, TE, YE, IE] = solver(odeFuncName, tspan, Y0, options);
4  sol = solver(odeFuncName, tspan, Y0);
5  sol = solver(odeFuncName, tspan, Y0, options);
```

其中，"t" 为由变量的取值点构成的向量；"Y" 为对应的数值解；"TE" 为一个时间序列；"YE" 为解决时间序列的算法；"IE" 为输出变量序列；"sol" 为一个结构体，用来评估解决方案；"solver" 是求解微分方程的 MATLAB 函数；"odeFuncName" 为待求的微分方程（组）函数，既可以用 M 函数文件定义，又可以用 "inline" 定义（内联函数）；"tspan" 为自变量 "t" 的求解区间；"Y0" 为初值条件；"options" 为求解过程中的控制参数，用函数 odeset 来定义（后面讲）.

ode15i 函数的调用方式如下.

```
1  [t, Y] = ode15i(odeFuncName, tspan, Y0, YP0);
2  [t, Y] = ode15i(odeFuncName, tspan, Y0, YP0, options);
3  [t, Y, TE, YE, IE] = ode15i(odeFuncName, tspan, Y0, YP0, options);
4  sol = ode15i(odeFuncName, tspan, Y0, YP0);
5  sol = ode15i(odeFuncName, tspan, Y0, YP0, options);
```

其中，参数 "YP0" 为导数 y' 的初值条件，其他参数的含义同上.

接下来，我们介绍设置 "options" 的 odeset 函数. 该函数的调用方式如下.

options = **odeset**('name1', value1, 'name2', value2, …);

其中，"options" 是一个结构体，其中包含了求解过程中的控制参数；"name1" 和 "name2" 等为属性名，"value1" 和 "value2" 等为属性名对应的取值. 属性名称及其含义可以通过 MATLAB 的帮助命令 "help odeset" 进行查阅. 这些属性都有默认值，也就是说，如果用户没有设置某参数，则 MATLAB 会使用该参数的默认值来参与运算. 本书后面将通过一个例子来说明该函数的使用方法.

例 13.4 求微分方程 $y'' + 5y - \sin 5t = 0$ 在区间 $[0,6]$ 上的解，初值条件为 $y(0) = 1.2$, $y'(0) = 0$.

解 按前面提到的步骤来求解.

步骤 1：令

$$\boldsymbol{Z} = \begin{bmatrix} y & y' \end{bmatrix}^{\mathrm{T}}, \tag{13.7}$$

则

$$\boldsymbol{Z}' = \begin{bmatrix} y' & y'' \end{bmatrix}^{\mathrm{T}}. \tag{13.8}$$

由于 $y'' = -5y + \sin 5t$，则 $\boldsymbol{Z}'$ 可以重写成 $\boldsymbol{Z}' = f(t,z) = \boldsymbol{AZ} + \boldsymbol{G}(t)$ 的形式. 其中，

$$\boldsymbol{A} = \begin{bmatrix} 0 & 1 \\ -5 & 0 \end{bmatrix}, \quad \boldsymbol{G}(t) = \begin{bmatrix} 0 \\ \sin 5t \end{bmatrix}. \tag{13.9}$$

接下来，编写 M 函数文件，如代码 13.4 所示.

代码 13.4　编写 M 函数文件（文件名为 Eg_fun_13_04.m）

```
1  function dZ = Eg_fun_13_04(t, Z) % Z 被看作列向量
2     A = [0 1; -5 0];      % 第 1 步: 定义 A
3     G = [0; sin(5*t)];    % 第 2 步: 定义 G
4     dZ = A*Z + G;         % 第 3 步: 定义 dZ
5  end
```

合并**步骤 2** 和**步骤 3**: 编写代码 13.5.

代码 13.5　对例 13.4 进行求解

```
1   >> % 步骤 2: 设定自变量的范围
2   >> tspan = [0, 6];
3   >> % 步骤 3: 求解
4   >> Y0 = [1.2, 0];                       % 设定初值
5   >> [t, y] = ode45(@Eg_fun_13_04, tspan, Y0);   % 用 ode45 函数求解
6   >> plot(t, y(:,1), 'r-');               % 绘制函数 y = y(t), 如图 13.1 所示
7   >> hold on;
8   >> plot(t, y(:,2), 'b--');              % 绘制导函数 y = y'(t), 如图 13.1 所示
9   >> legend('y = y(t)', 'y = y''(t)', 'Location', 'SE');
10  >> grid on;
11  >> xlabel('t'), ylabel('y(t)');
12  >> disp([t, y(:, 1)])                   % 输出解 (略)
```

上述代码的第 9 行中, 第二个 "y" 的后面有两个单引号, 但在实际输出时只输出一个. 这是因为当字符串中包含单引号时, 需用两个单引号表示一个单引号. 否则, 如果只输入一个单引号, 则该单引号会与字符串的左边界符结合, 导致字符串的最右边的边界符无法匹配, 从而产生错误.

例 13.5　求微分方程 $x^2 y'' - xy' - \left(x^2 - \dfrac{1}{2}\right) y + \mathrm{e}^x = 0$ 在区间 $\left[\dfrac{\pi}{2}, \pi\right]$ 上的解, 已知初值条件为 $y\left(\dfrac{\pi}{2}\right) = 2, y'\left(\dfrac{\pi}{2}\right) = -\dfrac{2}{\pi}$.

解　首先, 编写 M 函数文件, 如代码 13.6 所示.

代码 13.6　编写 M 函数文件（文件名为 Eg_fun_13_05.m）

```
1  function dZ = Eg_fun_13_05(x, Z)            % 按第二种方法定义 M 函数文件
2     dZ = zeros(2,1);
3     dZ(1) = Z(2);
4     dZ(2) = (x*Z(2) + (x^2-1/2)*Z(1) - exp(x))/x^2;
5  end
```

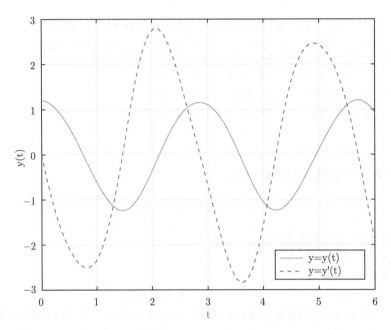

图 13.1　用 ode45 函数求解例 13.4 的效果图

其次，在 MATLAB 的命令行窗口输入代码 13.7.

代码 13.7　对例 13.5 进行求解

```
1  >> xspan = pi/2: 0.01: pi;                % 设定自变量的取值范围
2  >> y0 = [2 -2/pi];                         % 设定初值
3  >> [x, y] = ode113(@Eg_fun_13_05, xspan, y0); % 用 ode113 函数求解
4  >> plot(x, y(:,1), 'r-');                  % 绘制函数曲线，如图 13.2 所示
5  >> hold on
6  >> plot(x, y(:,2), 'b--');                 % 绘制导函数曲线，如图 13.2 所示
7  >> grid on
8  >> xlabel('\it x');
9  >> legend('y(x)', 'y''(x)');
```

例 13.6　求下面微分方程组在区间 $[0, 12]$ 上的解，初值条件为 $y_1(0) = 0$，$y_2(0) = 1$，$y_3(0) = 1$.

微课：常微分
方程组的数值解

$$\begin{cases} y_1' = y_2 y_3, \\ y_2' = -y_1 y_3, \\ y_3' = -0.5 y_1 y_2. \end{cases}$$

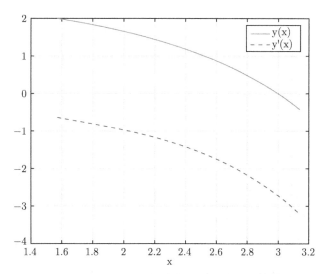

图 13.2　用 ode113 函数求解例 13.5 的效果图

解　首先，编写 M 函数文件，并输入代码 13.8.

代码 13.8　编写 M 函数文件（文件名为 Eg_fun_13_06.m）

```
1  function dZ = Eg_fun_13_06(t, Z) % Z 为列向量, t 为自变量
2      dZ = zeros(3, 1);
3      dZ(1) = Z(2)*Z(3);
4      dZ(2) = -Z(1)*Z(3);
5      dZ(3) = -0.5*Z(1)*Z(2);
6  end
```

其次，在 MATLAB 的命令行窗口输入代码 13.9.

代码 13.9　对例 13.6 进行求解

```
1  >> tspan = [0, 12];
2  >> y0 = [0 1 1];
3  >> options = odeset('RelTol', 1e-4, 'AbsTol', [1e-5 1e-5 1e-5]); % 设置误差
4  >> [t,y] = ode23(@Eg_fun_13_06, tspan, y0, options);
5  >> plot(t, y(:,1), 'r-');
6  >> hold on
7  >> plot(t, y(:,2), 'b--');
8  >> plot(t, y(:,3), 'k-.');
9  >> grid on
10 >> legend('y_1(t) 的曲线', 'y_2(t)的曲线','y_3(t) 的曲线,'Location','SW')
11 >> xlabel('\it t');
```

运行结果如图 13.3 所示.

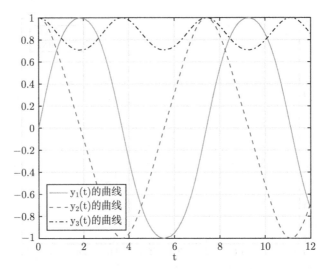

图 13.3　用 ode23 函数求解例 13.6 的效果图

例 13.7　求下面的隐式微分方程组在区间 $[0,12]$ 上的解，已知初值条件为 $x_1(0) = 1$，$x_2(0) = -1$.

$$\begin{cases} \dot{x}_1 \sin x_1 + \dot{x}_2 \cos x_2 + 2x_1 - 1 = 0, \\ -\dot{x}_1 \cos x_2 + \dot{x}_2 \sin x_1 + 3x_2 + t = 0. \end{cases}$$

微课：隐式常微分方程组的数值解

解　首先，将初值 $t = 0$ 代入微分方程组，得

$$\begin{cases} \dot{x}_1(0) \sin x_1(0) + \dot{x}_2(0) \cos x_2(0) + 2x_1(0) - 1 = 0, \\ -\dot{x}_1(0) \cos x_2(0) + \dot{x}_2(0) \sin x_1(0) + 3x_2(0) = 0. \end{cases}$$

再代入题目给定的初值条件，并移项，得

$$\begin{cases} \sin(1)\dot{x}_1(0) + \cos(-1)\dot{x}_2(0) = -1, \\ -\cos(-1)\dot{x}_1(0) + \sin(1)\dot{x}_2(0) = 3. \end{cases} \tag{13.10}$$

上述方程组是一个线性方程组，可以用线性代数知识解出 $\dot{x}_1(0)$ 和 $\dot{x}_2(0)$. 如果不是线性方程组，可以用 MATLAB 的 fsolve 函数来求解.

然后，编写 M 函数文件，输入代码 13.10.

代码 13.10　编写 M 函数文件（文件名为 Eg_fun_13_07.m）

```
1  function eqsx = Eg_fun_13_07(t, x, dx)
2  % 注意: 此函数多了一个参数 dx, 用来表示 x 的导数
3     eqsx = [ dx(1)*sin(x(1)) + dx(2)*cos(x(2)) + 2*x(1) - 1;
4              -dx(1)*cos(x(2)) + dx(2)*sin(x(1)) + 3*x(2) + t];
5  end
```

最后，在 MATLAB 的命令行窗口输入代码 13.11，运行结果如图 13.4 所示.

代码 13.11　对例 13.7 进行求解

```
1  >> tspan = [0, 12];
2  >> x0 = [1 -1];
3  >> A = [sin(1) cos(-1); -cos(-1) sin(1)];  % 方程组 [(13.10)式]的系数矩阵
4  >> b = [-1; 3];                            % 方程组 [(13.10)式]的常数项
5  >> dx0 = A\b;                              % 求解方程组 [(13.10)式]
6  >> [t, x] = ode15i(@Eg_fun_13_07, tspan, x0, dx0);
7  >> plot(t, x(:,1), 'r-', t, x(:,2), 'b--');
8  >> grid on
9  >> xlabel('\it x');
10 >> legend('x_1(t)', 'x_2(t)', 'Location', 'SouthWest');
```

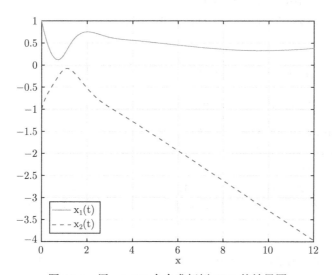

图 13.4　用 ode15i 命令求解例 13.7 的效果图

例 13.8　求下面的隐式微分方程组在区间 $[0, 0.5]$ 上的解，已知初值条件为 $x(0) = 1.5$，$\dot{x}(0) = -0.1$，$y(0) = 0.2$，$\dot{y}(0) = 1.2$.

$$\begin{cases} \ddot{x}\sin\dot{y} + \sin\ddot{y} + 2xy = 0, \\ x\dot{x}\ddot{y} + \cos\ddot{x} - 3\dot{x}y = 0. \end{cases}$$

解　首先，引入新符号：$x_1 = x$，$x_2 = \dot{x}\ (= \dot{x}_1)$，$x_3 = y$，$x_4 = \dot{y}\ (= \dot{x}_3)$，则初值变为 $x_1(0) = 1.5$，$x_2(0) = -0.1$，$x_3(0) = 0.2$，$x_4(0) = 1.2$，微分方程组变为

$$\begin{cases} \dot{x}_1 - x_2 = 0, \\ \dot{x}_3 - x_4 = 0, \\ \dot{x}_2 \sin x_4 + \sin \dot{x}_4 + 2x_1 x_3 = 0, \\ x_1 x_2 \dot{x}_4 + \cos \dot{x}_2 - 3x_2 x_3 = 0. \end{cases}$$

代入初值条件，得

$$\begin{cases} \dot{x}_1(0) + 0.1 = 0, \\ \dot{x}_3(0) - 1.2 = 0, \\ \dot{x}_2(0)\sin(1.2) + \sin\dot{x}_4(0) + 0.6 = 0, \\ -0.15\dot{x}_4(0) + \cos\dot{x}_2(0) + 0.06 = 0. \end{cases}$$

该方程组是一个非线性方程组，可以用 fsolve 函数求出 $\dot{x}_1(0)$，$\dot{x}_2(0)$，$\dot{x}_3(0)$，$\dot{x}_4(0)$. 为此，编写 M 函数文件，并输入代码 13.12.

代码 13.12　编写 M 函数文件（文件名为 Eg_root_13_08.m）

```
1  function F = Eg_root_13_08(dx)
2    F = [dx(1) + 0.1;
3         dx(3) - 1.2;
4         dx(2)*sin(1.2)+sin(dx(4)) + 0.6;
5         -0.15*dx(4)+cos(dx(2)) + 0.06];
6  end
```

然后，编写 M 函数文件，并输入代码 13.13.

代码 13.13　编写 M 函数文件（文件名为 Eg_fun_13_08.m）

```
1  function eqsx = Eg_fun_13_08(t, x, dx)
2    eqsx = [dx(1) - x(2);
3           dx(3) - x(4);
4           dx(2)*sin(x(4)) + sin(dx(4)) + 2*x(1)*x(3);
5           x(1)*x(2)*dx(4) + cos(dx(2)) - 3*x(2)*x(3)];
6  end
```

最后，在 MATLAB 的命令行窗口输入代码 13.14，运行结果如图 13.5 所示.

代码 13.14　对例 13.8 进行求解

```
1  >> tspan = [0, 0.5];
2  >> x0 = [1.5 -0.1 0.2 1.2];
3  >> dx0 = fsolve(@Eg_root_13_08, [0 0 0 0]);
4  >> [t, x] = ode15i(@Eg_fun_13_08, tspan, x0', dx0');
5  >> plot(t, x(:,1), 'rp-');
6  >> hold on
7  >> plot(t, x(:,2), 'bx-');
8  >> plot(t, x(:,3), 'md-');
9  >> plot(t, x(:,4), 'ko-');
10 >> grid on
11 >> xlabel('\it t');
12 >> legend('x_1(t)', 'x_2(t)', 'x_3(t)', 'x_4(t)', 'Location', 'SW');
```

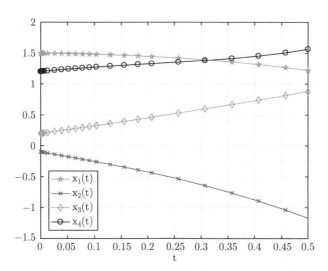

图 13.5　用 ode15i 函数求解例 13.8 的效果图

例 13.9　求洛伦兹（Lorenz）方程当 $\rho = 10$，$r = 25$，$b = \dfrac{8}{3}$ 时在区间 $[0, 80]$ 上的解，已知初值条件分别为 L_1：$x_1(0) = 0.10$，$x_2(0) = 0.01$，$x_3(0) = 0.02$ 和 L_2：$x_1(0) = 0.11$，$x_2(0) = 0.02$，$x_3(0) = 0.03$.

$$\begin{cases} \dot{x}_1 = \rho(-x_1 + x_2); \\ \dot{x}_2 = r * x_1 - x_2 - x_1 x_3; \\ \dot{x}_3 = x_1 x_2 - b * x_3. \end{cases}$$

解　首先，编写 M 函数文件，并输入代码 13.15.

代码 13.15　编写 M 函数文件（文件名为 Eg_fun_13_09.m）

```
1  function dx = Eg_fun_13_09(t, x)
2      global p r b        % 声明 p、r、b 为全局变量
3      dx = [p*(-x(1) + x(2));
4            r*x(1) - x(2) - x(1)*x(3);
5            x(1)*x(2) - b*x(3)];
6  end
```

然后，在 MATLAB 的命令行窗口输入代码 13.16，运行结果如图 13.6 所示.

代码 13.16　对例 13.9 进行求解

```
1  >> global p r b              % 声明 p、r、b 为全局变量
2  >> p = 10;
3  >> r = 25;
4  >> b = 8/3;
5  >> tspan = [0, 80];
6  >> [t, x1] = ode45(@Eg_fun_13_09, tspan, [0.10, 0.01, 0.02]);
```

```
 7  >> [t, x2] = ode45(@Eg_fun_13_09, tspan, [0.11, 0.02, 0.03]);
 8  >> plot3(x1(:,3), x1(:,1), x1(:,2), 'r-');
 9  >> hold on
10  >> plot3(x2(:,3), x2(:,1), x2(:,2), 'b-');
11  >> grid on
12  >> xlabel('x_3(t)'); ylabel('x_1(t)'); zlabel('x_2(t)')
13  >> legend('初值: [0.10, 0.01, 0.02]', '初值: [0.11, 0.02, 0.03]'…,
14             'Location', 'NW')
```

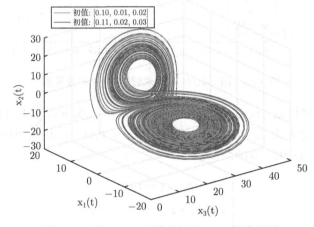

图 13.6　用 ode45 函数求解例 13.9 的效果图

第3部分　MATLAB在线性代数中的应用

第 14 章　矩阵的生成及运算

矩阵是 MATLAB 的主要处理对象，可分为数值矩阵和符号矩阵. 关于这两种矩阵的生成及基本计算在第 3 章和第 5 章介绍过. 作为这两章的补充，本章再引入矩阵的一些新的生成方法和相关运算.

14.1　矩阵的生成

常见的矩阵生成方法有 4 种: 直接输入、通过矩阵编辑器输入、由函数自动生成和外部文件导入，具体方法见 3.1.1 小节. 其中，由函数自动生成的方法主要有冒号法、linspace 法、特殊函数生成法（包括零矩阵、幺矩阵、单位阵、魔方阵等），本节在此基础上再引入几种新的自动生成矩阵的方法.

微课：矩阵的生成

1. 用 logspace 函数生成等比例排列的向量

用函数 logspace 能够生成以 10 为底数的等比数列构成的向量，使用方法与 linspace 函数类似，即 logspace (起始值, 终止值, 元素数目). 与 linspace 函数不同的是，如果不写第三个参数，则默认生成 50 个元素. 示例如下.

```
1  >> a1 = linspace(1, 2, 5)    % 生成等差数列
2  a1 =
3      1.0000    1.2500    1.5000    1.7500    2.0000
4  >> b1 = 10.^a1               % 用阵列运算生成等比数列
5  b1 =
6     10.0000   17.7828   31.6228   56.2341  100.0000
7  >> b2 = logspace(1, 2, 5)    % 直接生成等比数列
8  b2 =
9     10.0000   17.7828   31.6228   56.2341  100.0000
```

2. 用 diag 函数生成对角矩阵或提取矩阵的对角元素向量

在 MATLAB 中，可以用 diag 函数生成对角矩阵或提取矩阵的对角元素向量，示例如下.

```
1  >> v = [1 2 3];
2  >> A = diag(v)                % 用向量生成对角阵
3  A =
4       1      0      0
5       0      2      0
6       0      0      3
7  >> B = rand(3)                % 生成 3 阶随机矩阵
8  B =
9       0.8147    0.9134    0.2785
10      0.9058    0.6324    0.5469
11      0.1270    0.0975    0.9575
12  >> u0 = diag(B)              % 提取矩阵主对角线元素
13  u0 =
14      0.8147
15      0.6324
16      0.9575
17  >> u1 = diag(B, 1)          % 提取矩阵次对角线（主对角线往上第 1 行）元素
18  u1 =
19      0.9134
20      0.5469
21  >> u2 = diag(B, 2)          % 提取矩阵主对角线往上第 2 行元素
22  u2 =
23      0.2785
24  >> v1 = diag(B, -1)         % 提取矩阵主对角线往下第 1 行元素
25  v1 =
26      0.9058
27      0.0975
28  >> u3 = diag(B, 3)          % 提取矩阵主对角线往上第 3 行元素，结果为空
29  u3 =
30      空的 0×1 double 列矢量
```

3. 用 vander 函数生成范德蒙矩阵

在 MATLAB 中，可以用 vander 函数生成范德蒙矩阵，示例如下.

```
1  >> v0 = [1 3 5];
2  >> V = vander(v0)
3  V =
4       1      1      1
5       9      3      1
6      25      5      1
```

4. 用 tril 和 triu 函数提取矩阵的下三角元素和上三角元素

在 MATLAB 中，可以用 tril 函数和 triu 函数提取矩阵的下三角元素和上三角元素.

```
 1  >> M = randn(3)                    % 生成 3 阶服从标准正态分布的随机数矩阵
 2  M =
 3      0.5377      0.8622     -0.4336
 4      1.8339      0.3188      0.3426
 5     -2.2588     -1.3077      3.5784
 6  >> ML = tril(M)                    % 提取下三角元素, 主对角线以上的元素全为 0
 7  ML =
 8      0.5377           0           0
 9      1.8339      0.3188           0
10     -2.2588     -1.3077      3.5784
11  >> MU = triu(M)                    % 提取上三角元素, 主对角线以下的元素全为 0
12  MU =
13      0.5377      0.8622     -0.4336
14           0      0.3188      0.3426
15           0           0      3.5784
```

5. 用 hilb 函数生成希尔伯特矩阵

希尔伯特（Hilbert）矩阵是一类特殊的方阵，它的第 i 行、第 j 列元素为 $h_{ij} = 1/(i+j-1)$. MATLAB 提供了 hilb 函数用于生成希尔伯特矩阵，示例如下.

```
 1  >> H = hilb(3)          % 生成 3 阶希尔伯特矩阵
 2  H =
 3      1.0000      0.5000      0.3333
 4      0.5000      0.3333      0.2500
 5      0.3333      0.2500      0.2000
 6  >> invH = invhilb(3)  % 求 3 阶希尔伯特矩阵的逆, 一般不用 inv 求逆
 7  invH =
 8        9      -36       30
 9      -36      192     -180
10       30     -180      180
```

6. 用 sparse 函数生成稀疏矩阵

当大型矩阵中含有较多 0 元素时，称该矩阵为稀疏矩阵（sparse matrix）. 为了提高存储效率，人们提出了只存储非 0 元素的稀疏存储方法，并开发出针对稀疏矩阵的算法. MATLAB 用 sparse 函数生成稀疏矩阵，并提供了 full 函数将稀疏矩阵转换为常规矩阵，示例如下.

```
 1  >> i = [6    5    10    9];
 2  >> j = [1    2    3     10];
```

```
3   >> v = [100 305 410 550];
4   >> S1 = sparse(i, j, v, 100, 100)          % 生成 100 × 100 的稀疏矩阵
5   S1 =
6      (6,1)         100
7      (5,2)         305
8      (10,3)        410
9      (9,10)        550
10  >> size(S1)                                % 返回稀疏矩阵的大小
11  ans =
12      100    100
13  >> M = full(S1);                           % 将稀疏矩阵转换为常规矩阵
14  >> I = eye(5);                             % 生成 5 阶单位矩阵
15  >> S2 = sparse(I)                          % 将常规矩阵转换为稀疏矩阵
16  S2 =
17     (1,1)          1
18     (2,2)          1
19     (3,3)          1
20     (4,4)          1
21     (5,5)          1
```

14.2 矩阵的运算

矩阵的运算包括基本运算（见 3.2 节）、阵列运算（见 3.3 节）、关系运算和逻辑运算（见 3.4 节）等. 本节在此基础上再介绍矩阵的一些其他运算.

微课：矩阵的运算

1. 初等变换

由线性代数知识知，可以使用初等行变换将矩阵化简为行阶梯形. MATLAB 提供了 rref 函数用来对矩阵进行初等行变换，示例如下.

```
1   >> A = magic(4)              % 生成 4 阶魔方阵
2   A =
3       16     2     3    13
4        5    11    10     8
5        9     7     6    12
6        4    14    15     1
7   >> R = rref(A)              % 对矩阵 A 进行初等行变换
8   R =
9        1     0     0     1
10       0     1     0     3
11       0     0     1    -3
12       0     0     0     0
```

2. 伴随矩阵

如果矩阵 A 是非奇异的方阵，则它的伴随矩阵（adjoint matrix）A^* 存在，且 $A^* = |A| \cdot A^{-1}$. 在线性代数中，引入伴随矩阵的概念主要是为了求矩阵的逆. 在 MATLAB 中不能直接求数值矩阵的伴随矩阵，但是可以用函数 adjoint 求解符号矩阵的伴随矩阵，示例如下.

```
1  >> syms x y z
2  >> A = sym([x y z; 2 1 0; 1 0 2]);
3  >> X = adjoint(A)              % 求符号矩阵的伴随矩阵
4  X =
5  [  2,    -2*y,       -z]
6  [ -4, 2*x - z,      2*z]
7  [ -1,       y,  x - 2*y]
8  >> M = [8 1 8; 4 1 9; 6 5 1];
9  >> Y1 = eval(adjoint(sym(M))) % 求数值矩阵的伴随矩阵
10 Y1 =
11     -44     39      1
12      50    -40    -40
13      14    -34      4
14 >> Y2 = det(M)*inv(M)          % 直接用定义求数值矩阵的伴随矩阵
15 Y2 =
16  -44.0000    39.0000     1.0000
17   50.0000   -40.0000   -40.0000
18   14.0000   -34.0000     4.0000
```

3. 特征多项式

矩阵 A 的特征多项式为 $f(\lambda) = \det(\lambda I - A)$，其中 I 是与 A 同阶的单位阵. 线性代数中引入特征多项式是为了求矩阵的特征值. MATLAB 提供了 poly 函数和 charpoly 函数用来求解矩阵的特征多项式，示例如下.

```
1  >> A = [1 2 3; 4 5 6; 7 8 0];
2  >> p1 = poly(A)                    % 用 poly 函数求矩阵的特征多项式系数向量
3  p1 =
4      1.0000    -6.0000  -72.0000  -27.0000
5  >> pstr1 = poly2str(p1, 'x')     % 根据系数向量确定特征多项式（字符串）
6  pstr1 =
7      'x^3 -6 x^2 -72 x -27'
8  >> p2 = charpoly(A)               % 用 charpoly 函数求矩阵的特征多项式系数向量
9  p2 =
10      1     -6    -72    -27
11 >> pstr2 = charpoly(A, 'x')       % 根据系数向量确定特征多项式（符号型）
12 pstr2 =
```

```
13    x^3 - 6*x^2 - 72*x - 27
14    >> polyvalm(p1, A)              % 把矩阵 A 代入特征多项式中，结果还是矩阵
15    ans =
16        1.0e-12 *
17       -0.3446    -0.3695    -0.2771
18       -0.6963    -0.9273    -0.6395
19       -0.6821    -0.8527    -0.5649
20    >> syms x
21    >> pstr2 = det(x*eye(3) - A)     % 用定义直接求矩阵的特征多项式（符号型）
22    pstr2 =
23    x^3 - 6*x^2 - 72*x - 27
24    >> rt = [1 2 3];
25    >> p0 = poly(rt) % poly 的另一个功能：若参数为向量，则返回根是向量元素的多项式
26    p0 =
27         1    -6    11    -6
```

说明： 上述代码第 14～19 行是在验证矩阵论中著名的哈密尔顿–凯莱（Hamilton-Cayley）定理，即若矩阵 A 的特征多项式为 $f(x)$，则有 $f(A) = 0$.

4. 最小多项式

由哈密尔顿–凯莱定理，对于矩阵 A，总能找到一个多项式 $f(x)$，使 $f(A) = 0$. 当然，以 A 为根的多项式还有很多，其中次数最低、最高次项系数为 1 的多项式称为 A 的最小多项式. 显然，矩阵的最小多项式是特征多项式的一个因式.

MATLAB 提供了求矩阵最小多项式的 minpoly 函数，其使用方法示例如下.

```
1    >> A = [3 -3 2; -1 5 -2; -1 3 0];
2    >> syms x
3    >> pmin = minpoly(A, x)          % 求最小多项式
4    pmin =
5    x^2 - 6*x + 8
6    >> A^2 - 6*A + 8*eye(size(A))    % 验证
7    ans =
8         0    0    0
9         0    0    0
10        0    0    0
```

5. 正交矩阵（Orthogonal Matrix）

对于 n 阶方阵 Q，若它满足 $Q^{-1} = Q^*$，其中 Q^* 是 Q 的埃尔米特（Hermite）共轭转置矩阵，则称 Q 为正交矩阵，它满足

$$Q^*Q = I, \text{ 且 } QQ^* = I. \tag{14.1}$$

MATLAB 提供了 orth 函数来求矩阵 A 的正交矩阵 Q（注意：此函数采用的正交化方法不是施密特法）. 若 A 可逆，则 Q 满足 (14.1) 式；否则，Q 的列数为 A 的秩，且仅

满足 $Q^*Q = I$, 不满足 $QQ^* = I$. 举例如下.

```
1  >> A = magic(3)              % 生成 3 阶魔方阵 A, 是非奇异的
2  A =
3       8      1      6
4       3      5      7
5       4      9      2
6  >> rank(A)                   % A 是非奇异的, 即矩阵 A 是可逆的
7  ans =
8       3
9  >> Q = orth(A)              % 求 A 的正交矩阵 Q
10 Q =
11    -0.5774     0.7071     0.4082
12    -0.5774     0.0000    -0.8165
13    -0.5774    -0.7071     0.4082
14 >> Q'*Q                      % Q'*Q 为单位阵
15 ans =
16    1.0000     0.0000    -0.0000
17    0.0000     1.0000    -0.0000
18   -0.0000    -0.0000     1.0000
19 >> Q*Q'                      % Q*Q' 也是单位阵
20 ans =
21    1.0000    -0.0000     0.0000
22   -0.0000     1.0000     0.0000
23    0.0000     0.0000     1.0000
24 >> B = magic(4)             % 生成 4 阶魔方阵 B
25 B =
26    16      2      3     13
27     5     11     10      8
28     9      7      6     12
29     4     14     15      1
30 >> rank(B)                   % B 是奇异的, 即矩阵 B 是不可逆的
31 ans =
32       3
33 >> P = orth(B)              % 求 B 的正交矩阵 P
34 P =
35    -0.5000     0.6708     0.5000
36    -0.5000    -0.2236    -0.5000
37    -0.5000     0.2236    -0.5000
38    -0.5000    -0.6708     0.5000
39 >> P'*P                      % P'*P 为单位阵
40 ans =
41    1.0000    -0.0000     0.0000
```

```
42      -0.0000      1.0000      0.0000
43       0.0000      0.0000      1.0000
44  >> P*P'                          % 而 P*P' 不是单位阵
45  ans =
46       0.9500     -0.1500      0.1500      0.0500
47      -0.1500      0.5500      0.4500      0.1500
48       0.1500      0.4500      0.5500     -0.1500
49       0.0500      0.1500     -0.1500      0.9500
```

6. 广义逆矩阵

如果矩阵 A 不是方阵，或是奇异的方阵，则它的逆矩阵是不存在的. 如果存在一个矩阵 B 满足 $ABA = A$，则称矩阵 B 是 A 的广义逆矩阵（或伪矩阵）. 由代数学知识，满足上述条件的矩阵 B 是不唯一的. 但是，对于给定的矩阵 A，存在唯一的矩阵 B 同时满足以下 3 个条件：（1）$ABA = A$；（2）$BAB = B$；（3）AB 和 BA 都是对称的. 此时称矩阵 B 是矩阵 A 的广义逆矩阵.

MATLAB 提供了求矩阵 A 的广义逆矩阵的 pinv 函数，其使用方法示例如下.

```
1  >> A = [8 1 8; 4 1 9; 16 3 26]; % A 是奇异的
2  >> rank(A)                       % 不是满秩
3  ans =
4        2
5  >> B = pinv(A)                   % 求 A 的 Moore-Penrose 广义逆矩阵
6  B =
7       0.2544     -0.1418     -0.0293
8      -0.0086      0.0064      0.0042
9      -0.1491      0.0994      0.0496
10  >> B*A*B - B                     % 验证：BAB = B
11  ans =
12     1.0e-15 *
13      -0.1110      0.0555     -0.0104
14       0.0052     -0.0026     -0.0009
15       0.0555     -0.0278     -0.0069
16  >> A*B*A - A                     % 验证：ABA = A
17  ans =
18     1.0e-14 *
19      -0.2665     -0.0444     -0.3553
20      -0.0444     -0.0222     -0.3553
21      -0.3553     -0.0888     -0.7105
22  >> A*B                           % 验证：A*B 是对称的
23  ans =
24       0.8333     -0.3333      0.1667
25      -0.3333      0.3333      0.3333
```

```
26        0.1667       0.3333       0.8333
27  >> B*A                                    % 验证: B*A 也是对称的
28  ans =
29        0.9994       0.0247      -0.0025
30        0.0247       0.0105       0.0989
31       -0.0025       0.0989       0.9901
```

7. 矩阵的范数

矩阵的范数是对矩阵的一种测度. 在介绍矩阵的范数之前, 先介绍向量的范数. 对于线性空间中的向量 $\boldsymbol{x}$, 如果存在一个函数 $\rho(\boldsymbol{x})$ 满足以下 3 个条件.

（1）$\rho(\boldsymbol{x}) \geqslant 0$, 且 $\rho(\boldsymbol{x}) = 0$ 的充分必要条件是 $\boldsymbol{x} = \boldsymbol{0}$.

（2）$\rho(\alpha\boldsymbol{x}) = |\alpha|\rho(\boldsymbol{x})$, α 为任意实数.

（3）对于向量 $\boldsymbol{x}$ 和 $\boldsymbol{y}$ 有 $\rho(\boldsymbol{x} + \boldsymbol{y}) \leqslant \rho(\boldsymbol{x}) + \rho(\boldsymbol{y})$（柯西施瓦茨不等式），

则称 $\rho(\boldsymbol{x})$ 为向量 $\boldsymbol{x}$ 的范数. 可以证明, 下面给出的一族表达式都满足上述 3 个条件:

$$\|\boldsymbol{x}\|_p = \left(\sum_{i=1}^{n} |x_i|^p\right)^{1/p}, \quad p = 1, 2, \cdots, \text{ 且 } \|\boldsymbol{x}\|_{+\infty} = \max_{1 \leqslant i \leqslant n} |x_i|, \; \|\boldsymbol{x}\|_{-\infty} = \min_{1 \leqslant i \leqslant n} |x_i|.$$

这里, $\|\boldsymbol{x}\|_p$ 为向量范数的记号, 表示向量 $\boldsymbol{x}$ 的 p-范数. 可以看出, 2-范数就是欧式空间里向量的长度.

矩阵范数的定义要比向量的范数稍微复杂一些, 其数学定义为: 对于任意的非零向量 $\boldsymbol{x}$, 矩阵 $\boldsymbol{A} = (a_{ij})_{m \times n}$ 的范数为

$$\|\boldsymbol{A}\| = \sup_{\boldsymbol{x} \neq \boldsymbol{0}} \frac{\|\boldsymbol{A}\boldsymbol{x}\|}{\|\boldsymbol{x}\|}.$$

常见的矩阵范数有以下 4 种:

$$\|\boldsymbol{A}\|_1 = \max_{1 \leqslant j \leqslant n} \sum_{i=1}^{m} |a_{ij}|, \quad \|\boldsymbol{A}\|_2 = \sqrt{\lambda_{\max}(\boldsymbol{A}^{\mathrm{T}}\boldsymbol{A})},$$

$$\|\boldsymbol{A}\|_{+\infty} = \max_{1 \leqslant i \leqslant m} \sum_{j=1}^{n} |a_{ij}|, \quad \|\boldsymbol{A}\|_F = \sqrt{\mathrm{trace}(\boldsymbol{A}^{\mathrm{T}}\boldsymbol{A})}.$$

其中, $\lambda_{\max}(\boldsymbol{A}^{\mathrm{T}}\boldsymbol{A})$ 和 $\mathrm{trace}(\boldsymbol{A}^{\mathrm{T}}\boldsymbol{A})$ 分别表示矩阵 $\boldsymbol{A}^{\mathrm{T}}\boldsymbol{A}$ 的最大特征值和迹（对角线元素之和）.

MATLAB 提供了 norm 函数用于求解向量和矩阵的范数, 示例如下.

```
1  >> x = [1 2 3];
2  >> [norm(x,1) norm(x,2) norm(x) norm(x,3) norm(x,inf) norm(x,-inf)]
3  ans =
4       6.0000       3.7417       3.7417       3.3019       3.0000       1.0000
5  >> A = [1 2 3; 4 5 6];
6  >> [norm(A,1) norm(A) norm(A,inf) norm(A,'fro')]
7  ans =
8       9.0000       9.5080      15.0000       9.5394
```

需要说明的是，上述代码中的 norm(x) 等价于 norm(x,2)，表示 $\|\boldsymbol{x}\|_2$，norm(A) 等价于 norm(A,2)，表示 $\|\boldsymbol{A}\|_2$，norm(A,'fro') 表示 $\|\boldsymbol{A}\|_F$.

8. 矩阵的条件数

在实际问题中，线性方程组 $\boldsymbol{Ax} = \boldsymbol{b}$ 中的系数矩阵 $\boldsymbol{A}$ 一般是通过试验获取的，存在一定的误差. 人们希望当这种误差很小时，所计算出的解与问题的准确解之间的误差也不大. 遗憾的是，并非所有矩阵都是这样的. 对于一些系数矩阵，个别元素的微小扰动会引起解的很大变化，称这种矩阵是病态的（ill-conditioned）；反之，称它是良性的（well-conditioned）. 病态与良性是相对的，通常用条件数来描述矩阵的这一特性.

矩阵 $\boldsymbol{A}$ 的条件数等于 $\boldsymbol{A}$ 的范数与 $\boldsymbol{A}$ 的逆矩阵的范数的乘积，即 $\mathrm{cond}(\boldsymbol{A}) = \|\boldsymbol{A}\| \cdot \|\boldsymbol{A}^{-1}\|$. 这样定义的条件数总是大于等于 1 的. 条件数越接近 1，矩阵的性能越好；反之，性能越差. 常见的矩阵范数有 4 种，因此，矩阵的条件数也有 4 种，即

$$\mathrm{cond}(\boldsymbol{A},1) = \|\boldsymbol{A}\|_1 \cdot \|\boldsymbol{A}^{-1}\|_1, \quad \mathrm{cond}(\boldsymbol{A}) = \mathrm{cond}(\boldsymbol{A},2) = \|\boldsymbol{A}\|_2 \cdot \|\boldsymbol{A}^{-1}\|_2,$$

$$\mathrm{cond}(\boldsymbol{A},+\infty) = \|\boldsymbol{A}\|_{+\infty} \cdot \|\boldsymbol{A}^{-1}\|_{+\infty}, \quad \mathrm{cond}(\boldsymbol{A},F) = \|\boldsymbol{A}\|_F \cdot \|\boldsymbol{A}^{-1}\|_F.$$

MATLAB 提供了 cond 函数用于求解矩阵的条件数，示例如下.

```
1  >> M = magic(5)                                    % 生成 5 阶魔方矩阵
2  M =
3      17    24     1     8    15
4      23     5     7    14    16
5       4     6    13    20    22
6      10    12    19    21     3
7      11    18    25     2     9
8  >> [cond(M,1) cond(M,2) cond(M,inf) cond(M,'fro')]% 魔方阵的条件数较小
9  ans =
10      6.8500    5.4618    6.8500    9.6792
11 >> H = hilb(5)                                      % 生成 5 阶希尔伯特矩阵
12 H =
13     1.0000    0.5000    0.3333    0.2500    0.2000
14     0.5000    0.3333    0.2500    0.2000    0.1667
15     0.3333    0.2500    0.2000    0.1667    0.1429
16     0.2500    0.2000    0.1667    0.1429    0.1250
17     0.2000    0.1667    0.1429    0.1250    0.1111
18 >> [cond(H,1) cond(H,2) cond(H,inf) cond(H,'fro')]% 希尔伯特矩阵的条件数
19 ans =
20     1.0e+05 *
21     9.4366    4.7661    9.4366    4.8085
```

从运行结果可以看出，希尔伯特矩阵的条件数要远远大于同阶魔方矩阵的条件数.

第15章 线性方程组求解

线性方程组是线性代数里的一个重要概念, 其一般形式如下.

$$\begin{cases} a_{11}x_{11} + a_{12}x_{12} + \cdots + a_{1n}x_{1n} = b_1, \\ a_{21}x_{21} + a_{22}x_{22} + \cdots + a_{2n}x_{2n} = b_2, \\ \qquad\qquad \cdots \\ a_{m1}x_{m1} + a_{m2}x_{m2} + \cdots + a_{mn}x_{mn} = b_m. \end{cases} \tag{15.1}$$

为了描述简单, 人们常常将线性方程组写成如下的矩阵形式:

$$\boldsymbol{A}\boldsymbol{x} = \boldsymbol{b}. \tag{15.2}$$

其中,

$$\boldsymbol{A} = \begin{bmatrix} a_{11} & a_{12} & \cdots & a_{1n} \\ a_{21} & a_{22} & \cdots & a_{2n} \\ \vdots & \vdots & \ddots & \vdots \\ a_{m1} & a_{m2} & \cdots & a_{mn} \end{bmatrix}, \quad \boldsymbol{x} = \begin{bmatrix} x_{11} \\ x_{21} \\ \vdots \\ x_{m1} \end{bmatrix}, \quad \boldsymbol{b} = \begin{bmatrix} b_1 \\ b_2 \\ \vdots \\ b_m \end{bmatrix}. \tag{15.3}$$

关于线性方程组的解, 一般有 3 种情况: 唯一解、无穷多组解和近似解. 为了便于讨论, 引入一个概念——增广矩阵. 线性方程组 (15.1) 式或 (15.2) 式的增广矩阵为

$$\boldsymbol{C} = [\boldsymbol{A}\ \boldsymbol{b}] = \begin{bmatrix} a_{11} & a_{12} & \cdots & a_{1n} & b_1 \\ a_{21} & a_{22} & \cdots & a_{2n} & b_2 \\ \vdots & \vdots & \ddots & \vdots & \vdots \\ a_{m1} & a_{m2} & \cdots & a_{mn} & b_m \end{bmatrix}. \tag{15.4}$$

15.1 线性方程组的唯一解

由代数学知识知, 当 $m = n$ 且 $\mathrm{rank}(\boldsymbol{A}) = n$ 时, 线性方程组 (15.2) 式有唯一解

$$\boldsymbol{x} = \boldsymbol{A}^{-1}\boldsymbol{b}. \tag{15.5}$$

微课: 线性方程组的唯一解

例 15.1 求线性方程组的解:

$$\begin{bmatrix} 1 & 2 & 3 & 4 \\ 3 & 2 & 4 & 1 \\ 2 & 1 & 3 & 4 \\ 4 & 3 & 1 & 2 \end{bmatrix} x = \begin{bmatrix} 1 \\ 3 \\ 5 \\ 7 \end{bmatrix}.$$

解　在命令行窗口输入代码并运行，如代码 15.1 所示，以求该线性方程组的解.

代码 15.1　求线性方程组的数值解和符号解

```
 1  >> A = [1 2 3 4; 3 2 4 1; 2 1 3 4; 4 3 1 2];  % 定义系数矩阵 A
 2  >> rank(A)                           % 系数矩阵是满秩的
 3  ans =
 4        4
 5  >> b = [1; 3; 5; 7];                 % 定义常数项 b
 6  >> x1 = inv(A)*b                     % 用定义求解
 7  x1 =
 8       2.5750
 9      -1.4250
10      -0.6750
11       0.8250
12  >> x2 = A\b                         % 用定义求解的另一种写法: 左除
13  x2 =
14       2.5750
15      -1.4250
16      -0.6750
17       0.8250
18  >> x3 = sym(A)\b                    % 求符号解
19  x3 =
20    103/40
21    -57/40
22    -27/40
23     33/40
24  >> x4 = eval(x3);                   % 把符号解转为数值解
25  >> res = eval([norm(A*x1 - b) norm(A*x3 - b) norm(A*x4 - b)])  % 计算误差
26  res =
27       1.0e-15 *
28       0.9930          0          0
```

上述代码中，"x1"和"x2"为数值解，"x3"为符号解，"x4"是由符号解转换过来的数值解. 从运行结果可以看出，符号解的误差为 0，而直接用逆矩阵求出的数值解是有一定误差的，这个误差是在求逆矩阵过程中产生的. 因此，在实际问题中，当矩阵 *A* 为奇异或接近奇异矩阵时，利用 inv 函数求解可能会产生错误.

15.2 线性方程组的通解

当 $\text{rank}(A) = \text{rank}(C) = r \leqslant n$ 时, 线性方程组 (15.2) 式有无穷多组解. 此时, 应先求出与原方程组对应的齐次方程组 $Ax = 0$ 的基础解系 $x_i \ (i = 1, 2, \cdots, n-r)$, 然后再求原方程组的一个特解 x_0, 最后求原方程组的通解

微课: 线性
方程组的通解

$$x = \alpha_1 x_1 + \alpha_2 x_2 + \cdots + \alpha_{n-r} x_{n-r} + x_0, \tag{15.6}$$

其中 α_i 为任意实数.

MATLAB 提供了 null 函数用于求齐次线性方程组的基础解系, 其调用方式为 "Z = null(A)", 其中 "Z" 是由 $n-r$ 个线性无关的列向量构成的. 而原非齐次线性方程组的特解可以通过 pinv 函数求出.

例 15.2 求线性方程组的解:

$$\begin{bmatrix} 1 & 2 & 3 & 4 & 5 & 6 \\ 5 & 3 & 2 & 6 & 4 & 1 \\ 2 & 1 & 3 & 6 & 5 & 4 \end{bmatrix} x = \begin{bmatrix} 1 \\ 3 \\ 5 \end{bmatrix}.$$

解 在命令行窗口输入代码并运行, 如代码 15.2 所示, 以求该线性方程组的通解.

代码 15.2 求线性方程组的通解

```
1  >> A = [1 2 3 4 5 6; 5 3 2 6 4 1; 2 1 3 6 5 4];  % 系数矩阵 A
2  >> b = [1; 3; 5];                                % 常数项 b
3  >> C = [A b];                                     % 增广矩阵 C
4  >> [rank(A) rank(C)]  % A 和 C 的秩相等, 且小于未知数个数, 因此方程组有无穷多
                            组解
5  ans =
6        3       3
7  >> Z = null(sym(A))   % 求基础解系
8  Z =
9  [ -10/9,   -1/9,   19/18]
10 [   8/9,   -1/9,  -17/18]
11 [ -14/9,  -14/9,  -31/18]
12 [     1,      0,       0]
13 [     0,      1,       0]
14 [     0,      0,       1]
15 >> x0 = sym(pinv(A)*b) % 求特解
16 x0 =
17    -3157/14501
18   -16271/14501
19     3270/14501
```

```
20      16042/14501
21       2928/14501
22      -6403/14501
23   >> syms a1 a2 a3
24   >> x = Z*[a1; a2; a3] + x0   % 求通解
25   x =
26         (19*a3)/18 - a2/9 - (10*a1)/9 - 3157/14501
27         (8*a1)/9 - a2/9 - (17*a3)/18 - 16271/14501
28    3270/14501 - (14*a2)/9 - (31*a3)/18 - (14*a1)/9
29                                    a1 + 16042/14501
30                                    a2 + 2928/14501
31                                    a3 - 6403/14501
32   >> res = norm(A*x - b) % 检验误差
33   res =
34   0
```

本例也可以采用初等行变换方法求出，如代码 15.3 所示.

代码 15.3   用初等行变换方法求线性方程组的通解

```
1   >> A = [1 2 3 4 5 6; 5 3 2 6 4 1; 2 1 3 6 5 4];
2   >> b = [1; 3; 5];
3   >> C = [A b];
4   >> D = rref(sym(C))             % 对增广矩阵进行初等行变换
5   D =
6   [ 1, 0, 0, 10/9,  1/9, -19/18,  3/2]
7   [ 0, 1, 0, -8/9,  1/9,  17/18, -5/2]
8   [ 0, 0, 1, 14/9, 14/9,  31/18,  3/2]
9   >> % 从以上结果可以看出 x4, x5, x6 是自由变量，令它们分别为 b1, b2, b3
10  >> syms b1 b2 b3
11  >> x = -D(:, 4:6)*[b1; b2; b3] + D(:, end)
12  x =
13        (19*b3)/18 - b2/9 - (10*b1)/9 + 3/2
14        (8*b1)/9 - b2/9 - (17*b3)/18 - 5/2
15   3/2 - (14*b2)/9 - (31*b3)/18 - (14*b1)/9
16  >> x = [x; b1; b2; b3]
17  x =
18        (19*b3)/18 - b2/9 - (10*b1)/9 + 3/2
19        (8*b1)/9 - b2/9 - (17*b3)/18 - 5/2
20   3/2 - (14*b2)/9 - (31*b3)/18 - (14*b1)/9
21                                          b1
22                                          b2
23                                          b3
```

```
24  >> res = norm(A*x - b)
25  res =
26    0
```

15.3 线性方程组的近似解

当 $\mathrm{rank}(\boldsymbol{A}) < \mathrm{rank}(\boldsymbol{C})$ 时，线性方程组 (15.2) 式没有解，这时只能用广义逆矩阵求解线性方程组的最小二乘解

$$x = \mathrm{pinv}(\boldsymbol{A}) * \boldsymbol{b}. \qquad (15.7)$$

微课：线性方程组的近似解

该解不满足原方程组，但能使 $\|\boldsymbol{Ax} - \boldsymbol{b}\|_2$ 达到最小.

例 15.3 求线性方程组的解：

$$\begin{bmatrix} 1 & 2 & 3 \\ 3 & 2 & 1 \\ 2 & 1 & 3 \\ 3 & 1 & 2 \end{bmatrix} \boldsymbol{x} = \begin{bmatrix} 1 \\ 3 \\ 5 \\ 7 \end{bmatrix}.$$

解 在命令行窗口输入代码并运行，如代码 15.4 所示，以求该线性方程组的近似解.

代码 15.4 求线性方程组的近似解

```
1  >> A = [1 2 3; 3 2 1; 2 1 3; 3 1 2]; b = [1; 3; 5; 7]; C = [A b];
2  >> [rank(A) rank(C)]           % 检验解的情况：无精确解，只能求近似解
3  ans =
4       3       4
5  >> x = pinv(A)*b                % 求近似解，也可以用x = inv(A'*A)*A'*b 来求
6  x =
7      2.2667
8     -2.3333
9      1.0667
10 >> res = norm(A*x - b)          % 计算误差
11 res =
12      0.6325
```

第16章 矩阵的变换与分解

矩阵的变换与分解是矩阵分析的一个重要工具,例如,矩阵的初等变换、相似变换、特征分解、三角分解(LU 分解)、正交三角分解(QR 分解)等. 这些变换与分解对一些问题的求解非常重要.

16.1 矩阵的相似变换及对角化

由代数学知识知,对于 n 阶方阵 A 和 B,若存在可逆矩阵 P,使

$$P^{-1}AP = B \qquad (16.1)$$

成立,则称 A 和 B 相似,并称 P 为相似变换矩阵. 进一步,若 B 为对角阵,则称相似变换 (16.1) 式为矩阵的对角化. 下面引入代数学中的一个重要结论: n 阶方阵 A 能对角化的充分必要条件是 A 有 n 个线性无关的特征向量.

例 16.1 求 x,使矩阵 C 可以对角化,并给出相似变换矩阵 P 和变换后的对角阵 A,其中

$$C = \begin{bmatrix} 2 & 0 & 1 \\ 3 & 1 & x \\ 4 & 0 & 5 \end{bmatrix}.$$

微课:矩阵的相似变换及对角化

解 在命令行窗口输入代码并运行,如代码 16.1 所示,以求 x 和相似变换矩阵 P 及变换后的对角阵 A.

代码 16.1 相似变换

```
1  >> syms x
2  >> C = [2 0 1; 3 1 x; 4 0 5];
3  >> cp = charpoly(C, 'r')              % 求 C 的特征多项式
4  cp =
5  r^3 - 8*r^2 + 13*r - 6
6  >> factor(cp)                         % 对特征多项式进行因式分解
7  ans =
8  [ r - 6, r - 1, r - 1]
9  >> % r = 1 是二重根,所以需对应两个线性无关的特征向量,即 (I-A)x = 0 有两个
10 >> % 线性无关的解,也就是说,线性方程组的系数矩阵 I-A 的秩应为 1
11 >> eye(3) - C
12 ans =
13 [ -1,  0, -1]
14 [ -3,  0, -x]
```

```
15    [ -4, 0, -4]
16    >> % 可以看出: 当 x = 3 时, 系数矩阵的秩为 1, 故 x 应为 3
17    >> % 下面, 将 x = 3 代入 C 中, 并计算相似变换矩阵 P 和对角化后的矩阵 A
18    >> D = subs(C, x, 3);   % 把 C 中的 x 换成 3
19    >> [P, A] = eig(D)      % 求特征向量 (变换矩阵) 和特征值矩阵 (对角化矩阵)
20    P =
21    [ 1/4, 0, -1]
22    [ 3/4, 1,  0]
23    [   1, 0,  1]
24    A =
25    [ 6, 0, 0]
26    [ 0, 1, 0]
27    [ 0, 0, 1]
28    >> inv(P)*D*P - A      % 检验
29    ans =
30    [ 0, 0, 0]
31    [ 0, 0, 0]
32    [ 0, 0, 0]
```

由运行结果可以发现, 当 $x = 3$ 时, 矩阵 C 可以对角化. 将 $x = 3$ 代入矩阵 C 中求出的相似变换矩阵 P 和变换后的对角阵 A 分别为

$$P = \begin{bmatrix} \dfrac{1}{4} & 0 & -1 \\ \dfrac{3}{4} & 1 & 0 \\ 1 & 0 & 1 \end{bmatrix}, \quad A = \begin{bmatrix} 6 & 0 & 0 \\ 0 & 1 & 0 \\ 0 & 0 & 1 \end{bmatrix}.$$

例 16.2   在例 16.1 中, 令 $x = 1$, 则矩阵 C 无法对角化, 但是可以通过 jordan 函数求出矩阵的若当 (Jordan) 标准形, 即主对角线元素为特征值, 次对角线元素为 0 或 1. 请给出矩阵 C 在 $x = 1$ 时的若当变换矩阵 V 及若当标准形 J.

解   在命令行窗口输入代码并运行, 如代码 16.2 所示, 以求解例 16.2.

代码 16.2   用 jordan 函数求矩阵的 Jordan 变换与 Jordan 标准形

```
1    >> syms x
2    >> C = [2 0 1; 3 1 x; 4 0 5];
3    >> D = subs(C, x, 1)       % 令 x 为 1
4    D =
5    [ 2, 0, 1]
6    [ 3, 1, 1]
7    [ 4, 0, 5]
8    >> [V, J] = jordan(D)      % 用 jordan 函数求 Jordan 变换与 Jordan 标准形
```

```
 9  V =
10  [  1/5,   0,    4/5]
11  [ 7/25, 8/5, -7/25]
12  [  4/5,   0,   -4/5]
13  J =
14  [ 6, 0, 0]
15  [ 0, 1, 1]
16  [ 0, 0, 1]
17  >> inv(V)*D*V - J          % 检验
18  ans =
19  [ 0, 0, 0]
20  [ 0, 0, 0]
21  [ 0, 0, 0]
```

由运行结果可以发现，当 $x = 1$ 时，矩阵 C 可以化为若当标准形. 此时的变换矩阵 V 和若当标准形 J 分别为

$$
V = \begin{bmatrix} \dfrac{1}{5} & 0 & \dfrac{4}{5} \\ \dfrac{7}{25} & \dfrac{8}{5} & -\dfrac{7}{25} \\ \dfrac{4}{5} & 0 & -\dfrac{4}{5} \end{bmatrix}, \quad J = \begin{bmatrix} 6 & 0 & 0 \\ 0 & 1 & 1 \\ 0 & 0 & 1 \end{bmatrix}.
$$

16.2 二次型

二次型（quadratic form）理论在经济管理、工程技术等领域有较多应用. 简单来说，二次型就是含有 n 个变量的二次齐次函数，其一般形式为

微课：二次型
的规范化

$$
\begin{aligned}
f(\boldsymbol{x}) = {} & a_{11}x_1^2 + a_{12}x_1x_2 + \cdots + a_{1n}x_1x_n \\
& + a_{21}x_2x_1 + a_{22}x_2^2 + \cdots + a_{2n}x_2x_n + \\
& \cdots \\
& + a_{n1}x_nx_1 + a_{n2}x_nx_2 + \cdots + a_{nn}x_n^2 \\
= {} & \sum_{i=1}^{n}\sum_{j=1}^{n} a_{ij}x_ix_j = \boldsymbol{x}^{\mathrm{T}}\boldsymbol{A}\boldsymbol{x}.
\end{aligned} \tag{16.2}
$$

其中，$\boldsymbol{A} = \boldsymbol{A}^{\mathrm{T}} = (a_{ij})_{n \times n}$ 是二次型矩阵，$\boldsymbol{x} = [x_1, x_2, \cdots, x_n]^{\mathrm{T}}$.

给定一个可逆的线性变换

$$
\boldsymbol{x} = \begin{bmatrix} x_1 \\ x_2 \\ \vdots \\ x_n \end{bmatrix} = \begin{bmatrix} c_{11} & c_{12} & \cdots & c_{1n} \\ c_{21} & c_{22} & \cdots & c_{2n} \\ \vdots & \vdots & \ddots & \vdots \\ c_{n1} & c_{n2} & \cdots & c_{nn} \end{bmatrix} \begin{bmatrix} y_1 \\ y_2 \\ \vdots \\ y_n \end{bmatrix} = \boldsymbol{C}\boldsymbol{y}. \tag{16.3}
$$

将 (16.3) 式代入 (16.2) 式,得

$$f(\boldsymbol{x}) = f(\boldsymbol{Cy}) = (\boldsymbol{Cy})^{\mathrm{T}}\boldsymbol{A}(\boldsymbol{Cy}) = \boldsymbol{y}^{\mathrm{T}}(\boldsymbol{C}^{\mathrm{T}}\boldsymbol{AC})\boldsymbol{y} \triangleq g(\boldsymbol{y}) = \boldsymbol{y}^{\mathrm{T}}\boldsymbol{By}. \tag{16.4}$$

其中,$g(\boldsymbol{y})$ 也是一个二次型,$\boldsymbol{B} = \boldsymbol{C}^{\mathrm{T}}\boldsymbol{AC}$ 是二次型矩阵.

下面引入一个定义:对于 n 阶方阵 $\boldsymbol{A}$ 和 $\boldsymbol{B}$,如果存在可逆的同阶方阵 $\boldsymbol{C}$,使 $\boldsymbol{B} = \boldsymbol{C}^{\mathrm{T}}\boldsymbol{AC}$,则称 $\boldsymbol{A}$ 和 $\boldsymbol{B}$ 是**合同的**. 由该定义可知,经过非退化的线性替换 [(16.3) 式],新的二次型矩阵与原二次型矩阵是合同的.

对于二次型,人们主要讨论的问题是寻求可逆的线性变换,使二次型 [(16.2) 式] 只含有平方项,即

$$g(\boldsymbol{y}) = k_1 y_1^2 + k_2 y_2^2 + \cdots + k_n y_n^2. \tag{16.5}$$

称 (16.5) 式为二次型的标准形.

由于二次型的矩阵都是对称的,由代数学理论,若 $\boldsymbol{A}$ 是 n 阶对称矩阵,则必存在正交矩阵 $\boldsymbol{P}$ 可将 $\boldsymbol{A}$ 进行对角化,且对角线元素为 $\boldsymbol{A}$ 的特征值. 由例 16.1 可知,正交矩阵 $\boldsymbol{P}$ 可以通过对矩阵 $\boldsymbol{A}$ 进行特征分解求出.

例 16.3 具有两个变量的二次型可以对应平面上的一条曲线. 已知二次型 $f(x_1, x_2) = 9x_1^2 + 4x_1x_2 + 6x_2^2$,求正交矩阵 $\boldsymbol{P}$,把 $f(x_1, x_2)$ 转化为标准形.

解 在命令行窗口输入代码并运行,如代码 16.3 所示,以求正交矩阵 $\boldsymbol{P}$ 并把二次型化为标准形.

代码 16.3 化二次型为标准形

```
1  >> A = [9  2;  2  6];              % 二次型矩阵,可以验证 A 是正定的
2  >> syms x1 x2 real
3  >> x = [x1; x2];
4  >> f = x'*A*x; f = expand(f)       % 原二次型
5  f =
6  9*x1^2 + 4*x1*x2 + 6*x2^2
7  >> [P, B] = eig(sym(A));
8  >> C = orth(P)                     % 正交化:C 就是所求的正交矩阵
9  C =
10 [    -5^(1/2)/5, (2*5^(1/2))/5]
11 [ (2*5^(1/2))/5,      5^(1/2)/5]
12 >> syms y1 y2 real
13 >> y = [y1; y2];
14 >> g = (C*y)'*A*(C*y); g = expand(g) % 标准化后的二次型
15 g =
16 5*y1^2 + 10*y2^2
17 >> fimplicit(f == 1, '--ro');       % 绘制原二次型曲线,如图 16.1 所示
18 >> hold on
19 >> fimplicit(g == 1, '-b*');        % 绘制标准化后的二次型曲线,如图 16.1 所示
```

```
20  >> legend('标准化前', '标准化后')
21  >> xlim([-0.5, 0.5]); ylim([-0.5, 0.5]);
22  >> grid on;  axis square;
```

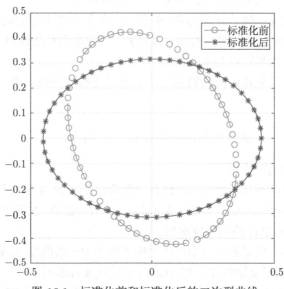

图 16.1　标准化前和标准化后的二次型曲线

本例是在正定二次型上进行的，请大家自己讨论半正定和负定二次型的情况. 另外，由代数学知识知，在欧式空间中，正交变换保持向量长度不变，因此，原二次型经正交标准化后可以保持形状不变. 这样在求原二次型曲线的某些性质（如面积）时，可以在规范化后的二次型曲线上进行. 事实上，一个二次型的标准形不是唯一的，还可以采用配方法等，这里不再进一步说明.

16.3　矩阵的分解

矩阵分解是矩阵理论的重要组成部分，为近代数学的发展起到了关键的作用. 矩阵分解就是把给定的矩阵经过线性变换后分解为若干个标准矩阵的乘积. 从这个意义上讲，前面提到的相似变换、合同变换、特征值与特征向量等也属于矩阵分解. 在此基础上，本节再介绍 5 个常见的矩阵分解.

1. Cholesky 分解

楚列斯基（Cholesky）分解是针对对称正定矩阵的一种分解. 设矩阵 $A = (a_{ij})_{n \times n}$ 是对称正定矩阵，则称 $A = R^{\mathrm{T}}R$ 是矩阵 A 的楚列斯基分解，其中 R 为对角线元素全为正的上三角矩阵. 由代数学知识知，这种分解是唯一的. MATLAB 提供了 chol 函数用于求解对称正定矩阵的楚列斯基分解，示例如下.

```
1  >> A = [2 2 -2; 2 5 -4; -2 -4 5];
2  >> [R, p] = chol(A)  % 返回矩阵 R, 若 A 为正定矩阵, 则 p = 0; 否则 p > 0
```

```
3   R =
4       1.4142      1.4142     -1.4142
5            0      1.7321     -1.1547
6            0           0      1.2910
7   p =
8       0
9   >> R'*R - A              % 检验
10  ans =
11      1.0e-15 *
12      0.4441           0           0
13           0           0           0
14           0           0           0
```

如果 chol 函数返回的 p 值大于 1，则说明矩阵 A 不是正定的，此时返回的 R 是一个 $p-1$ 阶方阵，其中 $p-1$ 为 A 中正定的子矩阵的阶次，请读者自行测试.

2. LU 分解

矩阵的 LU 分解也称为矩阵的三角分解，其目的是将一个矩阵 A 分解成一个下三角矩阵 L 和一个上三角矩阵 U 的乘积，即 $A = LU$. 其中矩阵 L 的主对角元素全为 1.

MATLAB 提供了 lu 函数对矩阵进行 LU 分解，示例如下.

```
1   >> A = [1  2  3; 4  5  6; 7  8  0];
2   >> [L1, U] = lu(A)     % L1 并不是下三角矩阵，这是因为采用了主元交换法
3   L1 =
4       0.1429      1.0000           0
5       0.5714      0.5000      1.0000
6       1.0000           0           0
7   U =
8       7.0000      8.0000           0
9            0      0.8571      3.0000
10           0           0      4.5000
11  >> [L2, U, P] = lu(A) % L2 是下三角矩阵
12  L2 =
13      1.0000           0           0
14      0.1429      1.0000           0
15      0.5714      0.5000      1.0000
16  U =
17      7.0000      8.0000           0
18           0      0.8571      3.0000
19           0           0      4.5000
20  P =
21      0      0      1
22      1      0      0
```

```
23        0        1        0
24  >> inv(P)*L2*U - A      % 验证
25  ans =
26        0        0        0
27        0        0        0
28        0        0        0
```

上述代码中的 "P" 不是单位矩阵，而是单位矩阵的置换矩阵. 结合 "L1" 和 "L2" 可以看出将 "L1" 的第 1、第 2、第 3 行分别换到第 2、第 3、第 1 行即可得到矩阵 "L2"，这种变化可以用置换矩阵 "P" 来表示，即用 $P^{-1}LU$ 表示 A（见上述代码的第 24~28 行）.

3. QR 分解

矩阵的 QR 分解也称为正交分解（orthogonal-triangular decomposition），目的是求解矩阵的特征值. 对于非奇异矩阵 A，存在正交矩阵 Q 和上三角矩阵 R，使 $A = QR$. 矩阵的 QR 分解是唯一的. MATLAB 提供了 qr 函数对矩阵进行 QR 分解，示例如下.

```
1   >> A = magic(3)
2   A =
3         8        1        6
4         3        5        7
5         4        9        2
6   >> [Q, R] = qr(A)                        % 对矩阵 A 进行 QR 分解
7   Q =
8      -0.8480        0.5223        0.0901
9      -0.3180       -0.3655       -0.8748
10     -0.4240       -0.7705        0.4760
11  R =
12     -9.4340       -6.2540       -8.1620
13           0       -8.2394       -0.9655
14           0             0       -4.6314
15  >> Q' - inv(Q)                           % 验证 Q 的正交性
16  ans =
17     1.0e-15 *
18      0.3331        0.0555        0.1110
19      0.1110       -0.3886       -0.3331
20      0.0694       -0.2220             0
21  >> A - Q*R                               % 验证 QR 分解的结果
22  ans =
23     1.0e-14 *
24      0.2665        0.1776        0.5329
25      0.0444             0       -0.0888
26           0       -0.1776       -0.0444
```

4. SVD 分解

矩阵的 SVD 分解也称为奇异值分解（singular value decomposition）. 对任意 $n \times m$ 矩阵 A，总有 $A^T A$ 和 $A A^T$ 的主对角线元素都大于零，且在理论上有 $A^T A$、$A A^T$ 和 A 的秩相等. 进一步，$A^T A$ 和 $A A^T$ 具有相同的非负特征值 λ_i，在数学上把这些非负特征值的算术平方根称作矩阵 A 的奇异值，记作 $\sigma_i(A) = \sqrt{\lambda_i(A^T A)}$.

MATLAB 提供了 svd 函数对矩阵进行 SVD 分解，示例如下.

```
1  >> A = [1 2 3 4; 5 6 7 8];
2  >> [U, S, V] = svd(A)     % 对矩阵 A 进行 SVD 分解
3  U =
4      -0.3762    -0.9266
5      -0.9266     0.3762
6  S =
7      14.2274          0          0          0
8           0     1.2573          0          0
9  V =
10     -0.3521     0.7590    -0.4001    -0.3741
11     -0.4436     0.3212     0.2546     0.7970
12     -0.5352    -0.1165     0.6910    -0.4717
13     -0.6268    -0.5542    -0.5455     0.0488
14  >> U*S*V' - A              % 奇异值分解满足 A = U*S*V'
15  ans =
16     1.0e-14 *
17      0.0444     0.0444          0    -0.0444
18      0.0888     0.0888     0.1776          0
19  >> U' - inv(U)            % U 为正交矩阵
20  ans =
21     1.0e-15 *
22           0     0.1110
23      0.1110    -0.1110
24  >> diag(S)                % S 的主对角线元素是奇异值
25  ans =
26     14.2274
27      1.2573
28  >> sqrt(eig(A*A'))        % 按定义求矩阵 A 的奇异值
29  ans =
30      1.2573
31     14.2274
```

5. 舒尔分解

矩阵的舒尔（Schur）分解在很多领域具有广泛的应用. 对于矩阵 $A \in \mathbb{C}^{n \times n}$，舒尔分

解是要找出一个酉矩阵 $U \in \mathbb{C}^{n \times n}$，使 $U^{\mathrm{T}} A U = T$. 其中 T 为上三角矩阵，称为舒尔矩阵，其对角线元素为矩阵 A 的特征值.

MATLAB 提供了 schur 函数对矩阵进行舒尔分解，示例如下.

```
1  >> A1 = [-149  -50  -154; 537  180  546; -27  -9  -25];
2  >> [U, T] = schur(A1)     % 对矩阵 A1 进行 Schur 分解
3  U =
4     -0.3162     0.6529     0.6882
5      0.9487     0.2176     0.2294
6      0.0000    -0.7255     0.6882
7  T =
8      1.0000    -7.1119   815.8706
9           0     2.0000    55.0236
10          0          0     3.0000
11 >> [eig(A1) diag(T)]  % 验证：矩阵 A1 的特征根构成其 Schur 矩阵 T 的对角元素
12 ans =
13     1.0000     1.0000
14     2.0000     2.0000
15     3.0000     3.0000
16 >> A2 = [1 2 3; 5 6 7; 4 9 8];
17 >> T = schur(A2)          % T 不是上三角矩阵，说明有复特征根
18 T =
19    16.4837     2.3788     1.9727
20          0    -0.7418     1.5095
21          0    -0.6000    -0.7418
22 >> [U, T] = schur(A2, 'complex') % 加入参数 complex
23 U =
24     0.2259 + 0.0000i    -0.4884 + 0.2809i     0.1771 - 0.7747i
25     0.6132 + 0.0000i     0.2125 + 0.5770i     0.3638 + 0.3371i
26     0.7570 + 0.0000i    -0.0264 - 0.5512i    -0.3475 - 0.0419i
27 T =
28    16.4837 + 0.0000i    -1.0520 + 2.0123i     1.2686 - 1.6687i
29     0.0000 + 0.0000i    -0.7418 + 0.9517i    -0.9096 + 0.0000i
30     0.0000 + 0.0000i     0.0000 + 0.0000i    -0.7418 - 0.9517i
31 >> [eig(A2) diag(T)]     % 验证：T 的对角线元素为 A2 的特征根
32 ans =
33    16.4837 + 0.0000i    16.4837 + 0.0000i
34    -0.7418 + 0.9517i    -0.7418 + 0.9517i
35    -0.7418 - 0.9517i    -0.7418 - 0.9517i
```

第4部分 MATLAB在概率论与数理统计中的应用

第 17 章 排列组合与伪随机数的产生

排列组合是概率统计的基础，伪随机数在当代密码学、通信及仿真实验等领域具有重要的应用. 作为概率统计的基础，本章简要介绍排列组合的计算和伪随机数的产生.

17.1 排列组合

1. 阶乘

MATLAB 提供了 factorial 函数用于计算阶乘，示例如下.

```
1  >> m1 = factorial(3)   % 返回 3!
2  m1 =
3       6
```

微课：排列组合

2. 组合

MATLAB 提供了 nchoosek 函数用于计算 $C_n^k = C(n, k) = \dfrac{n!}{k!(n-k)!}$，示例如下.

```
1  >> m2 = nchoosek(5, 3)   % 返回 C(5, 3)
2  m2 =
3     10
```

3. 排列

MATLAB 没有提供直接计算排列的命令，但可以使用函数 nchoosek 和 factorial 计算 $A_n^k = \dfrac{n!}{(n-k)!} = C_n^k \cdot k!$，示例如下.

```
1  >> m3 = nchoosek(5, 3)*factorial(3) % 返回 P(5, 3)
2  m3 =
3     60
```

17.2 伪随机数的产生

随机数可分为真随机数和伪随机数两种. 真随机数一般是在随机的物理过程中生成的, 如热噪声、量子效应等. 伪随机数通常是指在某个似乎随机的过程中利用某个确定的算法计算得出的.

产生伪随机数的方式称为伪随机数生成器, 它一般利用种子和算法生成一个随机数序列. 生成器的基本原理是利用算法, 根据种子（初始状态）生成下一个状态, 并产生一个随机数, 然后再用新状态生成下下个状态, 并产生第二个随机数, 重复上述过程直到产生指定个数的随机数. 由于新随机数的产生依赖上一个状态, 因此用这种方法生成的随机数是伪随机的. 在后面章节中, 如不特别说明, 随机数就是指伪随机数. 在 MATLAB 中, 可采用以下方法产生随机数.

17.2.1 用专用函数产生随机数

本小节以正态分布和 χ^2 分布为例, 说明用专用函数产生随机数的方法. 在 MATLAB 中, 用 "normrnd(u, v, m, n)" 可以产生 m 行 n 列的服从期望为 u、方差为 v^2 的正态分布随机数; 用 "chi2rnd(k, m, n)" 可以产生 m 行 n 列的服从自由度为 k 的 χ^2 分布随机数. 示例如下.

微课: 用专用函数产生伪随机数

```
1  >> R1 = normrnd(0, 1, 2, 3)   % 返回 2×3 的、服从 N(0, 1²) 的随机数矩阵
2  R1 =
3      0.5377    -2.2588     0.3188
4      1.8339     0.8622    -1.3077
5  >> R2 = normrnd(1, 2)         % 返回 1 个服从正态分布 N(1, 2²) 的随机数
6  R2 =
7      0.1328
8  >> R3 = chi2rnd(5)            % 返回 1 个服从自由度为 5 的 χ² 分布随机数
9  R3 =
10     5.2573
11 >> R4 = chi2rnd(5, 2)         % 返回 2×2 的、自由度为 5 的 χ² 分布随机数矩阵
12 R4 =
13     7.5101     0.1604
14     1.8869     5.3629
```

由以上代码可以看出, 用专用函数产生随机数的方法为 " 'name' rnd(para, m, n)". 其中, "name" 为相应分布的名称（见表 17.1）, "para" 为分布 "name" 的参数（根据分布的不同, 参数可能不止一个）, "m" 和 "n" 分别为产生的随机数矩阵的行数和列数（如果只有 1 个, 则生成方阵; 如果不写, 则生成 1 个随机数）.

根据表 17.1, 可以方便地生成各种分布的随机数, 示例如下.

```
1  >> poissrnd(3, 2, 3)   % 生成 2×3 的、参数 λ 为 3 的泊松分布随机数矩阵
2  ans =
3      5     4     3
```

```
 4          2         3        2
 5  >> K = poissrnd(3, 1, 10)  % 生成 1×10 的、参数 λ 为 3 的泊松分布随机数向量
 6  K =
 7         0        4        9        4        2        4        2        2        2        1
 8  >> tabulate(K)                    % 用 tabulate 函数统计变量 K 中各值出现的频率
 9     Value      Count      Percent
10        0          1       10.00%
11        1          1       10.00%
12        2          4       40.00%
13        4          3       30.00%
14        9          1       10.00%
```

表 17.1　随机数产生函数

分布名称	函数及其调用方式	功能说明
bino	binornd(N, P, m, n)	参数为 N 和 P 的二项分布随机数
geo	geornd(P, m, n)	参数为 P 的几何分布随机数
unid	unidrnd(N, m, n)	整数 $1, 2, \cdots, N$ 上的均匀分布（离散）随机数
unif	unifrnd(A, B, m, n)	区间 $[A, B]$ 上的均匀分布（连续）随机数
poiss	poissrnd(lambda, m, n)	参数为"lambda"的泊松（Poisson）分布随机数
norm	normrnd(mu, sigma, m, n)	参数为"mu"和"sigma"的正态分布随机数
chi2	chi2rnd(N, m, n)	自由度为 N 的 χ^2 分布随机数
t	trnd(N, m, n)	自由度为 N 的 t 分布随机数
f	frnd(N1, N2, m, n)	第一、二自由度分别为"N1"和"N2"的 F 分布随机数
beta	betarnd(A, B, m, n)	参数为 A 和 B 的 β 分布随机数
ev	evrnd(mu, sigma, m, n)	参数为"mu"和"sigma"的极值分布随机数
exp	exprnd(lambda, m, n)	参数为"lambda"的指数分布随机数
gam	gamrnd(A, B, m, n)	参数为 A 和 B 的 Γ 分布随机数
gev	gevrnd(K, sigma, mu, m, n)	参数为"K""sigma""mu"的广义极值分布随机数
gp	gprnd(K, sigma, theta, m, n)	参数为"K""sigma""theta"的广义帕累托（Pareto）分布随机数
hyge	hygernd(M, K, N, m, n)	参数为 M、K 和 N 的超几何分布随机数
logn	lognrnd(mu, sigma, m, n)	参数为"mu"和"sigma"的对数正态分布随机数
nbin	nbinrnd(R, P, m, n)	参数为 R 和 P 的负二项分布随机数
ncf	ncfrnd(N1, N2, delta, m, n)	参数为"N1""N2""delta"的非中心 F 分布随机数
nct	nctrnd(N, delta, m, n)	参数为"N"和"delta"的非中心 t 分布随机数
ncx2	ncx2rnd(N, delta, m, n)	参数为"N"和"delta"的非中心 χ^2 分布随机数
rayl	raylrnd(A, m, n)	参数为 A 的瑞利（Rayleigh）分布随机数
weib	weibrnd(A, B, m, n)	参数为 A 和 B 的韦伯（Weibull）分布随机数

17.2.2　用通用函数产生随机数

在 MATLAB 中，随机数还可以通过**通用函数**来生成，使用方式如下.

random('name', para, m, n)　　　　　　% 产生服从指定分布的随机数

说明

（1）"name" 为分布的名称，取值如表 17.1 第一列所示（大小写可任意）.

（2）"para" 为 "name" 分布的参数，可能不止一个.

（3）"m" 和 "n" 为随机数矩阵的行数和列数.

微课：用通用
函数产生随机数

例 17.1 用 random 函数生成 10 个（2 行 5 列）服从正态分布 $N(2, 0.5^2)$ 的随机数.

解 在命令行窗口输入代码并运行，如代码 17.1 所示，以生成随机数.

代码 17.1 用 random 函数生成服从正态分布的随机数

```
1  >> random('norm', 2, 0.5, 2, 5)
2  ans =
3      2.2000    1.9116    2.5727    1.3981    1.2857
4      1.5350    0.9340    1.6855    1.8730    1.9896
```

例 17.2 用 random 函数生成 9 个（3 行 3 列）服从 $F(1, 2)$ 分布的随机数.

解 在命令行窗口输入代码并运行，如代码 17.2 所示，以生成随机数.

代码 17.2 用 random 函数生成服从 F 分布的随机数

```
1  >> random('F', 1, 2, 3, 3)
2  ans =
3      1.8961     3.0237     0.4942
4      0.1521    26.2235     2.5954
5      2.6465     2.3101     5.0578
```

17.2.3 其他产生随机数的方法

微课：其他产
生随机数的方法

除了上述产生随机数的方法，MATLAB 还提供了一些产生特殊随机数的方法，主要有以下 9 种.

```
X = rand                    % 在区间 (0, 1) 上产生一个服从均匀分布的随机数
X = rand(n)                 % 生成 n 阶随机数方阵，每个元素都由 rand 产生
X = rand(m, n)              % 生成 m × n 阶随机数矩阵
X = randn(…)                % 生成服从标准正态分布的随机数（矩阵）
X = randi([a b], m, n)      % 生成 m × n 阶随机整数（[a,b] 上、均匀分布）矩阵
X = randperm(n)             % 生成 1 到 n 的一个随机排列
X = randperm(n, k)          % 生成 1 到 n 的只有 k 个数的随机排列
rng(seed)                   % 设置随机数产生器（种子）
s = rng                     % 返回当前的随机数产生器
```

下面举例说明这些函数的具体使用方法.

```
1  >> X = rand                 % 产生一个在 [0, 1] 上服从均匀分布的随机数
2  X =
```

```
3        0.8528
4    >> Y = rand(2, 3)                    % 产生 2×3 的服从均匀分布的随机数矩阵
5    Y =
6        0.6654    0.2723    0.6824
7        0.4482    0.7952    0.0941
8    >> randn(1, 3)                        % 产生 1×3 的服从标准正态分布的向量
9    ans =
10        1.7955    1.6961    1.1199
11   >> randi([10 50], 1, 5)              % 在 [10, 50] 上产生 1×5 的整数随机数矩阵
12   ans =
13        33    48    27    31    25
14   >> randperm(6)                        % 产生从 1 到 6 的一个随机全排列
15   ans =
16        4    6    1    3    2    5
17   >> s = rng;                           % 返回当前的随机数生成器
18   >> X1 = rand(1, 5)
19   X1 =
20        0.5708    0.3552    0.5682    0.7801    0.1291
21   >> rng(s);                            % 设置随机数生成器
22   >> X2 = rand(1, 5)                    % 随机数再现，即 X2 和 X1 相同
23   X2 =
24        0.5708    0.3552    0.5682    0.7801    0.1291
25   >> X3 = rand(1, 5)                    % rng 只能作用一次，因此 X3 和 X1 不同
26   X3 =
27        0.1010    0.5167    0.8043    0.5244    0.8362
28   >> rng(s)                             % 再次设置随机数生成器
29   >> X4 = rand(1, 5)                    % 随机数再次重复出现，即 X4 和 X1 相同
30   X4 =
31        0.5708    0.3552    0.5682    0.7801    0.1291
```

第18章　概率密度与分布函数

连续型随机变量的概率密度函数一般记作 $f(x)$，且满足

$$f(x) \geqslant 0, \ \int_{-\infty}^{+\infty} f(x)\, \mathrm{d}x = 1.$$

由概率密度函数可以定义概率分布函数

$$F(x) = \int_{-\infty}^{x} f(t)\, \mathrm{d}t.$$

概率分布函数 $F(x)$ 表示随机变量 X 满足 $X \leqslant x$ 的概率，该函数单调不减，且满足

$$0 \leqslant F(x) \leqslant 1, \ F(-\infty) = 0, \ F(+\infty) = 1.$$

有时候还需要根据 $F_i = F(x)$ 求 x，这就是逆分布函数问题.

本章介绍用 MATLAB 求概率密度、分布函数及逆分布函数的方法.

18.1　概率密度的计算

与随机数的产生方法类似，随机变量的概率密度函数（probability density function）的计算也有两种方式，即用**专用函数**和**通用函数**来计算概率密度.

微课：概率密
度的计算

1. 用专用函数计算概率密度

用专用函数计算概率密度的方法：namepdf(K, para). 其中，"name" 为分布的名称（见表 17.1 的第一列）；"K" 为随机变量的取值（如果 "K" 为矩阵，则函数 namepdf 的返回结果也是矩阵，且与 "K" 的大小一致）；"para" 为概率密度函数的参数（根据分布的不同，参数可能不止一个）.

下面举例说明用专用函数计算概率密度的具体方法.

例 18.1　计算服从标准正态分布 $N(0,1)$ 的随机变量在 $X = -0.5$ 处的概率密度值.

解　在命令行窗口输入代码并运行，如代码 18.1 所示，以计算所求的概率密度值.

代码 18.1　用 normpdf 函数计算正态分布的概率密度值

```
1  >> normpdf(-0.5, 0, 1)
2  ans =
3     0.3521
```

例 18.2 分别画出标准正态分布 $N(0,1)$ 和参数 $\lambda = 2$ 的泊松分布 $\pi(2)$ 的概率密度函数的图形.

解 在命令行窗口输入代码 18.2 以绘制概率密度函数的图形, 运行结果如图 18.1 所示.

代码 18.2 绘制标准正态分布和泊松分布的概率密度函数图形

```
1  >> X1 = -3 : 0.05 : 3;
2  >> Y1 = normpdf(X1, 0, 1);
3  >> subplot(1, 2, 1);
4  >> plot(X1, Y1);
5  >> xticks([-3:1:3]);
6  >> title('标准正态分布的概率密度曲线');
7  >> grid on;
8  >> X2 = 0 : 1 : 10;
9  >> Y2 = poisspdf(X2, 2);
10 >> subplot(1, 2, 2);
11 >> stem(X2, Y2);                % 绘制火柴棍图
12 >> xticks([0:1:10]);
13 >> title('\lambda 为 2 的泊松分布的概率密度函数图形');
14 >> grid on;
```

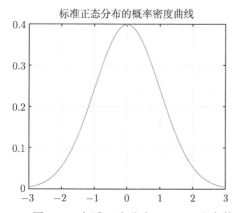
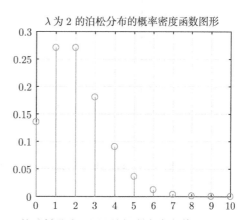

图 18.1 标准正态分布 $N(0,1)$ 和参数 $\lambda = 2$ 的泊松分布 $\pi(2)$ 的概率密度函数图形

2. 用通用函数计算概率密度

在 MATLAB 中, 用通用函数计算概率密度的方法如下.

pdf('name', K, para) % 求指定分布的概率密度

说明

(1) "name" 为分布的名称, 取值如表 17.1 第一列所示 (大小写可任意).

(2) "K" 为随机变量的取值, 若为矩阵, 则返回的概率密度也是矩阵.

(3) "para" 为 "name" 分布的参数, 可能不止一个, 具体个数由概率密度函数决定.

例 18.3 用通用函数画出自由度分别为 1、2、5、10 的 χ^2 分布的概率密度函数图形.

解 在命令行窗口输入代码 18.3 以绘制 χ^2 分布的概率密度曲线，运行结果如图 18.2 所示.

代码 18.3 绘制 χ^2 分布的概率密度曲线

```
1  >> x = 0 : 1 : 30;
2  >> y1 = pdf('chi2', x, 1);
3  >> y2 = pdf('chi2', x, 2);
4  >> y3 = pdf('chi2', x, 5);
5  >> y4 = pdf('chi2', x, 10);
6  >> plot(x, y1, '-+', x, y2, '-o', x, y3, '-*', x, y4, '-h');
7  >> legend('自由度为 1', '自由度为 2', '自由度为 5', '自由度为 10');
8  >> grid on;
```

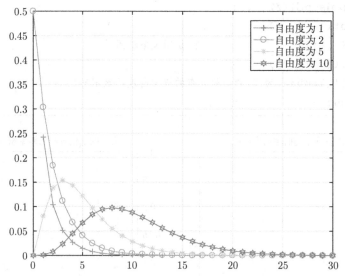

图 18.2 自由度分别为 1、2、5、10 的 χ^2 分布的概率密度函数图形

18.2 分布函数（累积概率值）的计算

与随机数的产生和概率密度的计算类似，MATLAB 对分布函数 [即累积概率值（cumulative distribution function）] 的计算也有两种方法，即用**专用函数**和**通用函数**. 另外，还可以用定义来计算.

微课：分布函数（累积概率值）的计算

1. 用专用函数计算累积概率值

用专用函数计算累积概率值的方法与计算概率密度值的方法类似，只需把 "pdf" 改为 "cdf" 即可，其参数及含义完全相同. 下面举例说明用专用函数计算累积概率值.

例 18.4   画出标准正态分布 $N(0,1)$ 的分布函数曲线,运行结果如图 18.3 所示.

解   在命令行窗口输入代码 18.4 以绘制标准正态分布 $N(0,1)$ 的分布函数曲线.

代码 18.4   绘制标准正态分布 $N(0,1)$ 的分布函数曲线

```
1  >> X1 = -5 : 0.05 : 5;
2  >> Y1 = normcdf(X1, 0, 1);
3  >> plot(X1, Y1)
4  >> grid on
5  >> xticks(-5:1:5);
6  >> yticks(0:0.1:1);
```

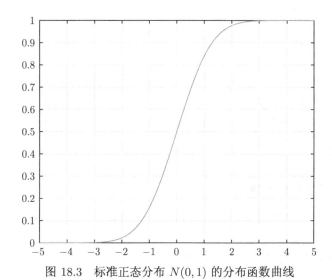

图 18.3   标准正态分布 $N(0,1)$ 的分布函数曲线

2. 用通用函数计算累积概率值

用通用函数计算累积概率值的方法与计算概率密度值的方法类似,只需把"pdf"改为"cdf"即可,其参数及含义二者完全相同. 下面举例说明用通用函数计算累积概率值.

例 18.5   画出自由度分别为 1、2、5、10 的 χ^2 分布的分布函数曲线.

解   在命令行窗口输入代码 18.5 以绘制 χ^2 分布的分布函数曲线,运行结果如图 18.4 所示.

代码 18.5   绘制 χ^2 分布的分布函数曲线

```
1  >> x = 0 : 1 : 30;
2  >> y1 = cdf('chi2', x, 1);
3  >> y2 = cdf('chi2', x, 2);
4  >> y3 = cdf('chi2', x, 5);
5  >> y4 = cdf('chi2', x, 10);
6  >> plot(x, y1, 'k-*', x, y2, 'r-o', x, y3, 'b-x', x, y4, 'k-^');
```

```
7  >> legend('自由度为 1', '自由度为 2', '自由度为 5', '自由度为 10',
8            'Location', 'SE');
9  >> grid on;
```

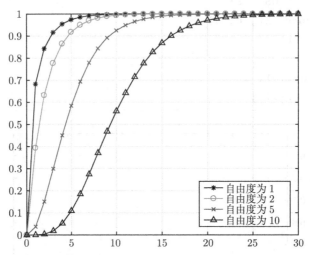

图 18.4   自由度分别为 1、2、5、10 的 χ^2 分布的分布函数曲线

3. 用定义计算累积概率值

以上都是用 MATLAB 提供的函数直接求分布函数，下面介绍对于给定的概率密度，用定义求分布函数的方法.

例 18.6   已知 Γ（伽玛）分布的概率密度函数为

$$f(x) = \begin{cases} \dfrac{1}{\beta^\alpha \Gamma(\alpha)} x^{\alpha-1} \mathrm{e}^{-x/\beta}, & x > 0, \\ 0, & x \leqslant 0. \end{cases} \tag{18.1}$$

其中，$\alpha, \beta > 0$ 且均为常数，

$$\Gamma(\alpha) = \int_0^{+\infty} \mathrm{e}^{-t} t^{\alpha-1} \, \mathrm{d}t \tag{18.2}$$

为 Γ 函数. 求 Γ 分布的分布函数.

解   在命令行窗口输入代码并运行，如代码 18.6 所示，以求出 Γ 分布的分布函数.

代码 18.6   用定义求 Γ 分布的分布函数

```
1  >> syms x y f(x)          % f(x) 为符号函数
2  >> syms a b positive      % a 和 b 都是只能取正数的符号变量
3  >> % 下面定义概率密度函数 f(x)，见 (18.1)式，
4  >> % 其中 gamma(x) 是 MATLAB 自带的伽玛函数，见 (18.2) 式
5  >> f(x) = piecewise(x > 0, x^(a-1)*exp(-x/b)/(b^a*gamma(a)), 0);
```

```
 6  >> f(x) = simplify(f(x))
 7  f(x) =
 8  piecewise(0 < x, (x^(a - 1)*exp(-x/b))/(b^a*gamma(a)), x <= 0, 0)
 9  >> F = int(f(y), y, -inf, x)    % 用定义计算伽玛分布的分布函数
10  F =
11  piecewise(0 < x, 1 - igamma(a, x/b)/gamma(a), x <= 0, 0)
12  >> subs(F, x, inf)         % 检验 1: 由概率知识, F(+∞) 为 1
13  ans =
14  1
15  >> subs(F, x, -inf)        % 检验 2: 由概率知识, F(-∞) 为 0
16  ans =
17  0
18  >> simplify(diff(F, x)) % 检验 3: 由概率知识, 对分布函数求导得概率密度函数
19  ans =
20  piecewise(0 < x, (x^(a - 1)*exp(-x/b))/(b^a*gamma(a)), x < 0, 0)
21  >> t = -1 : 0.5 : 5;       % 取一些点进行检验
22  >> T1 = gamcdf(t, 2, 5); % 令 a为2, b为5, 用 MATLAB 函数求概率分布值
23  >> T2 = eval(subs(F, {a, b, x}, {2, 5, t})); % 用分布函数求概率分布值
24  >> norm(T1 - T2)          % 检验误差
25  ans =
26      1.8310e-16
```

根据运行结果（见第 11 行）知，Γ 分布的分布函数为

$$F(x) = \begin{cases} \dfrac{1 - \Gamma^{-1}(\alpha, x/\beta)}{\Gamma(\alpha)}, & x > 0, \\ 0, & x \leqslant 0. \end{cases} \tag{18.3}$$

说明

（1）"f(x)" 为符号函数，详细说明请查阅帮助文档.

（2）"piecewise" 用来定义分段函数，当参数个数为偶数时，奇数位置和偶数位置上的参数是配对的，奇数位置的参数为条件，偶数位置的参数为对应的表达式，当参数个数为奇数时，前面的偶数个参数是配对的，最后一个是其他情况的表达式.

（3）函数 "gamma(a)" 和 "igamma(t, z)" 是 MATLAB 提供的用来求解 Γ 函数及其逆函数（即高阶不完整 Γ 函数）的，其中 Γ 函数的表达式如 (18.2) 式所示，Γ 逆函数的表达式为

$$\Gamma^{-1}(\eta, z) = \int_z^{+\infty} t^{\eta-1} \mathrm{e}^{-t} \, \mathrm{d}t. \tag{18.4}$$

18.3　逆分布函数（逆累积概率值）的计算

由概率论知识知，分布函数都是单调不减的函数，因此分布函数有反函数，即逆分布

函数或逆累积概率值. 在实际应用中, 当已知某分布的概率累积值时, 求随机变量值就是求该分布的逆分布函数值.

微课: 逆分布函数（逆累积概率值）的计算

例 18.7 已知正态分布 $N(1, 2^2)$ 的分布函数值为 0.9, 求相应的随机变量的取值. 也就是说, 已知随机变量 $X \sim N(1, 2^2)$, 且

$$F(x) = P\{X \leqslant x\} = \int_{-\infty}^{x} f(t)\mathrm{d}t = 0.9, \quad \text{其中} \quad f(t) = \frac{1}{2\sqrt{2\pi}}\mathrm{e}^{-\frac{(t-1)^2}{2 \times 2^2}},$$

求 x.

对于例 18.7, 可以用逆分布函数来求解. 与分布函数的计算（18.2 节）类似, 逆分布函数 [即逆累积概率值（inverse cumulative distribution function）] 的计算也有两种方法, 即用**专用函数**和**通用函数**.

1. 用专用函数计算逆累积概率值

用专用函数计算逆累积概率值的方法: nameinv(K, para). "name" 的取值及参数的含义与累积概率值的相同. 因此, 例 18.7 的 MATLAB 求解代码如下.

```
1  >> x1 = norminv(0.9, 1, 2)
2  x1 =
3     3.5631
```

2. 用通用函数计算逆累积概率值

用通用函数计算逆累积概率值的具体方法如下.

icdf('name', K, para)   % 求指定分布的逆累积概率值
说明
（1）各参数的含义与分布函数的相同.
（2）专用函数名的后面是 "inv", 而通用函数则是用 "icdf".
用通用函数求解例 18.7 的 MATLAB 代码如下.

```
1  >> x2 = icdf('norm', 0.9, 1, 2)
2  x2 =
3     3.5631
```

例 18.8 已知 $X \sim N(0, 1)$, $P\{|X| \leqslant u\} = 0.95$, 求 u.

解　$P\{|X| \leqslant u\} = 0.95 \Longrightarrow P\{X > u\} + P\{X < -u\} = 2P\{X > u\} = 1 - 0.95 = 0.05$

$$\Longrightarrow P\{X > u\} = 0.05/2 = 0.025$$

$$\Longrightarrow P\{X \leqslant u\} = 1 - 0.025 = 0.975.$$

因此, 求解该问题的 MATLAB 代码如下.

```
1  >> u = icdf('norm', 0.975, 0, 1)
2  u =
3     1.9600
```

第19章 随机变量的数字特征

随机变量的数字特征可以对数据的 3 个方面进行测度和描述:(1)集中趋势,即反映数据向其中心靠拢的程度;(2)分散程度,即反映数据远离其中心值的程度;(3)分布形状,即反映数据分布的偏斜程度和峰度. 下面对随机变量的数字特征进行详细介绍.

19.1 平均值、中值、分位数和极差

1. 用 mean 函数求算术平均值

mean 函数的调用方式如下.

```
mean(X)          % X 为向量,返回 X 中所有元素的平均值
mean(A)          % A 为矩阵,返回 A 中各列向量的平均值构成的行向量
mean(A, dim)     % A 为矩阵,若 dim 为 1(默认),则按列计算;若
                 % dim 为 2,则按行计算
```

说明:当 X 为向量,即 $X = [x_1, x_2, \cdots, x_n]^{\mathrm{T}}$ 时,算术平均值就是样本的均值,其计算方法为

$$\bar{x} = \frac{1}{n} \sum_{i=1}^{n} x_i.$$

微课:平均值、中值、分位数和极差

例 19.1 用 mean 函数求向量和矩阵的均值.

解 在命令行窗口输入代码并运行,如代码 19.1 所示,以计算向量和矩阵的均值.

代码 19.1 用 mean 函数计算向量和矩阵的均值

```
1  >> X = 1 : 1 : 6;
2  >> mean(X)                % 求向量 X 的均值, X 可以是行向量, 也可以是列向量
3  ans =
4      3.5000
5  >> A = reshape(X, 2, 3)   % 将 X 重新组装成 2 行 3 列的矩阵
6  A =
7      1    3    5
8      2    4    6
9  >> mean(A)                % 求 A 的各列向量的均值构成的行向量
10 ans =
11     1.5000   3.5000   5.5000
12 >> mean(A, 1)             % 求 A 的各列向量的均值, 等同于 mean(A)
13 ans =
```

```
14        1.5000      3.5000      5.5000
15  >> mean(A, 2)                % 求 A 的各行向量的均值
16  ans =
17        3
18        4
```

2. 用 harmmean 函数求调和平均值

harmmean 函数的调用方式如下.

```
harmmean(X)              % X 为向量，返回 X 中所有元素的调和平均值
harmmean(A)              % A 为矩阵，返回 A 中各列向量的调和平均值构成
                        % 的行向量
harmmean(A, dim)         % 若 dim 为 1（默认），则按列计算；若 dim 为 2,
                        % 则按行计算
```

说明：当 $X = [x_1, x_2, \cdots, x_n]^{\mathrm{T}}$，且 $x_i \neq 0 \ (i = 1, 2, \cdots, n)$ 时，调和平均值的计算方法为

$$M = \frac{n}{\displaystyle\sum_{i=1}^{n} \frac{1}{x_i}}.$$

例 19.2　用 harmmean 函数求矩阵的调和平均值（向量的调和平均值请读者自己练习求解）.

解　在命令行窗口输入代码并运行，如代码 19.2 所示，以计算矩阵的调和平均值.

代码 19.2　用 harmmean 函数计算矩阵的调和平均值

```
1  >> A = [1 2 3; 4 5 6];
2  >> harmmean(A)
3  ans =
4        1.6000      2.8571      4.0000
5  >> harmmean(A, 2)
6  ans =
7        1.6364
8        4.8649
```

3. 用 geomean 函数求几何平均值

geomean 函数的调用方式如下.

```
geomean(X)              % X 为向量，返回 X 中所有元素的几何平均值
geomean(A)              % A 为矩阵，返回 A 中各列向量的几何平均值构成
                        % 的行向量
geomean(A, dim)         % 若 dim 为 1（默认），则按列计算；若 dim 为 2,
                        % 则按行计算
```

说明：当 $\boldsymbol{X} = [x_1, x_2, \cdots, x_n]^{\mathrm{T}}$ 时，几何平均值的计算方法为

$$G = \left(\prod_{i=1}^{n} x_i\right)^{\frac{1}{n}}.$$

例 19.3 用 geomean 函数求矩阵的几何平均值（向量的几何平均值请读者自己练习求解）.

解 在命令行窗口输入代码并运行，如代码 19.3 所示，以计算矩阵的几何平均值.

代码 19.3 用 geomean 函数计算矩阵的几何平均值

```
1  >> A = [1 2 3; 4 5 6];
2  >> geomean(A)
3  ans =
4     2.0000    3.1623    4.2426
5  >> geomean(A, 2)
6  ans =
7     1.8171
8     4.9324
```

4. 用 median 函数求中值（中位数）

median 函数的调用方式如下.

```
median(X)          % X 为向量，返回 X 中所有元素的中位数
median(A)          % A 为矩阵，返回 A 中各列向量的中位数构成的行向量
median(A, dim)     % 若 dim 为 1（默认），则按列计算；若 dim 为 2,
                   % 则按行计算
```

说明：当 $\boldsymbol{X}$ 为向量，即 $\boldsymbol{X} = [x_1, x_2, \cdots, x_n]^{\mathrm{T}}$ 时，若 n 为奇数，则返回 x_k，其中 $k = \dfrac{n+1}{2}$；若 n 为偶数，则返回 $\dfrac{x_{l1} + x_{l2}}{2}$，其中 $l1 = \dfrac{n}{2}$，$l2 = l1 + 1$.

例 19.4 用 median 函数求向量的中值（矩阵的中值请读者自己练习求解）.

解 在命令行窗口输入代码并运行，如代码 19.4 所示，以计算向量的中值.

代码 19.4 用 median 函数计算向量的中值

```
1  >> x1 = [1 3 7];
2  >> x2 = [1 3 7 100];
3  >> [median(x1)  median(x2)]
4  ans =
5        3        5
```

5. 用 quantile 和 prctilte 函数求样本的分位数

quantile 和 prctilte 函数的调用方式如下.

quantile(X, p)	% X 为向量，返回 X 中 p 分位点指定的元素，
	% p $\in [0,1]$
quantile(A, p, dim)	% A 为矩阵，dim 为方向，取值为 1（默认）或 2
quantile(X, N)	% N 为大于 1 的整数，按列计算
quantile(X, N, dim)	% 若 dim 为 1（默认），则按列计算；若 dim
	% 为 2，则按行计算
prctile(X, q)	% X 为向量，返回 X 中 q% 分位点指定的元素，
	% q $\in [0,100]$
prctile(A, q, dim)	% A 为矩阵，dim 为方向，取值为 1（默认）或 2

说明：假设 n 维向量 X 的元素已按从小到大排序，然后计算 $np = a.b$，令 $c = $ round（np）（即对 np 进行四舍五入取整），如果 $c = a$，则返回 $(0.5 - 0.b)x_{\max\{c,1\}} + (0.5 + 0.b)x_{\min\{c+1,n\}}$；如果 $c > a$，则返回 $(1.5 - 0.b)x_{\max\{c,1\}} + (0.b - 0.5)x_{\min\{c+1,n\}}$.

例 19.5 用 quantile 和 prctilte 函数求向量的分位数.

解 在命令行窗口输入代码并运行，如代码 19.5 所示，以计算向量的分位数.

代码 19.5 用 quantile 和 prctilte 函数计算向量的分位数

```
1  >> x1 = [1 7 5 6 3];
2  >> quantile(x1, [0.25 0.50 0.75])
3  ans =
4      2.5000    5.0000    6.2500
5  >> prctile(x1, [25 50 75])
6  ans =
7      2.5000    5.0000    6.2500
```

6. 用 range 函数求样本的极差

range 函数的调用方式如下.

range(X)	% X 为向量，返回 X 中所有元素的极差，即最大值和
	% 最小值之差
range(A)	% A 为矩阵，返回 A 中各列向量的极差构成的行向量
range(A, dim)	% 若 dim 为 1（默认），则按列计算；若 dim 为 2，
	% 则按行计算

例 19.6 用 range 函数求极差.

解 在命令行窗口输入代码并运行，如代码 19.6 所示，以计算向量和矩阵的极差.

代码 19.6 用 range 函数计算向量和矩阵的极差

```
1  >> x1 = [1 3 7 5 6];
2  >> range(x1)
```

```
3  ans =
4       6
5  >> x2 = [2 3 5; 7 10 8];
6  >> range(x2, 2)
7  ans =
8       3
9       3
```

19.2 期望

1. 用 mean 函数计算离散样本的均值（期望）

用法与前面一样，此处不再赘述．

2. 用 sum 函数计算离散型随机变量的期望

微课：期望

若已知离散型随机变量的分布律，则可以直接用 sum 函数来求期望．

例 19.7 已知离散型随机变量 X 的分布律如表 19.1 所示，求 $E(X)$ 和 $E(X^2+1)$．

表 19.1　随机变量 X 的分布律

X	-3	-2	-1	0	1	2	3
P	0.2	0.1	0.2	0.1	0.2	0.1	0.1

解　在命令行窗口输入代码并运行，如代码 19.7 所示，以计算离散型随机变量的期望．

代码 19.7　用 sum 函数计算离散型随机变量的期望

```
1  >> X = [ -3    -2    -1    0    1    2    3];
2  >> P = [0.2  0.1   0.2  0.1  0.2  0.1  0.1];
3  >> EX = sum(X.*P)         % 计算 E(X)
4  EX =
5     -0.3000
6  >> Y = X.^2 + 1;
7  >> EY = sum(Y.*P)         % 计算 E(X^2+1)
8  EY =
9      4.9000
```

19.3 方差与标准差

1. 用 var 函数计算方差（Variance）

var 函数的调用格式如下．

var(X)   % X 为向量，返回 X 中所有元素的方差 $s^2 = \frac{1}{n-1}\sum_{i=1}^{n}(x_i - \bar{x})^2$

var(A)   % A 为矩阵，返回 A 中各列向量的方差构成的行向量

var(X, 0)   % 等价于 var(X)

var(X, 1)   % X 为向量，返回 X 中所有元素的总体方差 $s^2 = \frac{1}{n}\sum_{i=1}^{n}(x_i - \bar{x})^2$

var(A, 0)   % 等价于 var(A)

var(A, 1)   % A 为矩阵，返回 A 中各列元素的总体方差构成的行向量

说明：用 var 函数计算方差时，第二个参数可以为 0（默认）或 1，为 0 时，表示计算样本方差，其前置因子为 $\frac{1}{n-1}$；为 1 时，表示计算总体方差，其前置因子为 $\frac{1}{n}$，其中 n 为样本数量.

微课：方差与标准差

例 19.8 用 var 函数求向量的方差（请读者自己练习求矩阵的方差）.

解 在命令行窗口输入代码并运行，如代码 19.8 所示，以计算向量的方差.

代码 19.8 用 var 函数计算向量的方差

```
1  >> X = 0 : 1 : 4;
2  >> var(X)
3  ans =
4      2.5000
5  >> var(X, 0)
6  ans =
7      2.5000
8  >> var(X, 1)
9  ans =
10      2
```

2. 用 std 函数计算标准差

由概率论知识知，标准差（standard deviation）是方差的算术平方根. 因此，"std(X)" 返回的结果为 "var(X)" 的算术平方根. 除此之外，std 函数的用法与 var 函数的用法完全一致. 下面举例说明 std 函数的使用方法.

例 19.9 用 std 函数求向量的标准差（请读者自己练习求矩阵的标准差）.

解 在命令行窗口输入代码并运行，如代码 19.9 所示，以计算向量的标准差.

代码 19.9 用 std 函数计算向量的标准差

```
1  >> X = 0 : 1 : 4;
2  >> s1 = std(X)
3  s1 =
4      1.5811
5  >> s1^2 - var(X)          % 验证标准差是方差的算术平方根
6  ans =
7      4.4409e-16
```

```
 8  >> s2 = std(X, 1)
 9  s2 =
10      1.4142
11  >> s2^2 - var(X, 1)        % 验证标准差是方差的算术平方根
12  ans =
13      4.4409e-16
```

3. 常见分布的期望和方差

19.2 节提到的期望和本节前面提到的方差都只能对离散型的样本进行计算. 如果已知随机变量的分布情况（离散型或连续型），则可以直接用 MATLAB 中的函数求相应的期望和方差，具体使用方法为 "namestat(para)"，其中，"name" 的取值如表 17.1 第一列所示，"para" 的含义参考 18.1 节.

例 19.10　用专用函数求 $N(-1, 3^2)$ 和 $F(2, 5)$ 的期望与方差.

解　在命令行窗口输入代码并运行，如代码 19.10 所示，以计算指定分布的期望和方差.

代码 19.10　用专用函数计算指定分布的期望和方差

```
 1  >> [m1, v1] = normstat(-1, 3)     % 正态分布：用 m1 返回期望，用 v1 返回方差
 2  m1 =
 3      -1
 4  v1 =
 5      9
 6  >> [m2, v2] = fstat(2, 5)         % F 分布：用 m2 返回期望，用 v2 返回方差
 7  m2 =
 8      1.6667
 9  v2 =
10      13.8889
```

4. 一般分布的期望和方差

以上都是给定具体分布名称和参数后求期望与方差，接下来介绍给定概率密度函数，用定义求期望和方差. 由概率论知识知，若连续型随机变量 X 的概率密度为 $f(x)$，则 X 的期望 $E(X)$ 和方差 $D(X)$[或 $\mathrm{Var}(X)$] 分别为

$$E(X) = \int_{-\infty}^{+\infty} xf(x)\, \mathrm{d}x,$$

$$D(X) = \mathrm{Var}(X) = \int_{-\infty}^{+\infty} [x - E(X)]^2 f(x)\, \mathrm{d}x = E(X^2) - [E(X)]^2.$$

如果 X 为离散型随机变量，其分布律为 $P(X = x_k) = p_k \ (k = 1, 2, \cdots)$，则 X 的期望和方差分别为

$$E(X) = \sum_{k=1}^{+\infty} x_k p_k,$$

$$D(X) = \text{Var}(X) = \sum_{k=1}^{+\infty}[x_k - E(X)]^2 p_k = E(X^2) - [E(X)]^2.$$

例 19.11 指数分布的概率密度为

$$f(x) = \begin{cases} \dfrac{a}{\theta}\mathrm{e}^{-\frac{ax}{\theta}}, & x > 0, \\ 0, & x \leqslant 0. \end{cases} \tag{19.1}$$

其中，θ 和 a 均为大于零的常数. 求指数分布的分布函数、期望和方差.

解 在命令行窗口输入代码并运行，如代码 19.11 所示，以计算指数分布的分布函数、期望和方差.

代码 19.11 计算指数分布的分布函数、期望和方差

```
1  >> syms x y p(x)                          % p(x) 为符号函数
2  >> syms theta a positive
3  >> p(x) = piecewise(x > 0, a*exp(-a*x./theta)./theta, x <= 0, 0);
4  >> F = int(p(y), y, -inf, x)              % 分布函数
5  F =
6  piecewise(0 < x, 1 - exp(-(a*x)/theta), x <= 0, 0)
7  >> m = int(x*p(x), x, -inf, inf)          % 期望
8  m =
9  theta/a
10 >> d = int((x-m)^2*p(x), x, -inf, inf)    % 方差
11 d =
12 theta^2/a^2
```

根据运行结果，分布函数（见代码 19.11 的第 6 行）为

$$F(x) = \begin{cases} 1 - \mathrm{e}^{-\frac{ax}{\theta}}, & x > 0, \\ 0, & x \leqslant 0, \end{cases} \tag{19.2}$$

期望和方差分别为 $\dfrac{\theta}{a}$ 和 $\dfrac{\theta^2}{a^2}$（分别见代码 19.11 的第 9 行和第 12 行）.

19.4 协方差和相关系数

1. 用 cov 函数计算样本的协方差矩阵

假设随机数 $\{(x_i, y_i) | i = 1, 2, \cdots, n\}$ 为二维随机变量 (X, Y) 的样本值，则可以定义二维样本的协方差矩阵（covariance matrix）为

$$C = \begin{bmatrix} c_{xx} & c_{xy} \\ c_{yx} & c_{yy} \end{bmatrix}.$$

微课：协方差和
相关系数

其中，

$$c_{xy} = c_{yx} = \frac{1}{n-1} \sum_{i=1}^{n} (x_i - \bar{x})(y_i - \bar{y}),$$

$$c_{xx} = \frac{1}{n-1} \sum_{i=1}^{n} (x_i - \bar{x})^2, \quad c_{yy} = \frac{1}{n-1} \sum_{i=1}^{n} (y_i - \bar{y})^2.$$

多维随机变量样本的协方差矩阵可以由上述定义扩展而来. 在 MATLAB 中, 可以用 cov 函数来计算样本的协方差矩阵, 该函数的调用方式如下.

cov(X, w)   % X 为向量, 返回 var(X, w), w 取 0 (默认) 或 1
cov(X, Y)   % X 和 Y 为同维向量, 返回 2 阶协方差矩阵
cov(X, Y, w) % w 取 0 (默认) 时等价于 cov(X, Y), 取 1 时前置系数为 $\frac{1}{n}$
cov(A, w)   % 返回矩阵 A 中各列向量的协方差矩阵, w 取 0 (默认) 或 1

例 19.12　用 cov 函数求协方差.

解　在命令行窗口输入代码并运行, 如代码 19.12 所示, 以计算向量和矩阵的协方差矩阵.

代码 19.12　用 cov 函数计算向量和矩阵的协方差矩阵

```
1  >> X = [-1 2 3];
2  >> Y = [-1 2 -3];
3  >> Z = [1 -2 3];
4  >> cov(X) - var(X)          % 单个随机变量的协方差与方差是相等的
5  ans =
6        0
7  >> cov(X, Y)                % 计算随机向量 X 和 Y 的协方差矩阵
8  ans =
9       4.3333    -0.6667
10      -0.6667     6.3333
11 >> cov(X, Z)                % 计算随机向量 X 和 Z 的协方差矩阵
12 ans =
13      4.3333     0.6667
14      0.6667     6.3333
15 >> cov(Y, Z)                % 计算随机向量 Y 和 Z 的协方差矩阵
16 ans =
17      6.3333    -6.3333
18     -6.3333     6.3333
19 >> A = [X' Y' Z'];
20 >> cov(A)                   % 计算矩阵 A 的协方差矩阵
21 ans =
22      4.3333    -0.6667     0.6667
23     -0.6667     6.3333    -6.3333
24      0.6667    -6.3333     6.3333
```

2. 用 corrcoef 函数计算样本的相关系数

相关系数（correlation coefficients）是研究随机变量之间线性相关程度的量，其取值范围为 $[-1,1]$，且相关系数越接近 1，表明随机变量之间越正相关；相关系数越接近 -1，表明随机变量之间越负相关；相关系数越接近于 0，表明随机变量之间线性相关关系越弱。在概率论中，相关系数的定义为

$$\rho(X, Y) = \frac{\mathrm{Cov}(X, Y)}{\sqrt{D(X)}\sqrt{D(Y)}}.$$

其中，$D(X) = E(X^2) - [E(X)]^2$ 是随机变量 X 的方差，$\mathrm{Cov}(X, Y) = E\{[X - E(X)][Y - E(Y)]\}$ 为随机变量 X 和 Y 的协方差（标量）。在 MATLAB 中，可用 corrcoef 函数来求向量或矩阵的相关系数，该函数的调用方式如下。

```
corrcoef(X, Y)      % 返回向量 X 和向量 Y 的相关系数
corrcoef(A)         % 返回矩阵 A 的各列向量之间的相关系数
```

说明：corrcoef 函数返回的结果是一个对称矩阵，记为 $\boldsymbol{R} = (r_{ij})_{n \times n}$，其中 n 为向量的个数，r_{ij} 为矩阵 $\boldsymbol{A}$ 的第 i 个列向量和第 j 个列向量的相关系数。显然，$r_{ii} = 1$，这是因为向量与其自身是正相关的。

例 19.13　用 corrcoef 函数求相关系数。

解　在命令行窗口输入代码并运行，如代码 19.13 所示，以计算向量的相关系数。

代码 19.13　用 corrcoef 函数计算向量的相关系数

```
1  >> X = [1 2 3]; Y = [-1 2 -3];
2  >> corrcoef(X, Y)
3  ans =
4      1.0000   -0.3974
5     -0.3974    1.0000
6  >> corrcoef([X' Y'])
7  ans =
8      1.0000   -0.3974
9     -0.3974    1.0000
```

3. 多维正态分布

假设有 d 个服从正态分布的随机变量 $X_1, X_2, \cdots, X_d$，它们的期望分别为 $\mu_1, \mu_2, \cdots, \mu_d$，协方差矩阵为 $\boldsymbol{\Sigma}^2$。这样，d 维正态分布的联合概率密度函数可定义为

$$f(\boldsymbol{x}) = f(x_1, x_2, \cdots, x_d) = \frac{1}{\sqrt{(2\pi)^d |\boldsymbol{\Sigma}|}} \mathrm{e}^{-\frac{1}{2}(\boldsymbol{x}-\boldsymbol{\mu})^{\mathrm{T}} \boldsymbol{\Sigma}^{-1}(\boldsymbol{x}-\boldsymbol{\mu})}.$$

其中，$\boldsymbol{x} = [x_1, x_2, \cdots, x_d]^{\mathrm{T}}$，$\boldsymbol{\mu} = [\mu_1, \mu_2, \cdots, \mu_d]^{\mathrm{T}}$。此时，称 d 维随机变量 $X = [X_1, X_2, \cdots, X_d]^{\mathrm{T}}$ 服从 d 维正态分布，记为 $X \sim N_d(\boldsymbol{\mu}, \boldsymbol{\Sigma}^2)$。

特别地，当 $d = 2$ 时，

$$X = \begin{bmatrix} X_1 \\ X_2 \end{bmatrix} \sim N_2 \left(\begin{bmatrix} \mu_1 \\ \mu_2 \end{bmatrix}, \begin{bmatrix} \sigma_1^2 & \rho\sigma_1\sigma_2 \\ \rho\sigma_2\sigma_1 & \sigma_2^2 \end{bmatrix} \right). \tag{19.3}$$

其中，$\mu_1 = E(X_1)$，$\mu_2 = E(X_2)$，$\sigma_1^2 = D(X_1)$，$\sigma_2^2 = D(X_2)$，$\rho = \rho(X_1, X_2)$ 为 X_1 和 X_2 的相关系数，$\rho\sigma_1\sigma_2$ 为 X_1 和 X_2 的协方差，即 $\mathrm{Cov}(X_1, X_2) = \rho\sigma_1\sigma_2$.

对于多维正态分布（multivariate normal distribution），MATLAB 提供了 mvnrnd、mvnpdf 和 mvncdf 函数分别用于生成伪随机数、求概率密度值和求累积概率（即分布函数）值. 与其他分布类似，多维正态分布的上述计算都需要提供期望 $\boldsymbol{\mu}$ 和协方差 $\boldsymbol{\Sigma}^2$.

例 19.14 假设期望 $\boldsymbol{\mu} = [1, -2]^{\mathrm{T}}$、协方差分别为 $\boldsymbol{\Sigma}_1^2 = [1, 1.5; 1.5, 3]$ 和 $\boldsymbol{\Sigma}_2^2 = [1, 0; 0, 3]$ 的二维正态分布 $N_2(\boldsymbol{\mu}, \boldsymbol{\Sigma}_1^2)$ 和 $N_2(\boldsymbol{\mu}, \boldsymbol{\Sigma}_1^2)$，各生成 1 000 组伪随机数，将它们画在 xOy 平面上，并绘制它们的概率密度曲面和分布函数曲面.

解 新建脚本文件，并输入代码 19.14.

代码 19.14 绘制二维正态分布的概率密度曲面和分布函数曲面

```
1   mu = [1, -2];                      % 设置期望 mu
2   Sigma2_1 = [1 1.5; 1.5 3];         % 设置第一个协方差 Sigma2_1
3   Sigma2_2 = [1 0;   0   3];         % 设置第二个协方差 Sigma2_2
4
5   % 第一步：绘制散点图
6   R1 = mvnrnd(mu, Sigma2_1, 1000);   % 根据mu和Sigma2_1生成1000组伪随机数 R1
7   R2 = mvnrnd(mu, Sigma2_2, 1000);   % 根据mu和Sigma2_2生成1000组伪随机数 R2
8   figure('Position', [200 300 850 450]);   % 生成新绘图界面
9   subplot(1, 2, 1);                  % 设置第一个子图
10  plot(R1(:,1), R1(:,2), 'o');       % 绘制第一组伪随机数散点图，如图 19.1 所示
11  xlabel('x'); ylabel('y');          % 设置坐标轴标签
12  grid on;                           % 绘制网格线
13  axis square;                       % 设置坐标系中各轴的长度一致
14  subplot(1, 2, 2);                  % 设置第二个子图
15  plot(R2(:,1), R2(:,2), '+');       % 绘制第二组伪随机数散点图，如图 19.1 所示
16  xlabel('x'); ylabel('y');          % 设置坐标轴标签
17  grid on;                           % 绘制网格线
18  axis square;                       % 设置坐标系中各轴的长度一致
19
20  % 第二步：绘制概率密度曲面
21  t1 = mu(1)-2 : 0.2 : mu(1)+2;      % 设置第一维随机变量的绘图范围
22  t2 = mu(2)-2 : 0.2 : mu(2)+2;      % 设置第二维随机变量的绘图范围
23  [X, Y] = meshgrid(t1, t2);         % 生成网格点
24  xy = [X(:) Y(:)];                  % 将二维网格点坐标变成两列网格点坐标
25  P1 = mvnpdf(xy, mu, Sigma2_1);     % 计算关于 mu 和 Sigma2_1 的概率密度值 P1
26  P2 = mvnpdf(xy, mu, Sigma2_2);     % 计算关于 mu 和 Sigma2_2 的概率密度值 P2
27  P1 = reshape(P1, size(X));         % 将概率密度值 P1 重新还原为二维形式
```

```
28    P2 = reshape(P2, size(X));          % 将概率密度值 P2 重新还原为二维形式
29    figure('Position', [200 300 850 450]);  % 生成新绘图界面
30    colormap(cool)                       % 设置坐标系色调
31    subplot(1, 2, 1);                    % 设置第一个子图
32    surf(X, Y, P1);                      % 根据 P1 绘制概率密度曲面, 如图 19.2 所示
33    xticks(min(t1):max(t1));xlim([min(t1),max(t1)])% 设置横轴的刻度与范围
34    yticks(min(t2):max(t2));ylim([min(t2),max(t2)])% 设置纵轴的刻度与范围
35    xlabel('x'); ylabel('y'); zlabel('z');  % 设置坐标轴标签
36    axis square;                         % 设置坐标系中各轴的长度一致
37    subplot(1, 2, 2);                    % 设置第二个子图
38    surf(X, Y, P2);                      % 根据 P2 绘制概率密度曲面, 如图 19.2 所示
39    xticks(min(t1):max(t1));xlim([min(t1),max(t1)])% 设置横轴的刻度与范围
40    yticks(min(t2):max(t2));ylim([min(t2),max(t2)])% 设置纵轴的刻度与范围
41    xlabel('x'); ylabel('y'); zlabel('z');  % 设置坐标轴标签
42    axis square;                         % 设置坐标系中各轴的长度一致
43
44    % 第三步: 为了更加清晰, 绘制概率密度曲面的等高线
45    figure('Position',[200 300 850 450]);  % 如图 19.3 所示
46    subplot(1, 2, 1);                    % 设置第一个子图
47    contour(X, Y, P1, 10);               % 绘制 P1 的等高线
48    xticks(min(t1):max(t1));xlim([min(t1),max(t1)])% 设置横轴的刻度与范围
49    yticks(min(t2):max(t2));ylim([min(t2),max(t2)])% 设置纵轴的刻度与范围
50    xlabel('x'); ylabel('y');            % 设置坐标轴标签
51    axis square;                         % 设置坐标系中各轴的长度一致
52    subplot(1, 2, 2);                    % 设置第二个子图
53    contour(X, Y, P2, 10);               % 绘制 P2 的等高线
54    xticks(min(t1):max(t1));xlim([min(t1),max(t1)])% 设置横轴的刻度与范围
55    yticks(min(t2):max(t2));ylim([min(t2),max(t2)])% 设置纵轴的刻度与范围
56    xlabel('x'); ylabel('y');            % 设置坐标轴标签
57    axis square;                         % 设置坐标系中各轴的长度一致
58
59    % 第四步: 绘制分布函数曲面
60    t1 = mu(1)-8 : 1 : mu(1)+8;          % 设置第一维随机变量的绘图范围
61    t2 = mu(2)-8 : 1 : mu(2)+8;          % 设置第二维随机变量的绘图范围
62    [X, Y] = meshgrid(t1, t2);           % 生成网格点
63    xy = [X(:) Y(:)];                    % 将二维网格点坐标变成两列网格点坐标
64    P3 = mvncdf(xy, mu, Sigma2_1);       % 计算关于 mu 和 Sigma2_1 的概率分布值 P3
65    P4 = mvncdf(xy, mu, Sigma2_2);       % 计算关于 mu 和 Sigma2_2 的概率分布值 P4
66    P3 = reshape(P3, size(X));           % 将概率分布值 P3 重新还原为二维形式
67    P4 = reshape(P4, size(X));           % 将概率分布值 P4 重新还原为二维形式
68    figure('Position', [200 300 850 450]);  % 生成新绘图界面
69    colormap(winter)                     % 设置坐标系色调
```

```
70  subplot(1, 2, 1);              % 设置第一个子图
71  mesh(X, Y, P3);                % 根据 P3 绘制分布函数曲面,如图 19.4 所示
72  xticks(min(t1):3:max(t1));xlim([min(t1),max(t1)])%设置横轴的刻度与范围
73  yticks(min(t2):3:max(t2));ylim([min(t2),max(t2)])%设置纵轴的刻度与范围
74  xlabel('x'); ylabel('y'); zlabel('z');   % 设置坐标轴标签
75  axis square;                   % 设置坐标系中各轴的长度一致
76  view(65, 35);                  % 设置视角
77  subplot(1, 2, 2);              % 设置第二个子图
78  mesh(X, Y, P4);                % 根据 P4 绘制分布函数曲面,如图 19.4 所示
79  xticks(min(t1):3:max(t1));xlim([min(t1),max(t1)])%设置横轴的刻度与范围
80  yticks(min(t2):3:max(t2));ylim([min(t2),max(t2)])%设置纵轴的刻度与范围
81  xlabel('x'); ylabel('y'); zlabel('z');   % 设置坐标轴标签
82  axis square;                   % 设置坐标系中各轴的长度一致
83  view(65, 35);                  % 设置视角
```

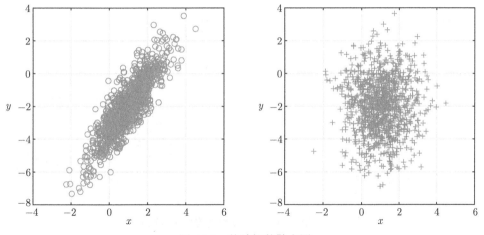

图 19.1　伪随机数散点图

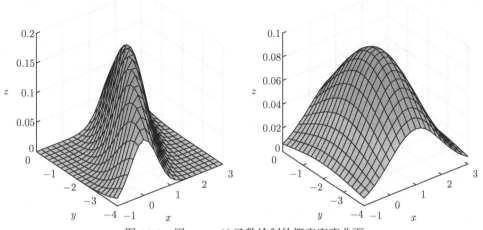

图 19.2　用 mvnpdf 函数绘制的概率密度曲面

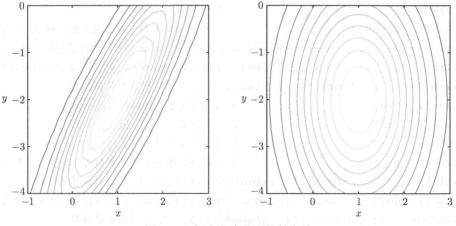

图 19.3　概率密度曲面的等高线

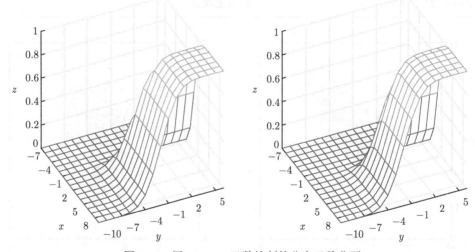

图 19.4　用 mvncdf 函数绘制的分布函数曲面

例 19.15　已知两个随机变量 X 和 Y 分别服从 $N(1,1^2)$ 和 $N(1,2^2)$ 分布，分别绘制当 X 和 Y 的相关系数 ρ 分别为 $-0.99, 0$ 与 0.99 时的二维正态分布的概率密度曲面的等高线.

解　为了能清晰地描述二维正态分布的概率密度曲面的等高线随相关系数的变化情况，本例将要绘制的等高线做成动画，演示当 ρ 在 $[-0.99, 0.99]$ 变化时等高线的变化情况. 新建脚本文件，并输入代码 19.15.

代码 19.15　用动画展示二维正态分布的概率密度曲面的等高线随相关系数的变化情况

```
1  mu = [1, 1];
2  sigma1 = 1;
3  sigma2 = 2;
4  for k = 1 : 2    % 播放次数：两次
5      for rho = [-1 : 0.1 : 1, 1 : -0.1 : -1]
```

```
 6              if rho == -1
 7                  rho = -0.99;
 8              end
 9              if rho == 1
10                  rho = 0.99;
11              end
12              huizhi(mu, rho, sigma1, sigma2)   % 调用内嵌函数
13              pause(0.5);       % 暂停 0.5 s
14          end
15      end
16
17      function huizhi(mu, rho, sigma1, sigma2)        % 内嵌函数: 绘制图形
18          tmp = rho*sigma1*sigma2;
19          SIGMA = [sigma1^2  tmp; tmp  sigma2^2];
20          [X, Y] = meshgrid(mu(1)-5:0.15:mu(1)+5, mu(2)-5:0.15:mu(2)+5);
21          xy = [X(:) Y(:)];
22          P1 = mvnpdf(xy, mu, SIGMA);
23          P1 = reshape(P1, size(X));
24          contour(X, Y, P1, 10);
25          xlabel('x'); ylabel('y');
26          grid on; axis square;
27          title(['\rho = ' num2str(rho)]);
28      end
```

根据运行结果, 截取当 ρ 分别为 -0.99、0.99 和 0 时的等高线, 如图 19.5 (a)、图 19.5 (b) 和图 19.5 (c) 所示.

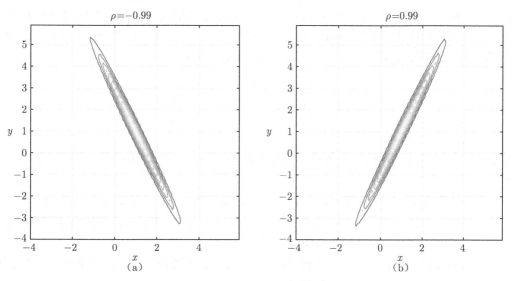

图 19.5   二维正态分布的概率密度曲面的等高线随相关系数的变化情况

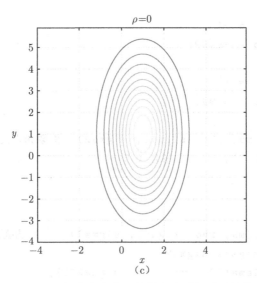

图 19.5　二维正态分布的概率密度曲面的等高线随相关系数的变化情况（续）

19.5　偏度和峰度

1. 用 skewness 函数计算样本的偏度

偏度是用于度量统计数据分布偏斜方向和程度的，是统计数据分布非对称程度的数字特征，也可以称之为偏态、偏态系数. 也就是说，偏度是表征概率密度曲线相对于平均值不对称程度的特征数.

微课：偏度和
峰度

若以 bs 表示偏度，则当 $bs < 0$ 时，称分布具有负偏离，也称左偏态，直观表现为左边的尾部相对于与右边的尾部要长；当 $bs > 0$ 时，称分布具有正偏离，也称右偏态，直观表现为右边的尾部相对于左边的尾部要长；当 bs 接近于 0 时，可认为分布是对称的. 按照上述说明，正态分布的偏度为 0，而自由度较大（如 $n \geqslant 5$）的 χ^2 分布的偏度应为正数（见图 18.2）. 偏度的数学定义为

$$bs = E\left[\left(\frac{X - \overline{X}}{\sigma}\right)^3\right] = \frac{k_3}{\sigma^3} = \frac{k_3}{k_2^{\frac{3}{2}}}.$$

其中，$\overline{X}$ 为样本 X 的均值，σ 为样本的标准差，k_2 和 k_3 分别为样本的二阶和三阶中心矩.

在 MATLAB 中，可以用 skewness 函数求向量的偏度，该函数的调用方式如下.

```
skewness(X)              % 返回向量 X 的偏度；若 X 为矩阵，则返回其各列向量
                         % 的偏度
skewness(X, flag)        % flag 为 1（默认）表示偏斜不纠正，flag 为 0 表示偏
                         % 斜纠正
```

例 19.16 随机生成若干正态分布数据和 χ^2 分布数据,并用 skewness 函数求样本数据的偏度.

解 在命令行窗口输入代码并运行,如代码 19.16 所示,观察样本数据的偏度变化情况.

代码 19.16 计算样本数据的偏度

```
1  >> X = normrnd(2, 1, 1, 1000);
2  >> skewness(X)        % 正态样本数据的偏度接近于 0
3  ans =
4        0.0011
5  >> X = chi2rnd(10, 1, 1000);
6  >> skewness(X)        % 卡方样本数据的偏度大于 0
7  ans =
8        1.1711
9  >> skewness(-X)
10 ans =
11       -1.1711
```

2. 用 kurtosis 函数计算样本的峰度

峰度,以 bk 表示,是表征概率密度曲线在平均值处峰值高低的特征数. 直观看来,峰度反映了峰部的尖度. 通常,样本的峰度是和标准正态分布相比较而言的一个统计量. 定义标准正态分布的峰度为 3,如果某概率密度曲线的峰度 $bk > 3$,则峰的形状比标准正态分布陡峭;反之,如果 $bk < 3$,则峰的形状比标准正态分布平坦. 在 MATLAB 中,可以用 kurtosis 函数来求向量的峰度,该函数的调用方式如下.

kurtosis(X) % 返回向量 X 的峰度;若 X 为矩阵,则返回其各列向量的峰度

例 19.17 生成期望为 0,而方差分别小于 1、等于 1 和大于 1 的随机数,并用 kurtosis 函数计算样本数据的峰度.

解 在命令行窗口输入代码并运行,如代码 19.17 所示,观察样本的峰度变化情况.

代码 19.17 计算样本数据的峰度

```
1  >> X = normrnd(0, 1, 1, 1000);
2  >> kurtosis(X)          % 标准正态样本数据的峰度接近于 3
3  ans =
4        3.0618
5  >> X = normrnd(0, 5, 1, 1000);
6  >> kurtosis(X)          % 方差变大,正态分布的概率密度曲线变平坦
7  ans =
8        2.9815
9  >> X = normrnd(0, 0.5, 1, 1000);
10 >> kurtosis(X)          % 方差变小,正态分布的概率密度曲线变陡峭
```

```
11  ans =
12      3.1259
```

19.6   随机变量的矩

对于连续型随机变量 X，假设其概率密度为 $f(x)$，则称

$$\nu_k = \int_{-\infty}^{+\infty} x^k p(x)\, \mathrm{d}x \text{ 和 } \mu_k = \int_{-\infty}^{+\infty} [x - E(X)]^k p(x)\, \mathrm{d}x$$

微课：随机变量
的矩

分别为 X 的 k 阶原点矩和 k 阶中心矩. 不难发现，$\nu_1 = E(X)$ 是 X 的期望，$\mu_2 = D(X)$ 是 X 的方差.

例 19.18   求指数分布（见例 19.11）的 一阶、二阶、三阶原点矩和中心矩.

解   在命令行窗口输入代码并运行，如代码 19.18 所示.

代码 19.18   计算指数分布的原点矩和中心矩

```
1   >> syms x y p(x) u v
2   >> syms theta a positive
3   >> p(x) = piecewise(x > 0, a*exp(-a*x./theta)./theta, x <= 0, 0);
4   >> for k = 1 : 3
5        v(k) = int(x^k*p(x), x, -inf, inf);
6        u(k) = int((x-v(1))^k*p(x), x, -inf, inf);
7   end
8   >> [v ; u]
9   ans =
10  [ theta/a, (2*theta^2)/a^2, (6*theta^3)/a^3]
11  [       0,     theta^2/a^2, (2*theta^3)/a^3]
```

根据运行结果（见上述代码的第 10 行和第 11 行），指数分布的 一阶、二阶、三阶原点矩和中心距分别为

$$\nu_{1,2,3} = \left[\frac{\theta}{a}, \frac{2\theta^2}{a^2}, \frac{6\theta^3}{a^3}\right], \quad \mu_{1,2,3} = \left[0, \frac{\theta^2}{a^2}, \frac{2\theta^3}{a^3}\right].$$

以上是用定义计算连续型随机变量的原点矩和中心距. 对于给定的随机变量的一些样本值 $x_1, x_2, \cdots, x_n$，该随机变量的 k 阶原点矩与中心矩的定义分别为

$$A_k = \frac{1}{n}\sum_{i=1}^{n} x_i^k, \quad B_k = \frac{1}{n}\sum_{i=1}^{n} (x_i - \bar{x})^k.$$

其中，$\bar{x} = \dfrac{x_1 + x_2 + \cdots + x_n}{n}$ 为样本的均值

MATLAB 提供了 moment 函数用来计算向量的 k 阶中心距. 对于 k 阶原点矩, MATLAB 中没有现成的函数可用, 但可以用 "sum(x.^k)/length(x)" 来计算, 其中 "x" 为向量.

例 19.19 生成 5 000 个服从自由度为 5 的 t 分布的随机数, 计算这些随机数的 1~5 阶原点矩和中心距.

解 在命令行窗口输入代码并运行, 如代码 19.19 所示, 所求的原点矩和中心距见变量 "v" 和 "u".

代码 19.19 计算 t 分布随机数的原点矩和中心矩

```
1  >> M = 5;
2  >> x = trnd(5, 1, 5000);
3  >> u = zeros(1, M);
4  >> v = zeros(1, M);
5  >> for k = 1 : M
6       v(k) = sum(x.^k)/length(x);
7       u(k) = moment(x, k);
8     end
9  >> [v; u]    % 第 1 行和第 2 行分别为 1 ~ 5 阶原点矩和中心距
10 ans =
11    -0.0094     1.6738    -0.2626    18.8232    -6.1266
12         0      1.6737    -0.2154    18.8143    -5.2425
```

第 20 章 统 计 作 图

统计图是利用点、线、面、体等绘制成几何图形，以表示各种数量间的关系及其变动情况的一种工具，是表现统计数据大小和变动的各种图形总称. 在统计学中，把利用统计图形表现统计资料的方法叫作统计图示法，其特点是形象具体、简明生动、通俗易懂、一目了然. 本章介绍 MATLAB 中的一些实用的统计作图函数及其使用方法.

20.1 直方图

用直方图（histogram）可以画出数据在指定幅度（x 轴）上出现的次数（y 轴），因此纵坐标没有负数. 在 MATLAB 中，可以用 histogram 函数来绘制直方图，该函数的调用方式如下.

histogram(X, nbins) % 绘制向量 X 的直方图，幅度为 nbins（默认由 X 决定）

例 20.1 生成 10 000 个服从标准正态分布的随机数，绘制幅度分别为默认和 20 的直方图.

解 在命令行窗口输入代码 20.1，运行结果如图 20.1 所示.

代码 20.1 用 histogram 函数绘制直方图

```
1 >> X = randn(10000, 1);        % 生成 10000 个服从标准正态分布的随机数
2 >> subplot(1, 2, 1); histogram(X);       % 绘制直方图，幅度是默认的
3 >> subplot(1, 2, 2); histogram(X, 20); % 绘制直方图，幅度是 20
```

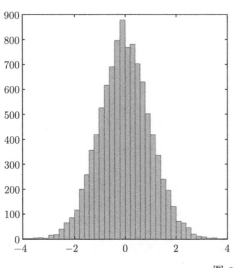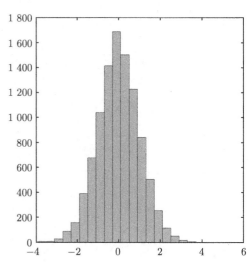

图 20.1 直方图

除此之外，MATLAB 还可以在绘制直方图的同时绘制出正态分布的概率密度曲线，使用的函数是 histfit，该函数的调用方式如下.

`histfit(X, nbins)`   % 在直方图上画出正态分布的概率密度曲线

例 20.2   分别生成 10 000 个服从 χ^2 分布和标准正态分布的随机数，画出带正态分布概率密度曲线的直方图.

解   在命令行窗口输入代码 20.2，运行结果如图 20.2 所示.

代码 20.2   用 histfit 函数绘制带正态分布概率密度曲线的直方图

```
1  >> X = chi2rnd(3, 10000, 1);      % 生成 10000 个服从卡方分布的随机数
2  >> Y = normrnd(0, 1, 10000, 1);   % 生成 10000 个服从标准正态分布的随机数
3  >> subplot(1, 2, 1);  histfit(X); % 绘制带正态分布概率密度曲线的直方图
4  >> subplot(1, 2, 2);  histfit(Y); % 同上
```

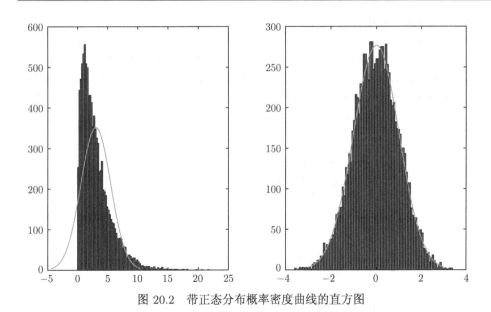

图 20.2   带正态分布概率密度曲线的直方图

从图 20.2 可以看出，来自正态分布的随机样本数据的直方图与标准正态分布概率密度曲线的拟合度比 χ^2 分布的要好. 在实际情况中，可以用 histfit 函数对观测到的样本数据是否来自正态总体进行直观判断.

20.2   经验累积分布函数图

对于一维数据，直方图可以用各个数据值出现的频率表示它们的概率分布. 如果需要进一步表示这些数据的累积概率分布（即小于等于当前数据值的所有数据的概率分布），可以通过绘制经验累积分布函数（empirical cumulative distribution function）图来实现. 在实际问题中，由于真实的概率分布函数未知，因此经验累积分布函数图实际上就是直方图的累加.

在 MATLAB 中，可以用 cdfplot 函数来绘制样本数据的经验累积分布函数图，该函数的调用方式如下.

[h, stats] = cdfplot(X)　　% 绘制样本数据的经验累积分布函数图

说明："X" 为样本数据向量，"h" 为曲线环柄，"stats" 为 "X" 的一些统计特征.

例 20.3　生成 100 个标准正态分布随机数，画出这些数据的经验累积分布函数图，并与标准正态分布函数图和自由度为 2 的 t 分布函数图做比较.

解　在命令行窗口输入代码 20.3，运行结果如图 20.3 所示.

代码 20.3　用 cdfplot 绘制经验累积分布函数图

```
1   >> X = normrnd(0,1,100,1);   % 或用 X = randn(100,1);生成标准正态分布随机数
2   >> [h, stats] = cdfplot(X);        % 绘制经验累积分布函数图
3   >> hold on
4   >> x = -3 : 0.1 : 3;
5   >> y1 = cdf('norm', x, 0, 1);    % 生成标准正态分布函数值
6   >> y2 = cdf('t', x, 2);               % 生成自由度为 2 的 t 分布函数值
7   >> plot(x, y1, 'k-.')                  % 绘制标准正态分布函数图形
8   >> plot(x, y2, 'r--')                  % 绘制自由度为 2 的 t 分布函数图形
9   >> legend('经验累积分布', '标准正态分布', '自由度为 2 的 \itt \rm分布',…,
10          'Location', 'NW')
```

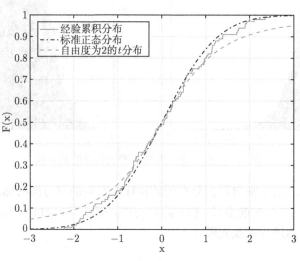

图 20.3　经验累积分布函数图

从图 20.3 可以发现，样本数据 "X" 的经验累积分布函数（实线）与标准正态分布函数（点横线）的贴合度较好，而与自由度为 2 的 t 分布函数（虚线）贴合度较差，这是因为样本数据 "X" 来自标准正态总体.

20.3　绘制正态分布的概率图形

除了 cdfplot 函数, MATLAB 还提供了 normplot 函数, 用于从直观上检验数据是否符合正态分布. 与 cdfplot 函数不同的是, normplot 函数通过改变纵坐标刻度, 将传统的正态分布函数曲线画成了一条直线. 用户可以通过检验数据是否在直线附近来判断数据是否来自正态总体. normplot 函数的调用方式如下.

```
h = normplot(X)        % 绘制正态分布的概率图形
```

说明: "X" 为给定的样本数据向量.

例 20.4　生成 100 个标准正态分布随机数和 100 个自由度为 10 的泊松分布随机数, 画出正态分布概率图形, 观察并分析数据和图形的拟合度.

解　在命令行窗口输入代码 20.4, 运行结果如图 20.4 所示.

代码 20.4　用 normplot 函数绘制正态分布的概率图形

```
1  >> X1 = normrnd(0, 1, 100, 1);    % 生成标准正态分布随机数向量
2  >> X2 = poissrnd(10, 100, 1);     % 生成泊松分布随机数向量
3  >> subplot(1, 2, 1);
4  >> normplot(X1);                   % 绘制关于 X1 的正态分布的概率图形
5  >> subplot(1, 2, 2);
6  >> normplot(X2);                   % 绘制关于 X2 的正态分布的概率图形
```

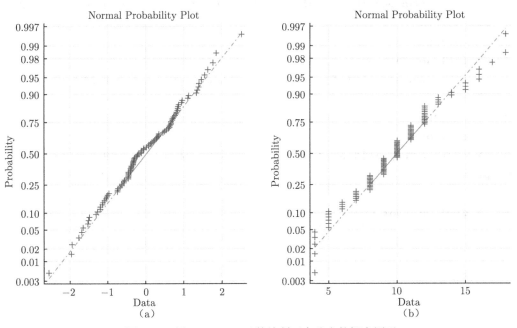

图 20.4　用 normplot 函数绘制正态分布的概率图形

从图 20.4 可以看出，纵坐标不是等距的. 如果数据（用"+"号表示）在直线附近，则说明这些数据来自正态总体 [见图 20.4（a）]，否则说明不是来自正态总体 [见图 20.4（b）].

20.4　指定区间上的正态概率密度曲线

在 MATLAB 中，可以用 normspec 函数来绘制指定区间上的正态分布函数图形，该函数的调用方式如下.

p = normspec([lbnd, ubnd], mu, sigma, region)

说明："[lbnd, ubnd]"为指定的区间；"mu"和"sigma"分别为正态分布的期望和标准差，默认为 $N(0, 1^2)$；"region"为指定区域，可取 "inside"（默认）或 "outside"，"p"为指定区域的概率值.

例 20.5　画出标准正态分布的概率密度曲线，并分别计算区间 $(-\infty, 0.5]$ 和 $[0.5, +\infty)$ 上的概率.

解　在命令行窗口输入代码 20.5，运行结果如图 20.5 所示.

代码 20.5　用 normspec 函数绘制指定区间上的正态概率密度曲线

```
1  >> p1 = normspec([-Inf, 0.5], 0, 1, 'inside')    % 如图 20.5 (a) 所示
2  p1 =
3       0.6915
4  >> grid on; box on;
5  >> p2 = normspec([0.5, Inf], 0, 1, 'inside')     % 如图 20.5 (b) 所示
6  p2 =
7       0.3085
8  >> grid on; box on;
9  >> p3 = normspec([-Inf, 0.5], 0, 1, 'outside')   % 如图 20.5 (c) 所示
10 p3 =
11      0.3085
12 >> grid on; box on;
13 >> p4 = normspec([0.5, Inf], 0, 1, 'outside')    % 如图 20.5 (d) 所示
14 p4 =
15      0.6915
16 >> grid on; box on;
```

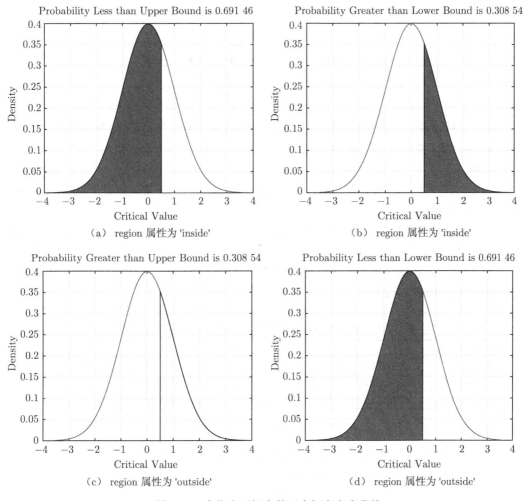

图 20.5　在指定区间上的正态概率密度曲线

20.5　箱线图

箱线图是用样本数据的最小值 Q_{-2}、第一四分位数 Q_{-1}（即样本数据的 0.25 分位数）、中位数 M_0、第三四分位数 Q_1（即样本数据的 0.75 分位数）和最大值 Q_2 这 5 个特征来描述数据的一种图形化方法，它可以粗略地展示出数据是否具有对称性及分布的分散程度等，适用于多个样本的比较.

在实际情况中，数据集中可能会出现不寻常的大于或小于该数据集中其他数据的数据，称为疑似异常值. 这会对箱线图产生不适当的影响，为此引入修正的箱线图. 令 $IQR \triangleq Q_1 - Q_{-1}$，用 $A_{-2} = Q_{-1} - 1.5IQR$ 代替 Q_{-2}，用 $A_2 = Q_1 + 1.5IQR$ 代替 Q_2，并将小于 A_{-2} 和大于 A_2 的疑似异常值以"点"的形式画出，其水平样式如图 20.6 所示，其中加号（"+"）表示疑似异常值.

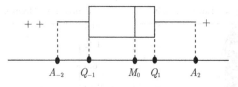

图 20.6　修正的箱线图样式

MATLAB 提供了 boxplot 函数用于绘制箱线图，该函数没有返回值，其调用方式如下.

boxplot(X, G, Name, Value)

说明

（1）"X" 为样本数据（必须项），可以为向量，也可以为矩阵，如果为矩阵，则绘制每个列向量的箱线图.

（2）"G" 为 "X" 的分组，是一个向量，如果 "X" 是向量，则 "G" 的大小与 "X" 相等，如果 "X" 是矩阵，则 "G" 的大小与 "X" 的列数相等.

（3）"Name-Value" 参数对的属性设置较多，表 20.1 列举了一些常用的属性及说明，其他属性请查阅帮助文档.

表 20.1　函数 boxplot 的 "Name-Value" 参数对说明

参数名称的取值	说明
'PlotStyle'	箱线图的绘制风格：传统风格（'traditional'，默认）；紧凑风格（'compact'）
'Notch'	箱线图的样式：矩形箱线图（'off'，默认）；带切口的箱线图（'on'）
'Orientation'	箱线图的方向：垂直箱线图（'vertical'，默认）；水平箱线图（'horizontal'）

例 20.6　用 boxplot 函数绘制箱线图.

解　在命令行窗口输入代码 20.6，运行结果如图 20.7 所示.

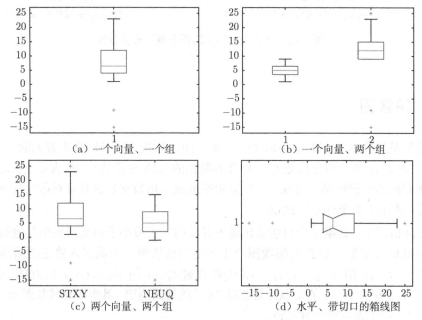

图 20.7　箱线图

代码 20.6   用 boxplot 函数绘制箱线图

```
1  >> X = [1 2 3 4 5 5 4 6 6 7 7 9 9 10 12 12 13 15 23 25 -9 -15]';
2  >> Y = [0 2 0 3 2 2 3 3 5 5 6 9 9 9 9 9 10 9 5 15 -1 -15]';
3  >> G = [ones(1,12)    2*ones(1,10)];
4  >> figure; boxplot(X)                               % 如图 20.7 (a) 所示
5  >> figure; boxplot(X, G)                            % 如图 20.7 (b) 所示
6  >> figure; boxplot([X Y], {'STXY', 'NEUQ'})         % 如图 20.7 (c) 所示
7  >> figure;                                          % 如图 20.7 (d) 所示
8  >> boxplot(X,'Orientation','horizontal','Notch','on')
```

20.6   P-P 图和 Q-Q 图

P-P 图是根据变量的累积概率对应于所指定的理论分布累积概率绘制的散点图, 用于直观地检测样本数据是否符合某一指定的概率分布. 如果被检验的数据符合所指定的分布, 则样本数据点应基本在指定的理论分布的对角线上. 而 Q-Q 图可以检测两个样本是否服从相同的分布. 如果它们来自同一分布, 则会近似在一条直线上.

在 MATLAB 中, 分别用函数 probplot 和 qqplot 绘制 P-P 图与 Q-Q 图, 它们的调用方式分别如下.

probplot(dist, X)

qqplot(X, Y)

说明: "X" 和 "Y" 为给定的样本数据向量; "dist" 为指定的分布名称, 其取值可以是 " 'normal' " " 'weibull' " " 'exponential' " " 'rayleigh' " 等. probplot 函数与 normplot 函数有相同之处, 但 normplot 函数只能检测数据是否服从正态分布, 而 porbplot 函数不仅可以检测数据是否服从正态分布, 还可以检测数据是否服从其他指定的分布.

例 20.7   生成 100 个标准正态分布随机数和 100 个自由度为 10 的 χ^2 分布随机数, 用 probplot 函数绘制正态分布累积概率图形, 并观测两组数据与正态分布累积概率图形的拟合度.

解   在命令行窗口输入代码 20.7, 运行结果如图 20.8 所示.

代码 20.7   用 probplot 函数绘制 P-P 图

```
1  >> X1 = normrnd(0, 1, 100, 1);
2  >> figure(1);
3  >> probplot('normal', X1)        % 如图 20.8 (a) 所示
4  >> X2 = chi2rnd(10, 100, 1);
5  >> figure(2);
6  >> probplot('normal', X2)        % 如图 20.8 (b) 所示
```

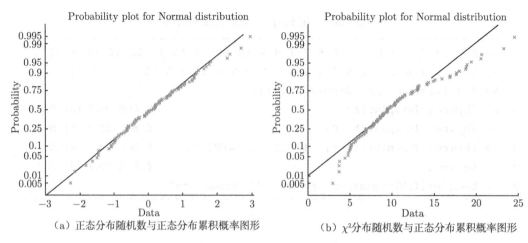

（a）正态分布随机数与正态分布累积概率图形　　　（b）χ^2分布随机数与正态分布累积概率图形

图 20.8　用 probplot 函数绘制 P-P 图

从图 20.8 可以看出，正态分布函数与正态分布随机数的拟合度较好，而与 χ^2 分布随机数的拟合度较差.

例 20.8　分别生成 100 个服从 $N(10, 1)$、$\pi(10)$ 和 $N(0, 2^2)$ 的随机数向量"X1"、"X2"和"X3"，用 qqplot 函数检验"X1"和"X2"及"X1"和"X3"是否来自同一个总体.

解　在命令行窗口输入代码 20.8，运行结果如图 20.9 所示.

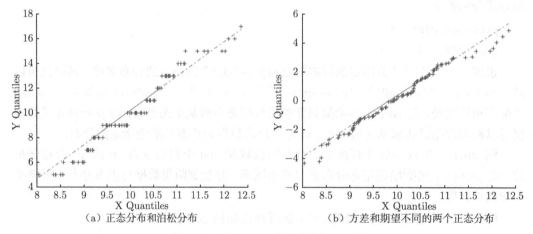

（a）正态分布和泊松分布　　　　　　　　（b）方差和期望不同的两个正态分布

图 20.9　用 qqplot 函数绘制 Q-Q 图

代码 20.8　用 **qqbplot** 函数绘制 Q-Q 图

```
1  >> x1 = normrnd(10, 1, 100, 1);
2  >> x2 = poissrnd(10, 100, 1);
3  >> x3 = normrnd(0, 2, 100, 1);
4  >> figure(1)
5  >> qqplot(x1, x2);        % 如图 20.9 (a) 所示
6  >> figure(2)
```

```
7  >> qqplot(x1, x3)          % 如图 20.8 (b) 所示
```

从图 20.9 可以看出，"X1"和"X2"不是来自同一个总体的，而"X1"和"X3"是来自同一个总体的.

20.7 给散点图加一条最小二乘拟合直线

在 MATLAB 中，可以用 lsline 函数根据数据的散点图绘制一条最小二乘拟合直线，该函数的调用方式如下.

```
lsline          % 无参数
```

例 20.9 给出散点 $(0, 2)$，$(1, 5)$，$(2, 9)$，$(3, 12)$，$(4, 15)$，$(5, 17)$，画出其最小二乘拟合直线.

解 在命令行窗口输入代码 20.9，运行结果如图 20.10 所示.

代码 20.9 用 lsline 函数绘制最小二乘拟合直线

```
1  >> x = 0 : 1 : 5;  y = [2 5 9 12 15 17];
2  >> scatter(x, y, '+');      % 绘制散点图
3  >> lsline                   % 绘制最小二乘拟合直线
4  >> grid on;
```

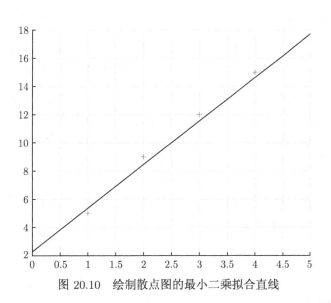

图 20.10 绘制散点图的最小二乘拟合直线

第 21 章　参 数 估 计

参数估计分为**点估计**和**区间估计**两类. 所谓点估计, 就是用某一个函数值作为总体未知参数的估计值. 点估计的方法有很多, 常用的有矩估计法 (moment estimation) 和最大似然估计法 (maximum likelihood estimation). 矩估计法是英国统计学家皮尔逊在 19 世纪末提出的, 其原理是利用样本的 k 阶原点矩依概率收敛于总体的 k 阶原点矩; 最大似然估计法是英国统计学家费希尔于 1912 年提出的, 其基本思想是利用最大似然原理, 即根据最有利结果的发生做出判断. 所谓区间估计, 就是对未知参数给出一个区间范围, 并在一定的可靠度 (置信度、置信水平) 下使这个范围包含未知参数的真值.

给定一组观测数据 $\boldsymbol{X} = [x_1, x_2, \cdots, x_n]^{\mathrm{T}}$, 若根据经验知道这些数据满足某种分布 (如正态分布), 但不知道该分布的一些参数 (如期望、方差), 点估计法就是要根据已观测到的 $\boldsymbol{X}$ 估计出该分布的参数, 而区间估计就是根据给定的置信度 (confidence level) 估计出参数所在的区间, 即置信区间 (confidence interval).

21.1　矩估计

在概率论与数理统计中, 假设样本总体 X 的均值 $\mu = E(X)$ 和方差 $\sigma^2 = D(X)$ 都存在, 则无论总体如何, 其均值与方差的矩估计分别为: $\mu = \bar{x}$ 和 $\sigma^2 = \dfrac{1}{n}\sum_{i=1}^{n}(x_i - \bar{x})^2$. 因此, 在 MATLAB 中, 可以使用 mean 和 moment 函数对样本总体的期望和方差进行估计, 这两个函数的调用方式分别如下.

微课: 矩估计

```
mu_ju = mean(X)            % 计算样本总体 X 的均值
sigma2_ju = moment(X, 2)   % 计算样本总体 X 的二阶中心矩
```

例 21.1　某次抽样得到以下数据: 1.8, −0.2, 1.2, −1.8, 2.7, 0.9, 1.3, 1.3, −0.1, 2.8. 求该样本总体的均值及方差的矩估计值.

解　在命令行窗口输入代码并运行, 如代码 21.1 所示, 得到样本总体的均值和方差的矩估计值分别为 0.990 0 和 1.748 9.

代码 21.1　用 用矩估计法估计样本总体的均值和方差

```
1  >> X = [1.8 -0.2 1.2 -1.8 2.7 0.9 1.3 1.3 -0.1 2.8];
2  >> mu = mean(X)              % 估计样本总体的均值 (期望)
3  mu =
4      0.9900
5  >> sigma2 = moment(X, 2)     % 估计样本总体的方差
6  sigma2 =
7      1.7489
```

例 21.2   设总体 X 在 $[a, b]$ 上服从均匀分布，a 和 b 未知，随机抽取若干样本，假设它们的一阶和二阶原点矩分别为 A_1 和 A_2，求 a 和 b.

解   根据矩估计法原理，$A_1 = E(X)$，$A_2 = E(X^2)$. 而 $E(X)$ 和 $E(X^2)$ 都是关于 a 和 b 的函数，因此，可以解方程组求出 a 和 b. 在命令行窗口输入代码并运行，如代码 21.2 所示，求得的 a 和 b 如变量 "ah" 和 "bh" 所示.

代码 21.2   用矩估计法求参数

```
1  >> syms a b f x A1 A2
2  >> f = 1/(b-a);                    % 均匀分布的概率密度函数
3  >> EX = int(x*f, x, a, b);         % 计算一阶矩
4  >> EX2 = int(x^2*f, x, a, b);      % 计算二阶矩
5  >> f1 = EX - A1;                   % 建立第 1 个方程
6  >> f2 = EX2 - A2;                  % 建立第 2 个方程
7  >> [ah, bh] = solve(f1, f2, a, b)  % 求解
8  ah =
9   A1 - 3^(1/2)*(- A1^2 + A2)^(1/2)
10  A1 + 3^(1/2)*(- A1^2 + A2)^(1/2)
11 bh =
12  A1 + 3^(1/2)*(- A1^2 + A2)^(1/2)
13  A1 - 3^(1/2)*(- A1^2 + A2)^(1/2)
```

由于 $a < b$，因此 a 和 b 的估计值分别为 $\hat{a} = A_1 - \sqrt{3(A_2 - A_1^2)}$ 和 $\hat{b} = A_1 + \sqrt{3(A_2 - A_1^2)}$. 进一步，如果给出随机变量的抽样结果为 $\{x_1, x_2, \cdots, x_n\}$，则 $A_1 = \bar{x} = \frac{1}{n} \sum_{i=1}^{n} x_i$，$A_2 = \frac{1}{n} \sum_{i=1}^{n} x_i^2$，代入 $\hat{a}$ 和 $\hat{b}$ 中，就可以根据观测值估计 a 和 b. 另外，考虑到 $E(X^2) = D(X) - [E(X)]^2$，因此可以直接将方差代入上式求二阶矩 $E(X^2)$，而不必用积分求.

21.2   根据样本数据进行点估计和区间估计

在 MATLAB 中，可以根据样本数据直接调用函数来进行点估计和区间估计，如 normfit（正态分布）、unifit（均匀分布）、poissfit（泊松分布）、gamfit（Γ 分布）、raylfit（Rayleigh 分布）等函数. 这些函数的调用方式很接近，本节只以正态分布和 Γ 分布为例进行说明. 关于其他分布，请查阅帮助文档.

微课：根据样本数据进行点估计和区间估计

1. 正态分布的参数估计

在 MATLAB 中，可以使用 normfit 函数来进行正态分布的参数估计，该函数的调用方式如下.

```
[mu, sigma, mu_ci, sigma_ci] = normfit(X, alpha)
```

说明："X"为样本数据构成的向量；"1−alpha"为置信水平，"alpha"默认为 0.05；"mu"和"sigma"为要估计的期望和标准差；"mu_ci"和"sigma_ci"为要估计的期望和标准差的置信区间. 由数理统计知识知，置信度越大，则置信区间越小.

例 21.3 生成 1 000 个服从 $\mu = 1$ 而 $\sigma = 2$ 的正态分布的随机数，当置信水平分别为 0.9 和 0.99 时，估计正态总体的期望和方差.

解 在命令行窗口输入代码并运行，如代码 21.3 所示，对正态总体的期望和方差进行估计.

代码 21.3   用 normfit 函数对正态分布进行参数估计

```
1  >> X = normrnd(1, 2, 1000, 1);              % 生成正态分布随机数向量
2  >> % 对参数进行估计，置信度为 0.1
3  >> [mu, sigma, mu_ci, sigma_ci] = normfit(X, 0.1)
4  mu =
5       0.9720
6  sigma =
7       2.0636
8  mu_ci =
9       0.8645
10      1.0794
11 sigma_ci =
12      1.9906
13      2.1427
14 >> % 对参数进行估计，置信度为 0.01
15 >> [mu, sigma, mu_ci, sigma_ci] = normfit(X, 0.01)
16 mu =
17      0.9720
18 sigma =
19      2.0636
20 mu_ci =
21      0.8036
22      1.1404
23 sigma_ci =
24      1.9508
25      2.1893
```

从运行结果可以看到，期望和方差的点估计值分别为 0.972 0 和 2.063 6；当置信水平为 0.9 时，期望和方差的区间估计分别为 [0.864 5, 1.079 4] 和 [1.990 6, 2.142 7]；当置信水平为 0.99 时，期望和方差的区间估计分别为 [0.803 6, 1.140 4] 和 [1.950 8, 2.189 3].

2. Γ 分布的参数估计

Γ 分布的概率密度函数如（18.1）式所示，其中包含两个未知参数，分别为 α 和 β. 在 MATLAB 中，可以使用 gamfit 函数对这两个参数进行估计，该函数的调用方式

如下.

```
[p, pci] = gamfit(X, alpha)
```

说明: "X" 为样本数据构成的向量; "1−alpha" 为置信水平, "alpha" 默认为 0.05; "p" 为 1 行 2 列的向量, 第一个元素为参数 α 的估计值, 第二个元素为参数 β 的估计值; "pci" 为 2 行 2 列的矩阵, 第一列为 α 的置信区间, 第二列为 β 的置信区间.

例 21.4 生成 1 000 个 $\alpha = 2$ 而 $\beta = 5$ 的 Γ 分布随机数, 当置信水平为 0.9 时, 对该分布中的两个参数进行估计.

解 在命令行窗口输入代码并运行, 如代码 21.4 所示, 对该分布中的参数进行估计.

代码 21.4　用 gamfit 函数对 Γ 分布进行参数估计

```
1  >> a = 2; b = 5;
2  >> data = gamrnd(a, b, 1000, 1);      % 生成伽玛分布随机数
3  >> [p, pci] = gamfit(data, 0.1)       % 对伽玛分布中的参数进行估计
4  p =
5      1.9677    5.1531
6  pci =
7      1.8379    4.7680
8      2.1066    5.5693
```

从运行结果可以看到, α 和 β 的点估计值分别为 1.967 7 和 5.153 1; 当置信水平为 0.9 时, α 和 β 的区间估计分别为 [1.837 9, 2.106 6] 和 [4.768 0, 5.569 3].

21.3　用 mle 函数进行参数估计

在 MATLAB 中, 除了可以使用上述的专用函数进行参数估计, 还可以使用通用函数 mle 对指定分布中的参数进行最大似然估计. mle 函数的调用方式如下.

微课: 用mle函数进行参数估计

```
[ps, ps_ci]=mle(X, 'Distribution', name, 'alpha', alpha, Pn)
[ps, ps_ci]=mle(X, 'pdf', pdfname_handler, ...)
```

说明: "ps" 和 "ps_ci" 为要估计的参数及其置信区间; "X" 为样本数据构成的向量; "name" 为指定分布的名称 (如正态分布的名称为 ' 'norm' '、泊松分布的名称为 ' 'poiss' ' 等, 其他分布的名称可查阅帮助文档); "pdfname_handler" 为概率密度函数句柄; "1−alpha" 为置信水平, "alpha" 默认为 0.05; "Pn" 为试验总次数 (仅用于二项分布).

例 21.5 生成 1 000 个服从 $\lambda = 2$ 的泊松分布的随机数, 当置信水平为 0.95 时, 对该分布中的参数进行估计.

解 在命令行窗口输入代码并运行, 如代码 21.5 所示, 对该分布中的参数进行估计.

代码 21.5   用 mle 函数对指定分布中的参数进行估计

```
1  >> format long
2  >> X = poissrnd(2, 1, 1000);      % 生成服从泊松分布的随机数向量
3  >> [p1, p1_ci] = mle(X, 'Distribution', 'poiss', 'alpha', 0.05)
4  p1 =
5      1.924000000000000
6  p1_ci =
7      1.838029267939516
8      2.009970732060484
9  >> [p2, p2_ci] = poissfit(X, 0.05) % 用 poissfit 函数做对比：结果一致
10 p2 =
11     1.924000000000000
12 p2_ci =
13     1.838029267939516
14     2.009970732060484
15 >> % 用概率密度计算：有很小的误差
16 >> [p3, p3_ci] = mle(X, 'pdf', @(X, lambda)poisspdf(X, lambda), ...
17                  'start', 1, 'alpha', 0.05)
18 p3 =
19     1.923999786376955
20 p3_ci =
21     1.838029013748527
22     2.009970559005383
23 >> format
```

从运行结果可以发现，用 mle 函数并指定分布名称时，计算结果与用 poissfit 函数算出来的结果是一致的，但用 mle 函数并指定概率密度函数时，会出现很小的误差.

第22章 假设检验

假设检验是统计推断的另一类重要问题, 它与参数估计类似, 但解决问题的角度不同. 参数估计是利用样本信息推断总体分布中的未知参数, 而假设检验是先假设总体具有某种统计特征 (如具有某种参数或服从某种分布), 然后再利用样本信息检验这个假设是否可信.

例 22.1 已知某产品的使用寿命 (单位: h) 是一个随机变量, 服从正态分布, 其均值为 $\mu_0 = 3\,000$ h, 标准差 $\sigma = 200$ h, 现在改进生产工艺, 从新产品中随机抽取 $n = 20$ 件, 通过试验得到它们的平均寿命为 $\bar{x} = 3\,100$ h, 问: 新的生产工艺对该产品的使用寿命有无显著影响?

解 按以下 5 步骤解决该问题.

（1）引入两个命题

$$H_0 : \mu = \mu_0, \qquad H_1 : \mu \neq \mu_0. \tag{22.1}$$

其中, H_0 为原假设 (Null Hypothesis), 表示无显著影响; H_1 为备择假设 (Alternative Hypothesis), 表示拒绝原假设, 即有显著影响.

（2）选取统计量

$$Z = \frac{\overline{X} - \mu_0}{\sigma / \sqrt{n}} = \frac{\sqrt{n}(\overline{X} - \mu_0)}{\sigma}. \tag{22.2}$$

该统计量服从标准正态分布, 即 $Z \sim N(0, 1)$. 对本例来说, 在 MATLAB 中输入以下代码并运行, 即可得到 $z = 2.2361$.

```
1  >> n = 20; mu0 = 3000; xbar = 3100; sigma = 200;
2  >> Z = sqrt(n)*(xbar-mu0)/sigma
3  Z =
4     2.2361
```

（3）给出显著性水平

由于假设检验毕竟不是确切的检验 (很多问题无法进行确切检验), 所以无论是接受原假设还是拒绝原假设都有可能出现错误. 为此, 引入显著性水平 α, 目的是判定出现 "取伪" 的概率. 一般情况下, α 可以取 $0.01, 0.02, 0.03, 0.04, 0.05$, 即有 $99\%, 98\%, 97\%, 96\%, 95\%$ 的把握接受或拒绝原假设.

（4）求接受域

有了显著性水平 α, 就可以用逆正态分布函数求出接受域 $[-K_{\frac{\alpha}{2}}, K_{\frac{\alpha}{2}}]$, 其中 $K_{\frac{\alpha}{2}}$ 满足

$$\int_{-K_{\frac{\alpha}{2}}}^{K_{\frac{\alpha}{2}}} \frac{1}{\sqrt{2\pi}} \mathrm{e}^{-\frac{x^2}{2}} \mathrm{d}x < 1 - \alpha.$$

在 MATLAB 中输入以下代码并运行，可得到：当 α 分别为 0.01, 0.02, 0.03, 0.04, 0.05 时，$K_{\frac{\alpha}{2}}$ 分别为 2.575 8, 2.326 3, 2.170 1, 2.0537, 1.960 0.

```
1  >> alpha = 0.01: 0.01: 0.05;
2  >> K = norminv(1-alpha/2, 0, 1)
3  K =
4      2.5758    2.3263    2.1701    2.0537    1.9600
```

（5）确定接受或拒绝原假设

根据 $K_{\frac{\alpha}{2}}$ 和计算出的统计量 Z 的值，确定是否接受原假设：若 $|z| < K_{\frac{\alpha}{2}}$，则接受原假设；否则拒绝原假设.

从步骤（4）的结果来看，在 $\alpha = 0.01, 0.02$ 的显著性水平下可以接受原假设 H_0，即认为改进生产工艺后产品的使用寿命无显著变化，但增大 α 后应拒绝原假设.

22.1 正态总体的假设检验

22.1.1 正态总体均值的检验

1. 单个正态总体均值的检验

单个正态总体 $N(\mu, \sigma^2)$ 的均值 μ 的检验分两种情况：（1）方差 σ^2 已知，关于 μ 的检验（*z* 检验法）；（2）方差 σ^2 未知，关于 μ 的检验（*t* 检验法）. 对应的 MATLAB 函数分别为"ztest"和"ttest"，它们的调用方式分别如下.

微课：单个正态
总体均值的检验

```
[H, P, CI] = ztest(X, mu0, sigma, 'Alpha', alpha, 'Tail', tail)
[H, P, CI] = ttest(X, mu0, 'Alpha', alpha, 'Tail', tail)
```

说明："X"为样本数据向量；"mu0"为原假设中的 μ_0；"sigma"为总体的标准差；"alpha"为显著性水平（默认为 0.05）；"tail"用来说明备择假设是双边（"'both'"，默认）、右边（"'right'"）或左边（"'left'"）检验；"H"为 0 或 1，分别表示原假设不能被拒绝或能被拒绝；"P"为该检验的显著性水平；"CI"为均值的置信区间.

由"P"值的含义，若"P > alpha"，则接受原假设，否则拒绝原假设；根据置信区间与假设检验的关系，若"mu0"落在区间"CI"内，则接受原假设，否则拒绝原假设.

关于双边检验问题，见 (22.1) 式，右边检验和左边检验问题见 (22.3) 式和 (22.4) 式.

$$H_0: \mu \leqslant \mu_0, \qquad H_1: \mu > \mu_0. \tag{22.3}$$

$$H_0: \mu \geqslant \mu_0, \qquad H_1: \mu < \mu_0. \tag{22.4}$$

例 22.2 某车间用一台包装机包装糖. 袋装糖的净重是一个随机变量，服从正态分布. 当机器正常时，其均值为 0.5kg，标准差为 0.015kg. 某日开工后为检验包装机是否正常，随机抽取它包装的 9 袋糖，称得净重（单位：kg）如下.

| 0.497 | 0.506 | 0.518 | 0.524 | 0.498 | 0.511 | 0.520 | 0.515 | 0.512 |

问：在显著性水平分别不超过 0.05 和 0.02 的范围内机器是否正常？

解 该题是要在标准差已知的情况下检验袋装糖的净重是否为 0.5kg，可以采用 z 检验法．在命令行窗口输入代码并运行，如代码 22.1 所示，对净重是否为 0.5kg 进行假设检验．

代码 22.1 用 ztest 函数进行假设检验

```
1  >> % 样本数据
2  >> X = [0.497 0.506 0.518 0.524 0.498 0.511 0.520 0.515 0.512];
3  >> % 情况 1：在显著性水平为 0.05 时进行双边 z 检验，结果：拒绝原假设
4  >> [H1, P1, CI1] = ztest(X, 0.5, 0.015, 'Alpha', 0.05)
5  H1 =
6       1
7  P1 =
8       0.0248
9  CI1 =
10      0.5014    0.5210
11 >> % 情况 2：在显著性水平为 0.02 时进行双边 z 检验，结果：不能拒绝原假设
12 >> [H2, P2, CI2] = ztest(X, 0.5, 0.015, 'Alpha', 0.02)
13 H2 =
14      0
15 P2 =
16      0.0248
17 CI2 =
18      0.4996    0.5229
19 >> % 情况 3：在显著性水平为 0.05 时进行左边 z 检验，结果：不能拒绝原假设
20 >> H3 = ztest(X, 0.5, 0.015, 'Alpha', 0.05, 'Tail', 'left')
21 H3 =
22      0
23 >> mean(X)        % 验证：均值偏高
24 ans =
25      0.5112
```

运行结果表明，在显著性水平为 0.05 时拒绝原假设（见情况 1），即这天包装机工作不正常；在显著性水平为 0.02 时不能拒绝原假设（见情况 2）；进一步检验发现，在显著性水平为 0.05 时袋装糖的净重高于正常值（见情况 3）；最后的验证表明当日袋装糖净重的均值高于机器工作正常时的均值．

例 22.3 某器件的寿命（单位：h）是一个随机变量，服从正态分布 $N(\mu, \sigma^2)$，μ 和 σ 均未知．现测得 16 个器件的寿命（单位：h）如下．

159   280   101   212   224   379   179   264

$$222 \qquad 362 \qquad 168 \qquad 250 \qquad 149 \qquad 260 \qquad 485 \qquad 170$$

问：能否在显著性水平不超过 0.05 的范围内认为器件的平均寿命大于 225h？

解 根据题意建立假设

$$H_0: \mu \leqslant \mu_0 = 225, \qquad H_1: \mu > \mu_0.$$

这是一个标准差未知的右边检验问题，应采用 t 检验法. 在命令行窗口输入代码并运行，如代码 22.2 所示，对上述假设进行检验.

代码 22.2　用 ttest 函数进行右边假设检验

```
1  >> X = [159 280 101 212 224 379 179 264 222 362 168 250 149 260 485 170];
2  >> % 右边 t 检验，结果：不能拒绝原假设
3  >> [H, P, CI, s]=ttest(X, 225, 'Tail', 'right')
4  H =
5       0
6  P =
7       0.2570
8  CI =
9    198.2321          Inf
10 s =
11     包含以下字段的 struct:
12       tstat: 0.6685
13          df: 15
14          sd: 98.7259
15 >> Xbar = mean(X)          % 计算样本的均值
16 Xbar =
17    241.5000
```

说明

（1）t 检验法构建的统计量为

$$t = \frac{\overline{X} - \mu_0}{S/\sqrt{n}} = \frac{\sqrt{n}(\overline{X} - \mu_0)}{S}. \tag{22.5}$$

其中，S 是样本的标准差. 由概率论与数理统计知识知，当原假设为真时，$\dfrac{\sqrt{n}(\overline{X} - \mu_0)}{S}$ 服从自由度为 $n-1$ 的 t 分布.

（2）上述代码第 3 行中的第 4 个返回参数 "s" 是一个结构体变量，它包含 3 个字段，分别为 "tstat"（t 统计量）、"df"（t 分布的自由度）和 "sd"（样本标准差）.

（3）上述代码第 15~17 行是计算样本的均值，从结果上看，均值不小于等于 μ_0.

2. 两个正态总体的均值是否相等的检验（t 检验法）

设 $X_1, X_2, \cdots, X_{n_1}$ 是来自正态总体 $N(\mu_1, \sigma^2)$ 的样本，$Y_1, Y_2, \cdots, Y_{n_2}$ 是来自正态总体 $N(\mu_2, \sigma^2)$ 的样本，且两个样本相互独立、方差相等，检验假设为

微课：两个正态总体的均值是否相等的检验

$$H_0: \mu_1 = \mu_2, \qquad H_1: \mu_1 \neq \mu_2.$$

MATLAB 提供了 ttest2 函数用于检验上述假设，该函数的调用方式如下.

`[H, P, CI] = ttest2(X, Y, 'Alpha', alpha, 'Tail', tail)`

说明："X""Y"为样本数据向量，其维度可以不相等；其他参数的含义同 ttest 函数.

例 22.4　用方法 A 和方法 B 测定冰从 $-0.72°C$ 转为 $0°C$ 的水的融化热（单位：cal/g），测得数据如下.

方法 A	79.98	80.04	80.02	80.04	80.03	80.03	
	80.04	79.97	80.05	80.03	80.02	80.00	80.02
方法 B	80.02	79.94	79.98	79.97	79.97	80.03	79.95	79.97

设这两个样本相互独立，且分别来自正态总体 $N(\mu_1, \sigma^2)$ 和 $N(\mu_2, \sigma^2)$，方差相等，μ_1、μ_2 和 σ 均未知. 请检验假设（显著性水平 $\alpha = 0.05$）

$$H_0: \mu_1 \leqslant \mu_2, \qquad H_1: \mu_1 > \mu_2.$$

解　这是一个右边检验问题，在命令行窗口输入代码并运行，如代码 22.3 所示，对上述假设进行检验.

代码 22.3　用 ttest2 函数对两个正态总体进行右边检验

```
1  >> X = [79.98   80.04   80.02   80.04   80.03   80.03 ...
2          80.04   79.97   80.05   80.03   80.02   80.00   80.02];
3  >> Y = [80.02   79.94   79.98   79.97   79.97   80.03   79.95   79.97];
4  >> H = ttest2(X,Y,'Tail','right','Alpha',0.05)   % 检验结果：拒绝原假设
5  H =
6       1
7  >> [mean(X) mean(Y)]               % 验证：Xbar 不小于 Ybar
8  ans =
9     80.0208   79.9788
```

运行结果表明拒绝 H_0，即认为方法 A 比方法 B 的融化热要大. 通过求两个样本的均值，发现方法 A 的均值不小于方法 B 的.

3. 基于成对数据的检验（t 检验法）

有时为了比较两种不同事物的差异，常在相同条件下做对比试验，得到一组成对的观察值，然后分析这些数据，并推断这两种事物是否有差异. 这种方法称为**逐对比较法**.

微课：基于成对
数据的检验

一般情况下，设有 n 对相互独立的观察结果：$\{(X_i, Y_i)|i = 1, 2, \cdots, n\}$，令 $D_i = X_i - Y_i$，则 $D_1, D_2, \cdots, D_n$ 相互独立. 又因为 $D_1, D_2, \cdots, D_n$ 是由同一因素引起的，因此可以认为它们服从同一分布. 进一步，假设 $D_i \sim N(\mu_D, \sigma_D^2)$，则 $D_1, D_2, \cdots, D_n$ 构成正态总体 $N(\mu_D, \sigma_D^2)$ 的一组样本，μ_D 和 σ_D 未知，此时需要检验的假设有以下 3 种情况.

$$H_0 : \mu_D = 0, \qquad H_1 : \mu_D \neq 0. \qquad \text{(双边检验)}$$

$$H_0 : \mu_D \leqslant 0, \qquad H_1 : \mu_D > 0. \qquad \text{(右边检验)}$$

$$H_0 : \mu_D \geqslant 0, \qquad H_1 : \mu_D < 0. \qquad \text{(左边检验)}$$

在 MATLAB 中，可用 ttest 函数检验上述假设，该函数的调用方式如下.

`[H, P, CI] = ttest(X, Y, 'Alpha', alpha, 'Tail', tail)`

说明："X""Y"为样本数据向量，其维度必须相等；其他参数的含义请查阅帮助文档.

例 22.5 两组（各 10 名）有资质的评茶员分别对 12 种不同的茶进行品评，每个评茶员在品尝后进行评分，然后对每组的每个样品计算其平均分，评分结果如下.

第一组：80.3 68.6 72.2 71.5 72.3 70.1 74.6 73.0 58.7 78.6 85.6 78.0

第二组：74.0 71.2 66.3 65.3 66.0 61.6 68.8 72.6 65.7 72.6 77.1 71.5

试比较两组评茶员的评分是否有显著差异（取显著性水平 $\alpha = 0.05$）.

解 这是一个双边逐对比较检验，检验假设为

$$H_0 : \mu_1 - \mu_2 = 0, \qquad H_1 : \mu_1 - \mu_2 \neq 0.$$

在命令行窗口输入代码并运行，如代码 22.4 所示，对上述假设进行检验.

代码 22.4 用 ttest 函数对成对数据进行假设检验

```
1  >> X = [80.3 68.6 72.2 71.5 72.3 70.1 74.6 73.0 58.7 78.6 85.6 78.0];
2  >> Y = [74.0 71.2 66.3 65.3 66.0 61.6 68.8 72.6 65.7 72.6 77.1 71.5];
3  >> [mean(X) mean(Y)]      % 直接计算：第一组评分高于第二组评分
4  ans =
5      73.6250    69.3917
6  >> % 情况 1：双边检验，结果为拒绝原假设
7  >> [HB, P, CI] = ttest(X, Y, 'Tail', 'both', 'Alpha', 0.05)
8  HB =
9        1
10 P =
11      0.0105
```

```
12  CI =
13      1.2050    7.2617
14  >> % 情况 2: 右边检验,结果为拒绝原假设
15  >> HR = ttest(X, Y, 'Tail', 'right', 'Alpha', 0.05)
16  HR =
17      1
18  >> % 情况 3: 左边检验,结果为接受原假设
19  >> HL = ttest(X, Y, 'Tail', 'left', 'Alpha', 0.05)
20  HL =
21      0
```

运行结果表明显著性 $P < \alpha = 0.05$,因此拒绝 H_0,即认为两组评茶员的评分有显著差异(见情况 1).进一步验证说明第一组评茶员的评分明显高于第二组评茶员的评分(见情况 2 和 3).

22.1.2 正态总体方差的检验

1. 单个正态总体方差的检验(χ^2 检验法)

设正态总体 $X \sim N(\mu, \sigma^2)$,μ 和 σ^2 未知,$X_1, X_2, \cdots, X_n$ 是来自 X 的样本,要检验的假设为

$$H_0 : \sigma^2 = \sigma_0^2, \qquad H_1 : \sigma^2 \neq \sigma_0^2.$$

微课:单个正态
总体方差的检验

其中,σ_0 为常数.

MATLAB 提供了 vartest 函数用于检验上述假设,该函数的调用方式如下.

[H, P, CI] = vartest(X, v, 'Alpha', alpha, 'Tail', tail)

说明:"X"为样本数据向量,"v"为方差 σ_0^2,其他参数的含义请查阅帮助文档.

例 22.6 某化肥厂用自动包装机包装化肥,某日测得 9 包化肥的质量如下.

49.9   50.5   50.7   51.7   49.8   47.9   49.2   51.4   48.9

设每包化肥的质量服从正态分布,是否可以认为每包化肥的质量的方差等于 1.5? 取显著性水平 $\alpha = 0.02$.

解 在命令行窗口输入代码并运行,如代码 22.5 所示,对方差进行假设检验.

代码 22.5 用 vartest 函数对方差进行假设检验

```
1  >> X = [49.9 50.5 50.7 51.7 49.8 47.9 49.2 51.4 48.9];
2  >> H = vartest(X, 1.5, 'Tail', 'both', 'Alpha', 0.02)
3  H =
4      0
5  >> var(X)
6  ans =
7      1.4875
```

运行结果表明不能拒绝原假设，即在显著性水平 $\alpha = 0.02$ 时认为每包化肥的质量的方差为 1.5.

2. 两个正态总体方差的检验（F 检验法）

设 $X_1, X_2, \cdots, X_{n_1}$ 是来自总体 $N(\mu_1, \sigma_1^2)$ 的样本，$Y_1, Y_2, \cdots, Y_{n_2}$ 是来自总体 $N(\mu_2, \sigma_2^2)$ 的样本，且两样本相互独立，μ_1，μ_2，σ_1^2，σ_2^2 均未知，现在需要检验假设

微课：两个正态
总体方差的检验

$$H_0 : \sigma_1^2 = \sigma_2^2, \qquad H_1 : \sigma_1^2 \neq \sigma_2^2.$$

MATLAB 提供了 vartest2 函数用于检验上述假设，该函数的调用方式如下.

[H, P, CI] = vartest2(X, Y, 'Alpha', alpha, 'Tail', tail)

说明： "X" 和 "Y" 均为样本数据向量，其维度可以不同；其他参数的含义请查阅帮助文档.

例 22.7 甲、乙两台机床加工同一种产品，从这两台机床加工的产品中随机抽取若干件，测得产品直径如下.

甲机床　20.1　20.0　19.3　20.6　20.2　19.9　20.0　19.9　19.1　19.9
乙机床　18.6　19.1　20.0　20.0　20.0　19.7　19.9　19.6　20.2

设甲、乙两机床加工的产品的直径服从正态分布 $N(\mu_1, \sigma_1^2)$ 和 $N(\mu_2, \sigma_2^2)$，试判断甲、乙两台机床加工的产品的直径的方差是否有显著差异，取显著性水平 $\alpha = 0.05$.

解 在命令行窗口输入代码并运行，如代码 22.6 所示，对方差进行假设检验.

代码 22.6 用 vartest2 函数对方差进行假设检验

```
1  >> X = [20.1 20.0 19.3 20.6 20.2 19.9 20.0 19.9 19.1 19.9];
2  >> Y = [18.6 19.1 20.0 20.0 20.0 19.7 19.9 19.6 20.2];
3  >> [var(X) var(Y)]
4  ans =
5      0.1822    0.2669
6  >> [H, P, CI] = vartest2(X, Y, 'Tail', 'both', 'Alpha', 0.05)
7  H =
8       0
9  P =
10     0.5798
11 CI =
12     0.1567    2.8001
```

运行结果表明不能拒绝原假设，即当显著性水平 $\alpha = 0.05$ 时，认为两台机床加工的产品的直径的方差没有显著差异.

例 22.8 设例 22.4 中的两个样本分别来自总体 $N(\mu_A, \sigma_A^2)$ 和 $N(\mu_B, \sigma_B^2)$，且两个样本相互独立. 试检验 $H_0: \sigma_A^2 = \sigma_B^2$，$H_1: \sigma_A^2 \neq \sigma_B^2$，以说明假设 $\sigma_A^2 = \sigma_B^2$ 是合理的（取显著性水平 $\alpha = 0.01$）.

解 在命令行窗口输入代码并运行，如代码 22.7 所示，对方差进行假设检验.

代码 22.7 用 vartest2 函数对方差进行假设检验

```
1  >> X = [79.98   80.04   80.02   80.04   80.03   80.03 ...
2           80.04   79.97   80.05   80.03   80.02   80.00   80.02];
3  >> Y = [80.02   79.94   79.98   79.97   79.97   80.03   79.95   79.97];
4  >> [std(X) std(Y)]
5  ans =
6      0.0240    0.0314
7  >> H = vartest2(X, Y, 'Tail', 'both', 'Alpha', 0.01)
8  H =
9         0
```

运行结果表明不能拒绝原假设，即当显著性水平 $\alpha = 0.01$ 时，认为两个总体的方差相等.

22.2 样本容量的选取

假设检验可能会犯两类错误：第 I 类错误是本来原假设 H_0 正确，却由于抽样的原因拒绝了 H_0，这类错误又称为"拒真"，犯第 I 类错误的概率记为 α；第 II 类错误是本来 H_0 不正确，却由于抽样的原因接受了 H_0，这类错误又称为"取伪"，犯第 II 类错误的概率记为 β. 假设检验需要控制犯两类错误的概率均在一个较低的水平，而实际上在样本容量固定的前提下，降低 α 的同时会增大 β，降低 β 的同时也会增大 α，为了平衡这一矛盾，人们提出了**显著性检验**的概念，也就是在控制犯第 I 类错误的概率不超过某一水平（即显著性水平 α）的前提下去制约 β.

原假设不成立的条件下，拒绝原假设的概率（即 $1 - \beta$）称为检验的**功效**（test power），它反映了一个显著性检验能够区分原假设和备择假设的能力. 通常情况下，检验功效应达到一个较高的水平（例如 90% 以上）.

当给定样本容量（sample size）时可以求得检验功效，样本容量越大，检验功效越高，即区分原假设与备择假设的能力越强；反之，给定检验功效，也可求出样本容量.

MATLAB 提供了 sampsizepwr 函数用于求样本容量和检验功效，其调用方式如下.

nout = sampsizepwr(testtype, p0, p1, pwr)

pwrout = sampsizepwr(testtype, p0, p1, [ ], n, Name, Value)

p1out = sampsizepwr(testtype, p0, [ ], pwr, n, Name, Value)

说明："testtype"为检验类型；"p0"为原假设参数值；"p1"为备择假设参数值；"pwr"为检验功效，取值范围为 $(0,1)$，默认为 $1 - \beta = 0.9$；"n"为样本容量；"Name"

和 "Value" 为参数对, 可取 "alpha" "tail" 等; "nout" 为样本容量; "pwrout" 为检验功效; "p1out" 为备择假设参数. 各参数的具体取值如表 22.1 所示.

表 22.1　函数 sampsizepwr 的参数取值

检验类型	说明	其他参数
'z'	z 检验	"p0" 是二维向量 "[mu0, sigma0]", 表示原假设的期望和标准差; "p1" 是标量, 表示备择假设的期望
't'	t 检验	同 z 检验
't2'	t 检验	"p0" 是二维向量 "[mu0, sigma]", "mu0" 为原假设和备择假设中第一个样本的期望; "p1" 是标量, 表示备择假设的第二个样本的期望
'var'	χ^2 检验	"p0" 是原假设的方差; "p1" 是备择假设的方差
'p'	二项分布检验	"p0" 是原假设的 p 值; "p1" 是备择假设的 p 值

需要补充的是: 当检验类型为 "t2" 时, 要求两个样本集的大小要相等. 如果样本集大小不相等, 参数 n 要设置成较小的样本集大小, 并在 "Name" 参数中设置 "'Ratio'" 为两个样本集大小的比例. 如一个样本集大小为 5, 另一个样本集大小为 10, 则设置参数 n 为 5, "'Ratio'" 值为 2.

例 22.9　（工业产品质量抽验方案）设有一大批产品, 产品质量指标 $X \sim N(\mu, \sigma^2)$. 以 μ 小者为佳, 厂方要求所确定的验收方案对高质量的产品 ($\mu \leqslant \mu_0$) 能以高概率 $1 - \alpha$ 为买方接受. 买方则要求低质量产品 ($\mu \geqslant \mu_0 + \delta, \delta > 0$) 能以高概率 $1 - \beta$ 被拒绝. α 和 β 由厂方和买方协商给定. 假设要采取一次抽样以确定该批产品是否为买方接受, 问: 应抽取多少样品? 已知 $\mu_0 = 120$, $\delta = 20$, $\sigma = 30$, $\alpha = \beta = 0.02$. 如果 $\alpha = \beta = 0.05$, 结果又是多少?

解　该问题的目的是要确定样本容量, 使: (1) 当 $\mu \leqslant \mu_0 = 120$ 时, 能以 $1 - \alpha = 0.98$ 的概率被买方接受 $H_0(H_0 : \mu \leqslant \mu_0)$; (2) 当 $\mu \geqslant \mu_1 = \mu_0 + \delta = 140$ 时, 买方能以 $1 - \beta = 0.98$ 的概率拒绝 H_0.

由于直接用 "nout = sampsizepwr(testtype, p0, p1, pwr)" 不能设置 α 的值, 因此使用 "pwrout = sampsizepwr(testtype, p0, p1, [ ], n, Name, Value)", 通过代入不同的 n 使检验功效不低于 $1 - \beta$. 进一步, 由于方差已知, 需要对期望进行检验, 因此采用 z 检验法.

在命令行窗口输入代码并运行, 如代码 22.8 所示, 以计算样本容量.

代码 22.8　用 sampsizepwr 函数采用试探的方法计算样本容量

```
1  >> nn = 31 : 40;          % 凭经验在 31~40 的范围上找
2  >> pwrout1 = sampsizepwr('z', [120 30], 140, [], nn, ...
3                           'Alpha', 0.02, 'Tail', 'right')
4  pwrout1 =
5    0.9514 0.9571  0.9621  0.9666  0.9706  0.9742  0.9773  0.9801  0.9826 0.9847
6  >> ind = min(find(pwrout1 > 0.98));
7  >> nn(ind)                % 样本容量不低于 38
8  ans =
```

```
9          38
10  >> plot(nn, pwrout1, 'b-o', nn, 0.98*ones(size(nn)), 'r-'); % 如图 22.1 所示
11  >> grid on;
12  >> xlabel('样本容量'); ylabel('功效');
13  >> mm = 23 : 27;          % 凭经验在 23~27 的范围上找
14  >> pwrout2 = sampsizepwr('z', [120 30], 140, [], mm, ...
15                'Alpha', 0.05, 'Tail', 'right')
16  pwrout2 =
17    0.9397 0.9475 0.9543 0.9603 0.9656
18  >> ind = min(find(pwrout2 > 0.95));
19  >> mm(ind)                    % 样本容量不低于 25
20  ans =
21          25
```

运行结果表明, 当 $\alpha = \beta = 0.02$ 时, 所需的样本容量不能低于 38, 样本容量和功效之间的关系曲线如图 22.1 所示; 当 $\alpha = \beta = 0.05$ 时, 样本容量不能低于 25.

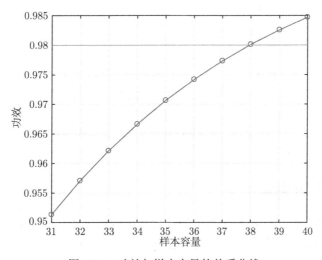

图 22.1   功效与样本容量的关系曲线

例 22.10   有一设备能自动往空瓶中注入 100mL 液体. 为了检验设备质量, 随机抽取一些装好的瓶子并测量瓶中液体的体积. 由经验知道样本的标准差是 5mL, 请给出所需容量, 使犯第 II 类错误的概率不超过 $\beta = 0.2$ (功效为 $1 - \beta = 0.8$) 时能检验出 100mL 和 102mL 之间是不同的, 并画出样本容量和功效之间的关系曲线.

解   该题已知标准差, 需要求出在满足一定功效的前提下, 两个正态总体的均值不同时的样本容量, 采用 t 检验法. 在命令行窗口输入代码并运行, 如代码 22.9 所示, 以计算样本容量.

代码 22.9   用 sampsizepwr 函数计算样本容量

```
1  >> nout = sampsizepwr('t',[100 5],102,0.80) % 用 t 检验法计算样本容量
```

```
2  nout =
3      52
4  >> % 下面绘制样本容量与功效之间的关系曲线
5  >> nn = 1 : 100;                          % 定义样本容量的取值
6  >> pwrout = sampsizepwr('t', [100 5], 102, [], nn); % 计算功效
7  >> plot(nn, pwrout, 'b-', nout, 0.8, 'ro') % 绘制图形，如图 22.2 所示
8  >> title('功效和样本容量关系曲线')
9  >> xlabel('样本容量'); ylabel('功效');
```

运行结果表明所需的样本容量不能低于 52，样本容量和功效之间的关系曲线如图 22.2 所示.

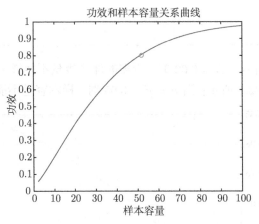

图 22.2　功效和样本容量之间的关系曲线

22.3　分布拟合检验

在实际问题中，有时候不知道总体服从什么类型的分布，这时需要根据样本来检验关于总体分布情况的一些假设. 本节介绍在 MATLAB 中用来检验总体是否服从某一分布的两种常用方法.

1. χ^2 拟合优度检验法

χ^2 拟合优度检验法可以检验样本数据是否服从指定的概率分布，该分布的参数由样本数据决定. 该方法把样本数据分成 k 组，并算出每组的样本个数，然后计算如下的 χ^2 统计量：

$$\chi^2 = \sum_{i=1}^{k} \frac{(O_i - E_i)^2}{E_i}.$$

其中，O_i 是观测值落入第 i 组的个数，E_i 是指定分布期望观测值落入第 i 组的个数. 该统计量在样本数量足够大的情况下服从自由度为 $k-1$ 的 χ^2 分布.

MATLAB 提供了 chi2gof 函数用来检验样本数据是否服从正态分布（原假设为"服从正态分布"，备择假设为"不服从正态分布"），具体使用方式如下.

[H, P, stats] = chi2gof(X, 'Alpha', alpha)

例 22.11　生成 1 000 个服从正态分布 $N(1, 2^2)$ 的随机数, 检验这些随机数是否服从正态分布 (取显著性水平 α 分别为 0.05 和 0.01).

解　在命令行窗口输入代码并运行, 如代码 22.10 所示, 以检验样本数据是否服从正态分布.

代码 22.10　用 chi2gof 函数检验样本数据是否服从正态分布

```
1  >> X = random('norm', 1, 2, 1000, 1);
2  >> % 检验是否服从正态分布, 结果: 不能拒绝原假设
3  >> H1 = chi2gof(X, 'Alpha', 0.05)
4  H1 =
5        0
6  >>% 检验是否服从正态分布, 结果: 不能拒绝原假设
7  >> H2 = chi2gof(X, 'Alpha', 0.01)
8  H2 =
9        0
10 >> % 上述两次检验都表明数据是服从正态分布的, 接下来估计该分布中的参数, 详见 21.2
       节
11 >> [mu, sigma, mu_ci, sigma_ci] = normfit(X, 0.05); % 输出结果略
```

运行结果表明在两个不同的置信水平上都不能拒绝原假设, 即认为数据服从正态分布. 在实际问题中, 如果确定样本数据是服从正态分布的, 则可以用 normfit 函数估计该正态分布的期望和标准差.

除了检验样本数据是否服从正态分布, chi2gof 函数还可以用来检验样本数据是否服从其他分布, 如泊松分布、威布尔分布等, 具体使用方式如下.

[H, P, stats] = chi2gof(X, Name, Value)

说明: 输出参数的含义请查阅帮助文档. 输入参数 "X" 为样本数据向量, "Name"-"Value" 参数对如表 22.2 所示. 需要特别说明的是, 参数 " 'NBins' " " 'Ctrs' " 和 " 'Edges' " 不能一起使用.

表 22.2　函数 chi2gof 的 "Name"-"Value" 参数对说明

参数名称	说明
'NBins'	分组 (k) 的个数, 默认为 10
'Ctrs'	各区间的中点
'Edges'	各区间的边界
'CDF'	假设样本数据所服从的分布可以是概率分布对象或分布函数句柄: (1) 如果是概率分布对象, 则要用函数 fitdist 或 makedist 定义; (2) 如果是分布函数句柄, 则函数的唯一参数必须是样本数据 "X"
'Expected'	每个区间期望的样本数量, 是一个正数的向量
'NParams'	指定分布中的参数个数, 是非负整数
'EMin'	每个区间期望的样本数量的最小值, 默认为 5
'Frequency'	样本 "X" 中每个数据出现的频率, 是一个大小与 "X" 相同的向量
'Alpha'	显著性水平, 在 (0, 1) 之间, 默认为 0.05

例 22.12 某地区在夏季的一个月内由 100 个气象站报告的雷雨次数如下.

i	0	1	2	3	4	5	≥ 6
f_i	22	37	20	13	6	2	0

其中, f_i 为报告雷雨次数为 i 的气象站个数. 问: 雷雨的次数 X 是否服从 $\lambda = 1$ 的泊松分布? 如果不是, 是否服从 $\lambda = 1.5$ 的泊松分布? (取显著性水平 α 为 0.05.)

解 在命令行窗口输入代码并运行, 如代码 22.11 所示, 以检验样本数据是否服从泊松分布.

代码 22.11 用 chi2gof 函数检验样本数据是否服从泊松分布

```
1  >> % 第 1 步: 定义数据
2  >> bins = 0 : 6;                          % 定义分组, 共 7 组
3  >> obsCounts = [22 37 20 13 6 2 0];       % 观测值落入每组的个数
4  >> n = sum(obsCounts)                     % 观测值的总个数
5  n =
6     100
7  >> % 第 2 步: 计算期望观测值落入每组的个数
8  >> p1 = pdf('poiss', bins, 1);      % 期望的分布是 λ = 1 的泊松分布
9  >> expCounts1 = n*p1;                % 期望观测值落入每组的个数
10 >> % 第 3 步: 检验样本数据是否服从 λ = 1 的泊松分布
11 >> H1 = chi2gof(bins, 'Ctrs', bins, 'Frequency', obsCounts, …
12           'Expected', expCounts1, 'NParams',1,'Alpha', 0.05)
13 H1 =
14     1
15 >> % 第 4 步: 再次计算期望观测值落入每组的个数
16 >> p2 = pdf('poiss', bins, 1.5);    % 期望的分布是 λ = 1.5 的泊松分布
17 >> expCounts2 = n*p2;               % 期望观测值落入每组的个数
18 >> % 第 5 步: 检验样本数据是否服从 λ = 1.5 的泊松分布
19 >> H2 = chi2gof(bins, 'Ctrs', bins, 'Frequency', obsCounts, …
20         'Expected', expCounts2, 'NParams', 1, 'Alpha', 0.05)
21 H2 =
22     0
```

运行结果表明, 在显著性水平为 0.05 的情况下, 雷雨的次数 X 不服从 $\lambda = 1$ 的泊松分布 (见第 3 步的结果), 而服从 $\lambda = 1.5$ 的泊松分布 (见第 5 步的结果).

例 22.13 在研究牛的毛色与牛角的有无这样两对性状分离现象时, 用黑色无角牛与红色有角牛杂交, 子二代出现黑色无角牛 192 头、黑色有角牛 78 头、红色无角牛 72 头、红色有角牛 18 头, 共 360 头, 问: 这两对性状是否符合孟德尔遗传规律中 $9:3:3:1$ 的遗传比例? (取显著性水平 α 为 0.1.)

解 在命令行窗口输入代码并运行, 如代码 22.12 所示, 以检验样本数据是否符合孟德尔遗传规律中 $9:3:3:1$ 的遗传比例.

代码 22.12　用 chi2gof 函数检验样本数据是否符合 $9:3:3:1$ 的遗传比例

```
1  >> % 第 1 步: 定义数据
2  >> bins = 1 : 4;                          % 定义分组, 共 4 组
3  >> obsCounts = [192 78 72 18];            % 观测值落入每组的个数
4  >> n = sum(obsCounts)                     % 观测值的总个数
5  n =
6      360
7  >> % 第 2 步: 计算期望观测值落入每组的个数
8  >> p = [9 3 3 1]/16;                      % 期望的概率 (用频率代替)
9  >> expCounts = n*p;                       % 期望观测值落入每组的个数
10 expCounts =
11   202.5000    67.5000    67.5000    22.5000
12 >> % 第 3 步: 检验样本数据是否符合 9 : 3 : 3 : 1 的遗传比例
13 >> [H, P, stats] = chi2gof(bins, 'Ctrs', bins, 'Frequency', obsCounts, …
14                            'Expected', expCounts, 'Alpha', 0.1)
15 H =
16      0
17 P =
18     0.3370
19 stats =
20    包含以下字段的 struct:
21     chi2stat: 3.3778
22           df: 3
23        edges: [0.5000 1.5000 2.5000 3.5000 4.5000]
24            O: [192 78 72 18]
25            E: [202.5000 67.5000 67.5000 22.5000]
```

运行结果表明, 在显著性水平 α 为 0.1 的情况下, 接受原假设, 即认为这两对性状符合孟德尔遗传规律中 $9:3:3:1$ 的遗传比例.

2. Jarque-Bera 检验法

Jarque-Bera 检验是对样本数据是否具有正态分布的偏度和峰度的拟合优度的检验. 其统计测试结果总是非负的. 如果结果远大于零, 则表示数据不具有正态分布. Jarque-Bera 检验定义的统计量为

$$JB = \frac{S^2}{6/n} + \frac{(K-3)^2}{24/n}.$$

其中, n 是观测数 (或自由度), S 是样本偏度, K 是样本峰度.

MATLAB 提供了 jbtest 函数用于 Jarque-Bera 检验 (原假设为 "服从正态分布", 备择假设为 "不服从正态分布"), 该函数的调用方式如下.

[H, P, jbstat, critval] = jbtest(X, alpha, mctol)

说明：输出参数的含义请查阅帮助文档. 输入参数"X"为样本数据向量，"alpha"为显著性水平（默认为 0.05），"mctol"是一个非负标量，表示最大蒙特卡洛（Monte Carlo）标准误差.

例 22.14 分别生成 1 000 个服从正态分布 $N(1, 2^2)$ 的随机数和 1 000 个服从自由度为 2 的 t 分布随机数，检验这些随机数是否服从正态分布（取显著性水平 α 为 0.01）.

解 在命令行窗口输入代码并运行，如代码 22.13 所示，以检验样本数据是否服从正态分布.

代码 22.13　用 jbtest 函数检验样本数据是否服从正态分布

```
 1  >> X = random('norm', 1, 2, 1000, 1);        % 生成正态分布随机数向量 X
 2  >> H1 = jbtest(X, 0.01)                       % 检验 X 是否服从正态分布
 3  H1 =
 4          0
 5  >> Y = random('t', 2, 1000, 1);              % 生成 t 分布随机数向量 Y
 6  >> H2 = jbtest(Y, 0.01)                       % 检验 Y 是否服从正态分布
 7  H2 =
 8          1
 9  >> H2 = jbtest(Y, 0.05)                       % 检验 Y 是否服从正态分布
10  H2 =
11          1
```

运行结果表明，在显著性水平 α 为 0.01 的情况下，向量"X"服从正态分布，而向量"Y"不服从正态分布. 即使提高显著性水平 α 为 0.05，向量"Y"也不服从正态分布.

关于分布拟合检验，除了上述的两种检验法，MATLAB 还提供了对正态分布、指数分布和极值分布进行检验的 Kolmogorov-Smirnov 检验、Lilliefors 检验、Anderson-Darling 检验等，对应的函数名称分别为 kstest、lillietest 和 adtest. 这些函数的使用方法较为简单，感兴趣的读者可以查阅相关帮助文档.

22.4　秩和检验

秩和检验（rank sum test）又称为曼–惠特尼 U 检验. 这种方法主要用于比较两个独立样本的差异，属于非参数检验（nonparametric test）.

假设两个连续型总体的概率密度 $f_1(x)$ 和 $f_2(x)$ 均未知，但它们最多只差一个平移. 再设两个总体的均值存在，分别记为 μ_1 和 μ_2，则 $\mu_2 - \mu_1 = a$，这里的 a 为平移量. 要检验的假设有以下 3 类.

$$H_0 : \mu_1 = \mu_2, \qquad H_1 : \mu_1 \neq \mu_2. \tag{22.6}$$

$$H_0 : \mu_1 = \mu_2, \qquad H_1 : \mu_1 < \mu_2. \tag{22.7}$$

$$H_0 : \mu_1 = \mu_2, \qquad H_1 : \mu_1 > \mu_2. \tag{22.8}$$

秩和检验就是先对来自两个总体的观察值按照从小到大的次序排列，每一观察值按照次序编号（称为"秩"），然后再对两组观察值分别计算它们的秩和以进行检验. 这种方

法除了比较各对数据差的符号，还进一步比较了各对数据差值大小的秩次高低，因此其检验效率比较高.

MATLAB 提供了 ranksum 函数进行秩和检验，该函数的调用方式如下.

[P, H, STATS] = ranksum(X, Y, Name, Value)

说明：输出参数 "P" 是秩和检验的 p 值，介于 0 到 1 之间，表示样本数据的检验统计量符合原假设的概率（如果 "P" 小于等于预先给定的显著性水平 α，则应拒绝原假设；否则，接受原假设），"H" 和 "STATS" 的含义请查阅帮助文档；输入参数 "X" 和 "Y" 为来自两个连续型总体的样本数据，其个数可以不同，"Name" 和 "Value" 为可选参数，其名称和取值如表 22.3 所示.

表 **22.3** 函数 ranksum 的 "Name"-"Value" 参数对说明

参数名称	说明
'Alpha'	显著性水平，在 $(0, 1)$ 之间，默认为 0.05
'Method'	取值为 "'exact'" 或 "'approximate'"，分别表示采用精确方法或近似方法计算 "P" 值. 当 $\min(n_x, n_y) < 10$ 且 $n_x + n_y < 20$ 时，默认为 "'exact'"；否则，为 "'approximate'"
'Tail'	取值为 "'both'"（默认）、"'left'" 或 "'right'"，分别对应假设 (22.6) 式、(22.7) 式、(22.8) 式

例 22.15 某商店为了确定向公司 A 或公司 B 购买的某种商品，将 A、B 公司各次进货的次品率进行了比较，数据如下.

A	7.0	3.5	9.6	8.1	6.2	5.1	10.4	4.0	2.0	10.5		
B	5.7	3.2	4.2	11.0	9.7	6.9	3.6	4.8	5.6	8.4	10.1	5.5	12.3

设两样本独立，且两公司的商品次品率的密度最多只差一个平移. 问：两公司的商品质量是否有显著差异？（取显著性水平 $\alpha = 0.05$.）

解 以 μ_1 和 μ_2 分别表示公司 A 和公司 B 的商品次品率的均值，则本例要检验的假设属于双侧检验. 在命令行窗口输入代码并运行，如代码 22.14 所示，以检验两样本数据的均值是否只差一个平移.

代码 22.14 用 ranksum 函数检验两样本数据的均值是否只差一个平移

```
1  >> X = [7.0 3.5 9.6 8.1 6.2 5.1 10.4 4.0 2.0 10.5];
2  >> Y = [5.7 3.2 4.2 11.0 9.7 6.9 3.6 4.8 5.6 8.4 10.1 5.5 12.3];
3  >> [P, H] = ranksum(X, Y, 'Tail', 'both', 'Alpha', 0.05)
4  P =
5      0.8282
6  H =
7    logical
8     0
```

运行结果表明 "P" 为 0.828 2，超过了给定的显著性水平 $\alpha = 0.05$，因此，不能拒绝原假设，即认为两个公司的商品质量没有显著差异.

例 22.16 为查明某种血清是否会抑制白血病，选取患白血病已到晚期的老鼠 9 只，其中有 5 只接受这种治疗，另 4 只不做这种治疗. 设两个样本相互独立. 从试验开始时计算，各老鼠的存活时间（单位为月）如下.

不做治疗	1.9	0.5	0.9	2.1	
接受治疗	3.1	5.3	1.4	4.6	2.8

设治疗与否的存活时间的概率密度至多只差一个平移. 问：这种血清对白血病是否有抑制作用？（取显著性水平 α 为 0.05.）

解　把未接受治疗和接受治疗的老鼠的存活时间的均值分别记为 μ_1 和 μ_2，则本例要检验的是接受治疗的老鼠的存活时间是否有显著增长. 因此，这是一个左侧检验问题.

在命令行窗口输入代码并运行，如代码 22.15 所示，以检验两样本数据的均值是否有差异.

代码 22.15　用 ranksum 函数检验两样本数据的均值是否有差异

```
1  >> X = [1.9  0.5  0.9  2.1];
2  >> Y = [3.1  5.3  1.4  4.6  2.8];
3  >> [P, H] = ranksum(X, Y, 'Tail', 'left', 'Alpha', 0.05)
4  P =
5      0.0317
6  H =
7    logical
8    1
```

运行结果表明"P"为 0.031 7，不超过给定的显著性水平 $\alpha = 0.05$，因此，应拒绝原假设，即认为这种血清对白血病有抑制作用.